"十三五"国家重点出版物出版规划项目·重大出版工程规划
5G关键技术与应用丛书

可见光通信系统高效传输理论及关键技术

朱义君　张艳语　著

科 学 出 版 社
北 京

内 容 简 介

本书对可见光通信的最新研究成果进行认真梳理，从基础理论和传输技术角度对可见光通信系统中的高效传输问题进行详细分析，系统介绍可见光通信系统的高效传输理论，分别对不同场景的高效传输方案进行论述。作为可见光通信高效传输理论及技术的应用，最后介绍典型的阵列可见光通信实验系统。

本书兼顾理论分析和技术应用，既可以作为高等院校通信工程专业学生的教材，又可以作为工程技术研发人员的参考书籍。

图书在版编目（CIP）数据

可见光通信系统高效传输理论及关键技术 / 朱义君，张艳语著. —北京：科学出版社，2020.12

（5G关键技术与应用丛书）

"十三五"国家重点出版物出版规划项目·重大出版工程规划

国家出版基金项目

ISBN 978-7-03-065912-5

Ⅰ. ①可⋯ Ⅱ. ①朱⋯ ②张⋯ Ⅲ. ①光通信系统-光传输技术 Ⅳ. ①TN929.1

中国版本图书馆 CIP 数据核字（2020）第 158054 号

责任编辑：赵艳春 / 责任校对：王萌萌
责任印制：师艳茹 / 封面设计：迷底书装

科 学 出 版 社 出版

北京东黄城根北街 16 号
邮政编码：100717
http://www.sciencep.com

三河市春园印刷有限公司 印刷

科学出版社发行 各地新华书店经销

*

2020 年 12 月第 一 版 开本：720×1000 1/16
2020 年 12 月第一次印刷 印张：14
字数：280 000

定价：118.00 元

（如有印装质量问题，我社负责调换）

"5G 关键技术与应用丛书" 编委会

序

由科学出版社出版的"5G 关键技术与应用丛书"经过各编委长时间的准备和各位顾问委员的大力支持与指导，今天终于和广大读者见面了。这是贯彻落实习近平同志在 2016 年全国科技创新大会、两院院士大会和中国科学技术协会第九次全国代表大会上提出的广大科技工作者要把论文写在祖国的大地上指示要求的一项具体举措，将为从事无线移动通信领域科技创新与产业服务的科技工作者提供一套有关基础理论、关键技术、标准化进展、研究热点、产品研发等全面叙述的丛书。

自 19 世纪进入工业时代以来，人类社会发生了翻天覆地的变化。人类社会 100 多年来经历了三次工业革命：以蒸汽机的使用为代表的蒸汽时代、以电力广泛应用为特征的电气时代、以计算机应用为主的计算机时代。如今，人类社会正在进入第四次工业革命阶段，就是以信息技术为代表的信息社会时代。其中信息通信技术(information communication technologies，ICT)是当今世界创新速度最快、通用性最广、渗透性最强的高科技领域之一，而无线移动通信技术由于便利性和市场应用广阔又最具代表性。经过几十年的发展，无线通信网络已是人类社会的重要基础设施之一，是移动互联网、物联网、智能制造等新兴产业的载体，成为各国竞争的制高点和重要战略资源。随着"网络强国"、"一带一路"、"中国制造 2025"以及"互联网+"行动计划等的提出，无线通信网络一方面成为联系陆、海、空、天各区域的纽带，是实现国家"走出去"的基石；另一方面为经济转型提供关键支撑，是推动我国经济、文化等多个领域实现信息化、智能化的核心基础。

随着经济、文化、安全等对无线通信网络需求的快速增长，第五代移动通信系统(5G)的关键技术研发、标准化及试验验证工作正在全球范围内深入展开。5G 发展将呈现"海量数据、移动性、虚拟化、异构融合、服务质量保障"的趋势，需要满足"高通量、巨连接、低时延、低能耗、泛应用"的需求。与之前经历的 1G~4G 移动通信系统不同，5G 明确提出了三大应用场景，拓展了移动通信的服务范围，从支持人与人的通信扩展到万物互联，并且对垂直行业的支撑作用逐步显现。可以预见，5G 将给社会各个行业带来新一轮的变革与发展机遇。

我国移动通信产业经历了 2G 追赶、3G 突破、4G 并行发展历程，在全球 5G 研发、标准化制定和产业规模应用等方面实现突破性的领先。5G 对移动通信系统进行了多项深入的变革，包括网络架构、网络切片、高频段、超密集异构组网、新空口技术等，无一不在发生着革命性的技术创新。而且 5G 不是一个封闭的系统，它充分利用了目前互联网技术的重要变革，融合了软件定义网络、内容分发网络、网络功能虚拟化、云计算和大数据等技术，为网络的开放性及未来应用奠定了良好的基础。

　　为了更好地促进移动通信事业的发展、为 5G 后续推进奠定基础，我们在 5G 标准化制定阶段组织策划了这套丛书，由移动通信及网络技术领域的多位院士、专家组成丛书编委会，针对 5G 系统从传输到组网、信道建模、网络架构、垂直行业应用等多个层面邀请业内专家进行各方向专著的撰写。这套丛书涵盖的技术方向全面，各项技术内容均为当前最新进展及研究成果，并在理论基础上进一步突出了 5G 的行业应用，具有鲜明的特点。

　　在国家科技重大专项、国家科技支撑计划、国家自然科学基金等项目的支持下，丛书的各位作者基于无线通信理论的创新，完成了大量关键工程技术研究及产业化应用的工作。这套丛书包含了作者多年研究开发经验的总结，是他们心血的结晶。他们牺牲了大量的闲暇时间，在其亲人的支持下，克服重重困难，为各位读者展现出这么一套信息量极大的科研型丛书。开卷有益，各位读者不论是出于何种目的阅读此丛书，都能与作者分享 5G 的知识成果。衷心希望这套丛书能为大家呈现 5G 的美妙之处，预祝读者朋友在未来的工作中收获丰硕。

中国工程院院士

网络与交换技术国家重点实验室主任

北京邮电大学　教授

2019 年 12 月

前　言

随着人们对无线通信需求的不断增长，无线电频谱日趋饱和。作为无线电通信的有效辅助或替代技术，无线光通信受到了广泛关注。为了解决大气湍流信道中的信号衰落问题，常采用可见光通信。然而，由于可见光通信系统不能完全沿用无线电通信已有的传输理论和方法，人们对可见光通信中的高效传输理论及技术展开了广泛研究。本书的主题是可见光通信系统高效传输理论及其关键技术，重点对作者最新研究成果进行归纳和总结，主要介绍有关可见光通信系统传输理论及其在关键传输技术中的具体应用方案。

本书针对可见光通信中的高效传输问题，核心内容包括一个容量准则、两个传输理论、五项关键传输技术及高速可见光通信阵列实验系统。首先，从信息论角度分析可见光通信系统传输速率的容量性能界，为设计可见光通信的高效传输方案提供信息论准则，这是设计关键传输方案的理论依据。然后，受信息论准则的启发，从信号处理的角度，建立传输性能的耦合折中理论并实现多业务分层的叠加传输理论。最后，结合具体应用场景给出具体传输技术。

本书共分 10 章。具体介绍如下：第 1 章主要介绍研究背景、研究意义、发展现状、研究动态分析以及主要工作和组织结构；第 2 章主要介绍可见光通信的收发前端、电路设计及典型场景的信道模型，较全面地为读者介绍水下光信道特性；第 3 章介绍可见光通信传输性能的有效测度理论；第 4 章介绍可见光通信系统中实现多业务分层的高效叠加传输理论；第 5 章面向高速可见光通信，讨论基于空时维度关联的多 LED 移相空时叠加的传输方案，主要目的是采用 LED 内部的多个灯芯进行并行传输，有利于提升能量效率，扩展传输距离；第 6 章研究块衰落信道下可见光通信系统中的高效空时传输方案。基于大尺度分集增益和小尺度分集增益准则，给出最优的线性多维星座；第 7 章重点研究在联合考虑通信和照明约束下的通照一体化系统设计；第 8 章介绍单光子可见光通信基于变换域高斯化的传输技术；第 9 章提出基于并行 LED 驱动的多灯芯发送端和单个 SPAD 接收端的长距离水下高速传输技术；第 10 章为具体应用，介绍可见光通信高速实验系统。

感谢中国人民解放军信息工程大学可见光通信实验室和河南省可见光通信重点实验室的支持。感谢王超、张东方、刘潇亿、张海勇、梁旺峰、肖晔、荣新驰、张雨萌、王小景、韩胜涛等同志的辛苦付出。感谢参考文献的作者，是他们的创造性工作推动了可见光通信技术的发展。

本书得到了国家自然科学基金(61271253、61671477、61701536)及广东省科技计划(2017B010114002)等项目的资助。

由于作者水平和精力有限，书中难免有不足之处，敬请读者批评指正。

作　者

2019 年 6 月

目　　录

第1章 绪　　论

1.1　技术背景及意义

人类进入信息时代之后，对信息传输的需求越来越高。移动通信使人们可以在移动状态下自由地接入移动通信网络，发送或接收信号，因而得到了广泛的应用。然而宽带互联网时代，承载信息的传统无线电频谱资源日趋枯竭，因此，如何利用有限的频谱资源最大限度地提高移动通信的系统容量成为移动通信领域研究的基本目标之一。时至今日，为了提高无线频谱资源的利用率，在移动通信的物理层传输、无线网络规划、媒体接入控制层中的无线资源分配以及发展毫米波通信和太赫兹通信等各个层面都有人们不断尝试的身影，但无线频谱资源的紧张仍然未得到有效缓解。

随着短距无线通信的兴起和基于固态新型照明的大功率发光二极管(light emitting diode，LED)的不断发展，1999 年香港大学电子工程系的一位教授提出了可见光通信(visible light communication，VLC)技术，日本庆应义塾大学的教授发展了该项技术[1]，他们建议让 LED 通/断切换得足够快以至于人眼无法分辨，从而可以用它们来传送数据，这个建议就是可见光通信的理论基础。可见光通信是一种在白光 LED 技术上发展起来的新兴的光无线通信技术[2,3]。

早在 2012 年，我国信息领域的著名专家邬江兴就指出，可见光通信这项新兴绿色信息技术与 LED 绿色照明、第五代移动通信、室内信息网络、无人驾驶车辆、家庭机器人、水下信息网络、广告新媒体等诸多新兴重要产业以及电力等传统重大产业紧密关联，拉动的产业链长，关联市场容量巨大，是一种抓手级战略性新兴产业，预期可形成年产值万亿元的市场规模。据《2014 年欧洲可见光通信组织市场调查报告》预测，全球可见光通信产业预期将在 2022 年达到 2000 亿美元(约 14000 亿人民币)的年产值规模。也就是说，在光通信普及进程不断推进的同时，可见光通信技术将站在 LED 这个巨人的肩膀上。

可见光通信与 LED 绿色照明产业的自然融合，将大幅提升该产业的全球核心竞争力。我国目前已成为全球 LED 灯具生产的大国，但过剩的产能、同质化的品类以及低附加值的产品严重制约了这个产业发展的后劲。可见光通信技术的融入，可以将一盏普通的 LED 灯具变身为网络接入点、室内定位和通信基站，以实现从绿色照明向智慧照明的产业再升级。

人眼可见的光谱范围是已有无线电频谱的上万倍，基于可见光频段的信息传输技术是一种"有光能上网，有灯可互连"的新型无线通信技术，因为能将人工照明领域与信息通信领域自然融合，相比于受到无线频谱限制的射频(radio frequency，RF)通信，基于LED的可见光通信不存在频谱分配问题，不需要申请频段使用执照，还可以提供照明功能，且具有健康安全、绿色节能、成本低廉等优势[4]，另外，可见光通信还具有良好的保密特性。因此，可见光通信技术正在成为全世界各国竞相发展的具有战略性影响的高新技术。随着可见光通信技术的发展，其对于各个领域的进步也起着越来越重要的作用。

基于可见光通信的光保真(light fidelity, Li-Fi)网络接入，其速率可达到Gbit/s乃至Tbit/s量级，与现有的Wi-Fi网络相比，其对人体无电磁辐射伤害，且有照明的地方就有无线网络，这也符合"更高速、更安全、更绿色、更泛在"的智慧家庭的概念。

通信与照明的"历史性握手"将引发室内照明供电方式由交流模式向直流模式的重大转变，同时可以大幅度地降低LED照明成本，有效地延长LED灯具的使用寿命，更会加速传统照明产业的升级换代，因此，可见光通信的发展将彻底改变电力线通信产业目前"不温不火"的状态。

可见光通信具有支持高速、高密度通信的天然特性，可以把室外的路灯以及室内的照明灯升级为"移动基站"，同时提供一种极高速率、极低能耗的无线覆盖方式，有望达到未来第五代(fifth generation, 5G)移动通信高速、高密度通信的目标，并且能弥补传统无线频谱资源匮乏、布设维护成本高昂、能耗过高等不足。

针对全球室内400亿盏灯的庞大照明网络，可见光通信可以利用这些优势来发展室内定位导航，只需要在每个LED灯泡内部设置一个"可见光定位标签"，从而以极低的成本实现米量级的定位精度，彻底"照亮"商场超市、地下停车场、大型写字楼等室内定位导航的盲区，实现室内外无缝的定位导航服务[5]。

利用汽车的LED前后灯以及泛在覆盖的交通信号灯和LED路灯可实现车辆的车速控制、间距保护和紧急制动等功能，并有效地助推无人驾驶汽车的产业化进程，从而加速交通管控、汽车制造等相关产业群的智能化升级换代，加速传统交通行业的进步[6]。

利用可见光实现安全支付，可创建一种"看得见"的可视化移动支付方式，也是一种将传统金融业与移动互联网融合的新模式。

利用室内外广泛分布的液晶显示屏，可以建立起移动终端与屏幕之间"人眼无感"的可见光通信链路，创造"隐式广告"新型媒体服务及相关业务。

可见光的蓝绿频段衰减系数小，传输速率高，这将成为潜艇水下高速信息回传和水下目标侦察监视等的主流无线通信方式，避免了无线通信主流技术中低频无线电通信的天线规模巨大、水声通信速率太低和高频无线电通信衰减太快等问题，在未来国防安全军事领域应用有很大的前景。

可见光通信的"催化剂"作用既可以体现在对诸多传统产业内部产生"聚变"效应上，又可以体现在将改变传统产业之间的分立状态，融合若干行业凝聚形成新的产业业态上，通信产业与照明产业的融合就是典型的范例。

1.2 研究历史和现状

通过十来年的快速发展，可见光通信突破了一大批关键技术，并在一些行业得到了初步的应用。但是就目前研究来看，可见光通信的应用仍处在发展阶段，除了市场上一些专门的订货之外，大部分还是停留在实验室研究阶段[7-9]，同时仍面临一些亟待解决的问题，如可见光被物体遮挡、可见光与手机使用的结合、若接收器被阻挡则信号将被中断等。依据课题研究重点的不同，下面主要从两个方面对可见光通信的发展现状进行详细的介绍。

1.2.1 可见光通信高速传输技术的研究现状

近年来，随着对可见光通信广泛的应用前景的认识，世界各国，尤其是欧洲、美国、日本等发达国家和地区，争相开展了可见光通信关键技术研究。例如，日本成立了可见光通信联盟(Visible Light Communications Consortium，VLCC)，并加入了许多研究可见光通信的机构，世界各地研究可见光通信的机构也如雨后春笋般出现。这些研究为可见光通信进入寻常百姓家，成为一项真正能够服务于大众的通信手段奠定了坚实的技术基础。

在可见光通信关键技术的不断发展过程中，高速传输速率的纪录也在不断地被突破。不论在单载波还是多载波调制技术上，实现高速传输是所有通信系统的一个共有特点。从目前国内外的研发现状可以看出，学术界追求更高速率以及内在机理性问题研究，而诸多国家包括日本、欧盟、美国、韩国等在内的产业界更注重开展可见光通信标准化研究，抢占可见光通信产业化的制高点。2008 年，通过多谐振均衡技术，牛津大学的 Minh 等获得了 25MHz 的 LED 的调制带宽，使可见光的传输速率达到 75Mbit/s[10]。利用 64 阶正交幅度调制(quadrature amplitude modulation，QAM)结合直流偏置光正交频分复用(direct current-biased optical orthogonal frequency division multiplexing，DCO-OFDM)技术，在 2009 年，Elgala 和 Mesleh 获得了 80Mbit/s 的传输速率[11]。同年，Minh 等又设计了一阶模拟均衡器，从而将白光 LED 的调制带宽提高到 50MHz，同时获得了 100Mbit/s 的可见光通信传输速率，相比于没有采用均衡处理的白光 LED 调制带宽来说，其调制带宽提高了 25 倍[12]。2009 年，德国海因里希赫兹研究所的 Vučić 等通过开关键控(on-off keying，OOK)调制使可见光传输速率达到了 125Mbit/s，且传输距离达到 5m[13]。次年，根据注水原则，该研究团队通过对正交频分复用(orthogonal frequency division multiplexing，OFDM)的子载波进行功率分配，获得了 513Mbit/s 的传输速率[14]。2011 年通过利用三色红绿蓝(red-green-blue，RGB)LED，该研究团队又使可见光通信传输速率达到了 803Mbit/s[15]。2012 年，Fujimoto 和 Mochizuki 对发端和收端进行均衡器设计，将调制带宽从 6.8MHz 提升到 150MHz 以上，同时以双二进制码技术获得了 614Mbit/s 的传输速率[16]。2012 年，文献[17]采用无载波幅度相位调制，实现了 1.1Gbit/s 的离线传输系统。次年，台湾交通大学 Wu 等通过 RGB LED 实现了 3.22Gbit/s 的通信速率，传输距离达到了 25cm[18,19]。2012 年，利用波分复用技术和离散多音(discrete multi-tone，DMT)调制技术的结合，Kottke 等在商用 RGB LED 上使可见光通信传输速率达到了 1.25Gbit/s[20]。同年，Cossu 等通过类似技术获得了 2.1Gbit/s 的传输速率,且在红色单一灯芯上就能获得 1Gbit/s 的通信速率[21]。2012 年，该团队将单一灯芯速率和三路复用速率分别刷新到了 1.5Gbit/s 和 3.4Gbit/s[22]。2012~2013 年，复旦大学的迟楠教授团队设计了一个包含 4 个下行用户、1 个上行用户的可见光通信系统，通过 OFDM 技术获得了下行 575Mbit/s 和上行 225Mbit/s 的通信速率，通信距离可达 66cm[23-25]。与此同时，利用多输入多输出 OFDM(multiple-input multiple-output OFDM，MIMO-OFDM)技术，牛津大学 Azhar 等得到了 1Gbit/s 的传输速率[26]。2014 年，Chi 等以 RGB LED 为发射端，通过单载波频域均衡(single-carrier frequency-domain equalization，SC-FDE)设计了 3.75Gbit/s 的离线处理系统[27]。

1.2.2　可见光 MIMO 通信技术研究现状

　　LED 单一灯芯调制带宽较为有限，远小于数百太赫兹频谱，严重限制了可见光通信的高速传输。原因在于，商用 LED 的调制带宽较窄，一般在几兆赫兹到数十兆赫兹[10]。为了使传输速率提升，可能的方法有两种：一是研究新型宽带 LED，但是 LED 的发光效率与其带宽之间存在着一定的矛盾，需要在器件的结构和材料上实现突破；二是采用阵列传输，多灯并行工作来提高传输速率。阵列传输是可见光通信得天独厚的优势，正常的照明都是由多个 LED 共同合作完成的，也就是说可见光通信系统是一种天然的多输入通信系统，利用多个 LED 灯具或单个灯具内多个 LED 灯芯来实现高速通信，这也符合照明和通信的双重理念，也为实现多输入多输出(multiple-input multiple-output，MIMO)提供了物理基础。

　　目前，可见光通信中的 MIMO 技术主要有重复码(repetition code，RC)传输、空间调制(spatial modulation，SM)和多输入多输出可见光通信（multi-input multi-output visible light communications，MIMO-VLC）等几种。

重复码传输是无线光通信中最简单的 MIMO 技术,其所有天线同时发送相同的信号。在自由空间无线光(free space optical,FSO)通信中,天线的强度信号直接相加。仿真结果表明,其传输性能优于正交空时码(orthogonal space-time block code,OSTBC)的传输性能[28]。

空间调制技术根据发端到收端的信道增益的不同和发送天线的位置来传递信息,依据信道间差异进行解码,从而将信号拓展到空域内,典型的空间调制中每个时刻只有一个天线工作,其他天线保持静默,因此不会受到信道间干扰的影响[29-31]。2013 年,Serafimovski 等首次将空间调制与可见光通信结合[32]。为了提高空间调制的频带利用率,多个天线可以在一个时刻同时发送信息,广义空分键控[33](generalized space shift keying,GSSK)、广义空间调制[34-36](generalized spatial modulation,GSM)和多天线空间调制[37,38](multiple antennas spatial modulation,MA-SM)等技术分别被提出。

MIMO-VLC 采用的光信号接收阵列可以分为两种,一种是图像传感器[39],一种是光电二极管(photodiode,PD)阵列。由于 LED 照明和嵌入相机的智能终端的迅速发展,在现有图像传感器上发展的 MIMO 成像通信(optical camera communication,OCC)技术有望被应用到更多领域,如手机与电视屏幕之间、两车之间的通信[40],车与路灯、无人机的辅助通信等[41]。但是现有图像传感器较低的帧速率使其在高速通信中的应用受到限制。目前关于 MIMO 的 PD 阵列接收分布的研究主要是在 PD 接收阵列和凸透镜上做文章,也已比较成熟。2009 年,文献[42]通过 4×4 MIMO 可见光传输系统的验证,获得了较高的可见光通信传输速率。次年,该团队又对 MIMO-OFDM 可见光高速传输系统进行了实验验证[43]。2012 年,Zhang 等对典型室内应用场景的 MIMO 信道容量进行了分析[44]。2013 年,在通信距离为 1m 的情况下,文献[26]通过 3×9 MIMO-OFDM 系统将可见光通信传输速率提升到了 1Gbit/s。2010 年,Minh 等设计了单模激光器角度分集系统,并获得了 1.25Gbit/s 的双向通信,且传输距离可以达到 3m[45]。与传统 LED 相比,氮镓基微米 LED 可以获得更好的调制性能,Zhang 等采用 4 路氮镓基微米 LED 作为发光源实现了 1.5Gbit/s 的传输速率[46]。同年,东南大学的 Wu 等设计了一种低复杂度的双灯芯 OFDM 技术,利用空间复用增益获得了比单路传输更大的信道容量[47]。

上述可见光 MIMO 的相关研究工作存在两点不足:一是阵列间距很大,阵列间距和系统体积较大,限制了工程化和实际应用[48];二是阵元数目相对较少,更高速的传输受到了限制,因此,在较小的尺寸下,采用大规模的阵列是进一步提升可见光通信传输速率的有效途径之一。2013 年,欧洲开展了高速可见光通信并行传输研究计划,Tsonev 等利用研制的新型氮化镓 LED 在单灯芯传输上获得了 3Gbit/s 的传输速率[49]。通过这种新型 LED 灯芯与 MIMO 或者 RGB 波分复用技术的结合可以获得更高的传输速率,2013 年,英国一些高校的研究团队使可见光通信传输速率达到了 10Gbit/s[50]。2015 年，中国人民解放军信息工程大学以 5 倍的优势刷新了可见光通信实验室环境下实时传输速率纪录，达到了 50Gbit/s，可以在 0.2s 内下载一部高清晰度 3D 电影[51]。同年，在室内无线光通信角度扩展技术的基础上，牛津大学的 O'Brien 团队得到了 100Gbit/s 的可见光传输速率，未来传输速率预期可以刷新到 3Tbit/s[52]。

1.3　可见光高速通信技术动态分析

1.3.1　可见光通信的技术独特性分析

现今，可见光通信系统是一个强度调制/直接检测(intensity modulation/direct detection，IM/DD)系统，其系统的发光源和接收端分别由 LED 和 PD 构成[14]。而从 PD 角度来说，其具有相对较高的带宽和较大的线性工作范围[14]，因此 LED 的传输特性成为限制可见光通信系统提升传输速率的主要因素。

(1) LED 的非线性：通过观察不同的厂家生产的 LED 对应的特性曲线可以看出，从 LED 输出的光强与流过其的电流几乎是线性的关系，因此，主要的非线性来源于 LED 的伏安特性。从市面上主要的几个 LED 厂家提供的 LED 伏安特性曲线可以看出，LED 的伏安特性并不是理想的线性关系，这会给数据的传输带来不容忽视的影响。由于 LED 的自热特性，它的电光转换效率会不断下降，可以说当 LED 的驱动电压增加到一定值之后，LED 的辐射光强会趋于一个定值[53]，因此，必须采取有效的措施来保证驱动电压在 LED 可以承受的范围内以防止 LED 芯片过热。

(2) 调制带宽：不采用均衡和滤光等技术时 LED 的调制带宽通常较小，为几兆赫兹，对于单个 LED 来说，以这样的带宽来实现高速通信远远不够。即使针对伪白光 LED 的滤波与均衡技术能将 LED 的 3dB 带宽提高到十几或几十兆赫兹，也还是不能完成高速率的数据传输，况且，一般这些技术都是以大幅度降低信噪比和牺牲接收功率为代价的。

(3) IM/DD：可见光通信的调制解调主要采取的方式是 IM/DD，信息调制到电信号上之后激励 LED，且 LED 只能获取电压值大于 LED 工作门限值的电信号幅度信息，在接收端产生的电流也正比于接收功率。由于可见光的调制频带在基频，接收端只检测到光的强度，却没有检测到信号的频率和相位信息。且接收端的 PD 对不同颜色光的灵敏度有很大的差异，因此，可见光通信系统可以认为是一个调制带宽有限的基带传输系统。

(4) 均值受限：由于人眼能够正常承受的光强有限制，LED 发出的光的光强必须在人眼能够承受的范围以内。相比于传统无线通信这样一个功率受限系统来说，由于可见光通信中光强与电信号的均值是成正比的，故可见光通信系统是一个均值受限系统。另外，对于 LED 辐射的光还有许多其他指标的限制，现今的研究还未予以考虑。

同时，尽管大规模 MIMO、协作 MIMO 等技术在移动通信中已经得到了广泛的研究和应用，但是相比于无线电通信中的 MIMO(radio frequency multi-input multi-output, MIMO-RF)技术，MIMO-VLC 技术存在以下两点明显的不同。

(1) MIMO-VLC 信道存在更强的相关性，甚至是非满秩的[54]。MIMO-RF 的信道传输环境一般是丰富的散射环境，同时信道矩阵元素有很强的随机性，这使得 MIMO-RF 能够根据信道的多径状态，灵活地获得分集增益和/或复用增益[55,56]。在 MIMO-VLC 中，LED 光源主要是视距传输，而其调制解调方式采用 IM/DD 方式，忽略了信号的频率和相位信息，信道矩阵中的系数在时间上相对稳定，但随收发天线的位置缓慢变化，可见光信道具有较强的空间相关性，甚至是缺秩的，极端情况下信道矩阵的秩可以为 1，难以求解。常用的两种 MIMO 技术(成像 MIMO 和 SM)对系统的收发端相对位置和空间布局有较高的要求，无法将发射端集中在一个 LED 灯具内，不符合快速工程化、标准化的目标。这使得 MIMO 在可见光通信系统中的应用受到极大的限制，同时，较大的物理尺寸和系统复杂度也限制了其实际应用。

(2) MIMO-VLC 系统中发送信号和信道传输矩阵的元素都必须是非负的。非负性的约束使得没有修改过的 MIMO-RF 技术不能直接应用于 MIMO-VLC 中。尽管已有的信号设计、空时编码等发展成熟的 MIMO-RF 技术通过在信号上叠加直流可以保证信号的非负性，进而在 MIMO-VLC 中适用，但是直流分量带来的能量损失会令改进后的系统传输效果很差。

以上这些成为高速可见光通信传输的桎梏，但是与此同时，我们也可以看到，室内可见光通信也有其独特的优势，概括起来主要包括以下三点。

(1) 在物理基础上，可见光通信发射终端密集泛在，具有实现高速、高密度通信的天然优势。室内可见光通信具有广泛的基础设施，通过把泛在的照明灯升级为"无线基站"，可见光通信提供了一种高速率、低能耗的无线覆盖方式，为公共场所智能化管理提供了一个新的思路和参考。同时，随着技术的进步与方案的优化，照明设施实现光通信的意义将不仅限于此，其将彻底颠覆对于照明终端的原有价值定义，照明设施将不再局限于提供照明功能，而将作为一个遍布公共场所的通信接入点而存在，为智慧城市的实现提供新的发展方向和动力。因此，可见光通信具有支持高密度通信的天然特性，在中近距离、高速、高密度泛在无线互联领域具有不可替代的优势。

(2) 在发展前景上，可见光通信相关市场潜力巨大，赶上了绿色照明升级换代的产业机遇。据《2014 年欧洲可见光通信组织市场调查报告》预测，全球可见光通信产业年产值规模预期将在 2022 年达到 2000 亿美元(约 14000 亿人民币)。可以预见的是,在 LED 绿色照明普及进程不断推进的同时,可见光通信技术将站在 LED 这个巨人的肩膀上快速成长,必将在未来室内高密度通信中占有一席之地。

(3) 在技术发展上,可见光通信传输技术尚未完善,亟须解决密集场景下多用户的关键技术难题。可见光通信信号为 IM/DD,这给密集场景多用户可见光通信实现高效传输带来了诸多技术挑战。首先,由于密集阵列可见光通信信道和信号的双重非负性,其多用户非负干扰难以通过空域处理方法消除。基于 IM/DD 的可见光通信,在密集场景下多用户信道系数非负,且相关性较大,因此,等效信道矩阵常常严重缺秩,无法通过 RF 中的基于空域波束成形等基于线性变换预处理的空域干扰消除方法实现多用户干扰管理。其次,密集阵列可见光通信多用户信号受到舒适照明和可靠通信双重需求约束。LED 的单向导电性要求发射信号必须单极性,且通信信号受到了照明和通信的双重约束,即"照中通"。因此,RF 中已有的信号设计无法直接应用于可见光通信,且通过添加直流方式得到的修正方案无法保证阵列可见光通信和照明的有效兼容。最后,密集阵列可见光通信多用户信号强度密集叠加造成正交多址陷入困境。密集阵列可见光多用户通信由于其信道的非满秩以及信道和信号双重单极性,当用户和照明阵列密集时,常用的正交方案如时分多址(time division multiple access, TDMA)和码分多址(code division multiple access, CDMA),将有限的通信资源在多个用户之间进行有效的切割与分配,用户密集时无法保证用户数据的有效辨识。

研究 MIMO-VLC 中的传输理论和关键技术具有重要的理论意义与学术价值。

(1) 解决关键问题面临理论挑战。研究 MIMO-RF 全分集理论本身就是一个比较具有挑战性的课题,由于 MIMO-RF 信道所涉及的高斯等其他分布在数学上易于处理,其相关理论已发展得较为完善。然而,由于 MIMO-VLC 的信号和信道的双重单极性以及其信道概率分布的超几何特性,MIMO-RF 中关于全分集收发机已有理论和技术无法直接适用于 MIMO-VLC。因此,从性能分析和信号处理的角度来讲,在随机信道概率分布函数具有超几何性质时,若仅仅借助于在 MIMO-RF 中对全分集从物理意义给出的描述性定义,建立并完善 MIMO-VLC 全分集理论的任务将异常艰巨:需要从信号处理角度,重新审视全分集概念的物理本质,并从数学上对全分集给出严格的代数定义。

(2) 相关研究方法需要理论创新。MIMO-VLC 信道概率分布函数往往具有超几何特性,因此,在研究 MIMO-VLC 全分集传输时无法直接袭用 MIMO-RF 中的相关方法。由于 MIMO-VLC 信道和信号的双重单极性,信号集合对一般算术运算不具有封闭性,无法借助于 MIMO-RF 常用的较为成熟的线性空间理论进行研究,因此,研究 MIMO-VLC 中的全分集理论的任务更为艰巨。目前,人们对该研究方向进行了大量研究,取得的进展往往集中于对已有方案在性能数值仿真方面的研究，但是仍然缺少相关的理论基础指导人们进行更深入、系统的研究。至今还未见 MIMO-VLC 全分集收发机设计相关理论和系统设计方法方面的成果公开发表，亟须深入研究其中的关键科学问题。这就需要在解决问题的方法上进行一定的理论创新，甚至需要从几何和代数角度进行一些新的理论尝试。

(3) 研究成果具有理论价值和现实意义。长远来看，该方向的研究将产生深远的影响：①在不久的将来，有望催生 MIMO-VLC 中信号处理相关的一套基础理论，并延伸出一系列适用于 MIMO-VLC 的新型信号处理技术；②由于 MIMO-VLC 应用广泛，通信场景众多，信号和信道约束独特，通过对其关键问题进行研究，有望开辟一些重要的研究方向；③后续研究有望解决 MIMO-VLC 中一些关键的共性问题，有效促进对 MIMO-VLC 进行更深入的理论研究。

从以上研究现状可以看出，可见光通信 300THz 的频谱资源和现有的调制带宽水平还有很大差距。由于可见光通信的收发两端并没有采用可见光波段的纳米级的天线，而是 LED 和 PD 分别完成电到光、光到电的转换，从而构成廉价的 IM/DD 通信系统，其传输速率主要受到 LED 传输特性的限制。现今，世界范围内在可见光通信的调制编码技术方面已经取得了一些突破，但是 LED 传输特性中的非线性和频率选择性限制了其传输速率。另外，可见光通信 MIMO 技术虽然可以提升系统传输速率，但是 IM/DD 方式忽略了信道的相位信息，导致可见光 MIMO 信道通常是缺秩的。为了减小信道缺秩的影响，成像 MIMO 系统通常需要较大的体积和严格的空间位置对准，这限制了该技术的产业应用。换一个角度对可见光通信进行观察可以发现，可见光通信也有一些利于提高其传输速率的独特优势。一方面，室内可见光通信的通信距离一般为米量级，信噪比非常高，可达到 60dB。另一方面，市面上的照明 LED 灯是由多个灯芯组成的，这为多路并行传输提供了优越的资源基础。因此，在单灯传输的基础上，为了进一步提升可见光通信的传输速率，利用其内部多个 LED 灯芯进行并行传输的方式将更具发展潜力。

1.3.2　可见光通信高效传输的关键技术问题

综上所述，针对 MIMO-VLC 全分集收发机理论及技术，已开展了较多研究工作，并且取得了一些优秀成果。然而，MIMO-VLC 中的可靠传输理论和方法显著区别于 MIMO-RF，并且其中存在诸多独特关键技术问题。具体来说，以下几个方面的关键问题需要进一步研究。

(1) 如何实现 MIMO-VLC 系统可靠传输：非负矩阵信道中信号的唯一可辨识问题。在 MIMO-RF 系统中，信道系数为双极性复数，因此，MIMO-RF 矩阵信道中信号的唯一可辨识问题等价于双极性复系数线性方程组存在唯一解的问题。对于 MIMO-VLC，由于接收端对光强信号进行能量检测，其信道为非负实数。在数学上，MIMO-VLC 矩阵信道中信号唯一可辨识特性等价于非负系数线性方程组唯一解的存在性问题。该问题可以等价表述为二次型在多维空间非负象限的局部正定。MIMO-VLC 中信号唯一可辨识问题的解决将为 MIMO-VLC 的可靠传输给出一个不依赖于信道概率分布的代数定义。解决该问题难度较大，目前数学上没有可借鉴的成熟理论。

(2) 实现 MIMO-VLC 系统可靠传输的星座设计应遵循何种性能准则：复杂大气衰落信道中的传输性能分析问题。MIMO-VLC 在大气信道传输时，受到大气湍流影响，其信号会出现随机衰落。根据大气信道统计建模的研究结果，常见的有对数高斯、双伽马以及负指数等。然而，与 MIMO-RF 常见的双极性复高斯信号相比，MIMO-VLC 随机信道概率分布函数具有超几何特性，其相应传输性能分析难度较大。目前，较多的是进行数值积分，无法提供一个具体的信号设计准则。因此，为了设计高效传输信号，需要针对 MIMO-VLC 信道统计特性，给出可行的信号设计性能准则。为此，需要采取新的分析方法，来获得影响传输性能的主要变量。

(3) MIMO-VLC 系统实现可靠传输的高效星座如何设计：线性非负约束下的高效星座优化求解问题。在 MIMO-RF 无线通信中，在设计发射信号星座时，常常遇到最大-最小(max-min)优化设计问题。该类问题的目标函数同时包含离散变量和连续变量，由于信道和信号均为多维双极性复数，获得 max-min 优化问题闭式解的难度较大。并且，MIMO-RF 中的双极性复信号方案无法满足 MIMO-VLC 单极性实数的要求。对于 MIMO-VLC 系统，其信道和信号具有单极性特点，且功率受限条件是线性约束。因此，基于 MIMO-VLC 可靠传输的性能准则，通过获得 max-min 设计问题闭式解，有望给出高效甚至最优的信号传输方案。然而，由于没有可行的信号设计准则，无法通过系统性地求解优化设计问题得到具有优异性能的高效信号传输方案。

(4) 如何确定室内大规模 MIMO-VLC 系统的点对点容量性能界，研究遍历信道容量与几何性、共信道干扰(inter-channel interference, ICI)等可见光特点的关联，以指导系统信号设计。为了解决该问题，需要系统深入地研究可见光通信容量与非线性、光功率峰均比、几何性、ICI 等之间的关联，并利用熵幂不等式、变分法、香农填球、相对熵等理论，在完善确定位置信道容量研究的前提下，研究 ICI 情况下室内阵列可见光通信的遍历信道容量，并在容量表达式基础上，寻求上、下界简洁表达式。最终分析容量与非线性、几何性等性能参量的关系，进而指导系统设计。

(5) 如何在照明约束的前提下，刻画室内大规模 MIMO-VLC 系统的误码性能和频谱效率的平衡准则。深入对比分析误码性能、频谱效率等通信指标与非负性、非线性、几何性等照明约束之间的内在联系，设计合理的优化准则，建立有效性和可靠性平衡的优化模型；针对发射信号非负性强约束，以带边界约束的参数化表征方式构造等效信道矩阵，建立信道特征与目标函数之间的数学关系；在此基础上，运用线性规划、凸优化等数学工具，对该优化问题进行求解。

(6) 如何兼顾照明与通信，实现室内大规模 MIMO-VLC 系统多维资源协同，设计面向产业化的可靠高效传输技术。基于信号非负性和室内大规模 MIMO-VLC 丰富的空间资源，深入分析 LED 空域(空)、光强幅度(幅)、信道增益(信道)等多维间的协同方式。综合通信指标和照明要求，设计合理约束，建立产业化的优化模型，设计信道自适应的多维协同的高效信号设计与检测技术。

1.4 小 结

本章为绪论，主要介绍了本书的选题背景及研究意义。通过对发展现状的梳理和研究动态的分析，引出研究的关键问题，并对主要工作和组织架构以及各章节研究内容的内在联系进行了阐述。

参 考 文 献

[1] Tanaka Y, Haruyama S, Nakagawa M. Wireless optical transmissions with white colored LED for wireless home links// Proceedings of the 11th IEEE International Symposium on the Personal, Indoor and Mobile Radio Communications (PIMRC), London, 2000, 2: 1325-1329.

[2] Shinichiro H. Visible light communication using sustainable LED lights// The 5th International Telecommunication Union Kaleidoscope Academic Conference: Building Sustainable, Kyoto, 2013: 1-6.

[3] O'Brien D C, Zeng L, Minh H L, et al. Visible light communications: Challenges and possibilities // Proceedings of the 19th IEEE International Symposium on Personal, Indoor and Mobile Radio Communications (PIMRC), Cannes, 2008: 1-5.

[4] Nakamura S. Present performance of InGaN based blue/green/yellow LEDs// SPIE Proceedings, San Jose, 1997, 3002: 26-35.

[5] 刘让龙. 可见光通信中的室内定位技术研究. 北京：北京邮电大学, 2013.

[6] Hara T, Iwasaki S, Yendoa T, et al. New receiving system of visible light communication for ITS// Proceedings of the 2007 IEEE Intelligent Vehicles Symposium, Istanbul, 2007: 474-479.

[7] 陈治平, 梁忠诚, 马正北, 等. 基于二维码的可见光并行通信系统信号调制技术. 中国激光, 2012, 39: 16-18.

[8] Quintana C, Guerra V, Rufo J, et al. Reading lamp-based visible light communication system for in-flight entertainment. IEEE Transactions on Consumer Electronics, 2013, 59(1): 31-37.

[9] 陈然. 室内照明通信系统的数学建模及其仿真. 南京：南京邮电大学, 2013.

[10] Minh H L, O'Brien D, Faulkner G, et al. High-speed visible light communications using multiple-resonant equalization. IEEE Photonics Technology Letters, 2008, 20(15): 1243-1245.

[11] Elgala H, Mesleh R. Indoor broadcasting via white LEDs and OFDM. IEEE Transactions on Consumer Electronics, 2009, 55(3): 1127-1134.

[12] Minh H L, O'Brien D, Faulkner G. 100-Mb/s NRZ visible light communications using a post equalized white LED. IEEE Photonics Technology Letters, 2009, 21(15): 1063-1065.

[13] Vučić J, Kottke C, Nerreter S. 125Mbit/s over 5m wireless distance by use of OOK-modulated phosphorescent white LEDs// ECOC, Vienna, 2009: 1-2.

[14] Vučić J, Kottke C, Kai C, et al. 513Mbit/s visible light communications link based on DMT-modulation of a white LED. IEEE Journal of Lightwave Technology, 2010, 28(24): 3512-3518.

[15] Vučić J, Kottke C, Kai H, et al. 803Mbit/s visible light WDM link based on DMT modulation of a single RGB LED luminary// Proceedings of the Optical Fiber Communication Conference and Exposition, Los Angeles, 2011: 1-3.

[16] Fujimoto N, Mochizuki H. 614Mbit/s OOK-based transmission by the duobinary technique using a single commercially available visible LED for high-speed visible light communications// Proceedings of the 38th European Conference and Exhibition on Optical Communications (ECOC), Amsterdam, 2012: 1-3.

[17] Wu F M, Lin C T, Wei C C, et al. 1.1-Gb/s white-LED-based visible light communication employing carrier-less amplitude and phase modulation. IEEE Photonics Technology Letters, 2012, 24(19): 1730-1732.

[18] Wu F M, Lin C T, Wei C C, et al. Performance comparison of OFDM signal and CAP signal over high capacity RGB-LED-based WDM visible light communication. IEEE Photonics Journal, 2013, 5(4): 7901507.

[19] Wu F M, Lin C T, Wei C C, et al. 3.22-Gb/s WDM visible light communication of a single RGB LED employing carrier-less amplitude and phase modulation. Journal of the Optical Society of America (OSA), 2013, 25(8): 1806-1811.

[20] Kottke C, Hilt J, Habel K, et al. 1.25Gbit/s visible light WDM link based on DMT modulation of a single RGB LED luminary// Proceedings of the 38th European Conference and Exhibition on Optical Communications (ECOC), Amsterdam, 2012: 1-3.

[21] Cossu G, Khalid A M, Choudhury P, et al. 2.1Gbit/s visible optical wireless transmission// Proceedings of the 38th European Conference and Exhibition on Optical Communications (ECOC), Amsterdam, 2012: 7-10.

[22] Cossu G, Khalid A M, Choudhury P, et al. 3.4Gbit/s visible optical wireless transmission based on RGB LED. Optics Express, 2012, 20(26): B501-B506.

[23] Wang Y, Wang Y, Chi N, et al. Demonstration of 575-Mb/s downlink and 225-Mb/s uplink bi-directional SCM-WDM visible light communication using RGB LED and phosphor-based LED. Optics Express, 2013, 21(1): 1203-1208.

[24] Wang Y G, Zhang M L, Wang Y, et al. Experimental demonstration of visible light communication based on sub-carrier multiplexing of multiple-input-single-output OFDM// Proceedings of the 17th Opto-Electronics and Communications Conference (OECC), Busan, 2012: 6B1-6B5.

[25] Yan F, Wang Y G, Shao Y, et al. Experimental demonstration of sub-carrier multiplexing-based MIMO-OFDM system for visible light communication// Proceedings of the 18th Asia-Pacific

Conference on Communications (APCC), Jeju Island, 2012: 924-926.

[26] Azhar A H, Tran T A, O'Brien D. A Gigabit/s indoor wireless transmission using MIMO-OFDM visible-light communications. IEEE Photonics Technology Letters, 2013, 25(2): 171-174.

[27] Chi N, Wang Y Q, Wang Y G, et al. Ultra-high-speed single red-green-blue light-emitting diode-based visible light communication system utilizing advanced modulation formats. Chinese Optics Letters, 2014, 12(1): 22-25.

[28] Safari M, Uysal M. Do we really need OSTBCs for free-space optical communication with direct detection?. IEEE Transactions on Wireless Communication, 2008, 7(11):4445-4448.

[29] Mesleh R, Hass H, Ahn C W, et al. Spatial modulation: A new low complexity spectral efficiency enhancing technique// Proceedings of the First International Conference on Communications and Networking in China, Beijing, 2006: 1-5.

[30] Mesleh R, Hass H, Sinanovic S, et al. Spatial modulation. IEEE Transactions on Vehicular Technology, 2008, 57(4):2228-2241.

[31] Jeganathan J, Ghrayeb A, Szczecinski L. Spatial modulation: Optimal detection and performance analysis. IEEE Communications Letters, 2008, 12(8): 545-547.

[32] Serafimovski N, Younis A, Mesleh R, et al. Practical implementation of spatial modulation. IEEE Transactions on Vehicular Technology, 2013, 62(9): 4511-4523.

[33] Jeganathan J, Ghrayeb A, Szczecinski L. Generalized space shift keying modulation for MIMO channels// Proceedings of the IEEE International Symposium on Personal, Indoor and Mobile Radio Communications(PIMRC), Cannes, 2008: 1-5.

[34] Fu J, Hou C, Xiang W, et al. Generalised spatial modulation with multiple active transmit antennas// Proceedings of the IEEE GLOBECOM Workshop on Broadband Wireless Access, Miami, 2010: 839-844.

[35] Younis A, Serafimovski N, Mesleh R, et al. Generalised spatial modulation// Proceedings of the Conference Record of the Forty Fourth Asilomar Conference on Signals, Systems and Computers (ASILOMAR), Pacific Grove, 2010: 1498-1502.

[36] Datta T, Chockalingam A. On generalized spatial modulation// Proceedings of the IEEE Wireless Communication and Networking Conference, Shanghai, 2013: 2716-2721.

[37] Wang J, Jia S, Song J. Generalised spatial modulation system with multiple active transmit antennas and low complexity detection scheme. IEEE Transactions on Wireless Communication, 2012, 11(4): 1605-1615.

[38] Legnain R M, Hafez R H M. A novel spatial modulation using MIMO spatial multiplexing// Proceedings of the 1st International Conference on Communications, Signal Processing and Their Applications, Sharjah, 2013: 1-4.

[39] Hranilovic S, Kschischang F R. A pixelated MIMO wireless optical communication system. IEEE Journal of Selected Topics in Quantum Electronics, 2006, 12(4): 859-874.

[40] Premachandra H C N, Yendo T, Tehrani M P, et al. High-speed-camera image processing based LED traffic light detection for road-to-vehicle visible light communication// IEEE Intelligent Vehicles Symposium, La Jolla, 2010:793-798.

[41] Ukida H, Miwa M, Tanimoto Y. Visual communication using LED panel and video camera for

mobile object// Proceedings of the IEEE International Conference on Imaging Systems and Techniques, Manchester, 2012: 321-326.

[42] O'Brien D. Multi-input multi-output (MIMO) indoor optical wireless communications// Proceedings of the 43rd Asilomar Conference on Signals, Systems and Computers, Pacific Grove, 2009: 1636-1639.

[43] Azhar A H, Tran T A, O'Brien D C. Demonstration of high-speed data transmission using MIMO-OFDM visible light communications// Proceedings of the GLOBECOM Workshops Conference, Miami, 2010: 1052-1056.

[44] Zhang X, Cui K Y, Jiang X. Capacity of MIMO visible light communication channels// Proceedings of the Photonics Society Summer Topical Meeting Series, Seattle, 2012: 159-160.

[45] Minh H L, O'Brien D, Faulkner G, et al. A 1.25-Gb/s indoor cellular optical wireless communications demonstrator. IEEE Photonics Technology Letters, 2010, 22(21): 1598-1600.

[46] Zhang S, Watson S, Mckendry J J D, et al. 1.5Gbit/s multi-channel visible light communications using CMOS-controlled GaN-based LEDs. Journal of Lightwave Technology, 2013, 31(8): 1211-1216.

[47] Wu L, Zhang Z C, Liu H P. MIMO-OFDM visible light communications system with low complexity// Proceedings of IEEE International Conference on Communications (ICC), Budapest, 2013: 3933-3937.

[48] Takase D, Ohtsuki T. Optical wireless MIMO communications (OMIMO)// IEEE Global Telecommunications Conference, Chiba, 2004: 928-932.

[49] Tsonev D, Chun H, Rajbhandari S, et al. A 3-Gb/s single-LED OFDM-based wireless VLC link using a Gallium Nitride μLED. IEEE Photonics Technology Letters, 2014, 16(7): 637-640.

[50] 'Li-fi' via LED light bulb data speed breakthrough. [2018-08-01]. https://www.businesswire.com/news/home/20140408005738/en/Li-Fi-breakthrough-data-transmitted-LED-bulbs-record.

[51] 中国可见光通信重大突破,传输速度可达每秒 50G. [2018-08-01]. http://news.sina.com.cn/c/nd/2015-12-17/doc-ifxmueaa3596775.shtml.

[52] 无需光纤 100Gbps 可见光通信试验终成功. [2018-10-01]. http://network. pconline. com.cn/614/6145597.html.

[53] Schubert E F. Light-Emitting Diodes. Cambridge: Cambridge University Press, 2003.

[54] Zeng L B, O'Brien D, Minh H, et al. High data rate multiple input multiple output (MIMO) optical wireless communications using white LED lighting. IEEE Journal on Selected Areas in Communications, 2009, 27(9): 1654-1662.

[55] Hosseini K, Yu W, Adve R S. Large-scale MIMO versus network MIMO for multicell interference mitigation. IEEE Journal of Selected Topics in Signal Processing, 2014, 8(5):930-941.

[56] Komine T, Nakagawa M. Fundamental analysis for visible-light communication system using LED lights. IEEE Transactions on Consumer Electronics, 2004, 50(1): 100-107.

第 2 章　可见光通信收发前端及其信道传输特性

目前，限制可见光通信传输速率提升的主要因素就是 LED 的传输特性。这是由于现今市面上的 LED 灯主要是针对照明需求进行设计的，并不考虑其对通信的影响。因此，有必要针对 LED 灯的传输特性进行研究，为基于 LED 传输特性的调制编码设计打下基础。现今，市场上常见的 LED 主要分为伪白光发光二极管(pseudo-white LED，P-LED)和 RGB LED 两种。由于 P-LED 的调制带宽相对较低，本章主要针对 RGB LED 的传输特性进行研究分析。LED 的传输特性可以分为直流传输特性和交流传输特性两部分，如果将它们综合在一起考虑，对 LED 传输特性的建模将十分困难。因此，本章将主要介绍可见光通信的收发前端及其信道特性。

2.1　LED 发光器件

2.1.1　LED 概述

1. LED 的特性

在可见光通信系统中，LED 电-光转换呈现非线性特性，包括静态非线性和动态非线性两种。静态非线性是指 LED 的电压-电流(V-I)转换以及电流-发光功率(I-P)转换非线性；LED 的动态非线性是指 LED 工作电流、频率的变化使输出谐波及交调分量动态变化。研究 LED 电-光转换非线性模型，采取相应处理措施去除非线性影响，可扩大系统的动态范围，提高系统容量。

LED 电-光转换非线性模型包含静态模型和动态模型：可考虑一般非线性系统建模中的多项式展开方法，如用泰勒(Taylor)级数展开方法进行描述。LED 动态非线性模型相对复杂，不能只考虑简单的动态哈默斯坦(Hammerstein)模型，需结合 LED 的静态非线性模型，使用非线性系统理论中 Volterra 泛函级数展开方法来描述。评估该模型时，测得发送信号通过此模型后的 P-I 曲线，并与原 LED 的 P-I 曲线的线性度及光功率大小进行对比，以此来验证模型的合理性。

2. LED 的调制带宽

LED 作为一种特殊的二极管，其具有与普通二极管相似的伏安特性曲线，如

图 2-1 所示。LED 单向导通,当正电压超过阈值 V_A 时,进入工作区,可近似认为电流与电压成正比。但是 LED 的伏安特性与普通二极管相比,导通时 LED 电流对电压变化更加敏感,电压的微小变化都能引起 LED 电流的较大变化。实际上,LED 的伏安特性并不是固定的,而是随温度的变化而变化,具有负温度系数的特点。LED 的电压恒定,电流不一定恒定不变,而是随温度变化。在实际应用过程中,通常使用恒流源来对 LED 供电以保持其电流恒定。

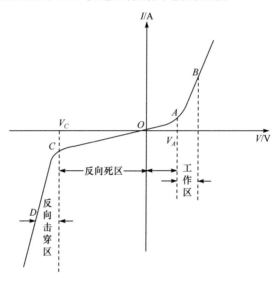

图 2-1　LED 的伏安特性曲线

此外,LED 的调制能力可以由其光功率-电流曲线描述,如图 2-2 所示,LED 的调制深度 mod 可以定义为

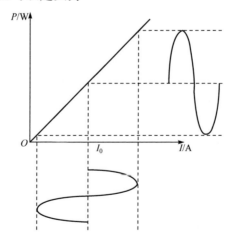

图 2-2　LED 的 P-I 曲线

$$\mathrm{mod} = \frac{\Delta I}{I_0} \tag{2-1}$$

其中，I_0 为偏置电流；ΔI 为峰值电流和偏置电流之差。光调制深度描述了交流信号与直流偏置之间的关系，调制深度越高，光信号越容易被探测到，从而降低光接收端所需的光功率。驱动 LED 的偏置电流往往达数百毫安，要使信号电流也达到这个量级需要设计相应的放大电路。目前大多数实验的驱动能力达到百分之几到百分之十几的调制深度，如果一味追求高调制深度可能会导致调制带宽降低，同样影响系统性能。

　　LED 的调制带宽决定了通信系统的信道容量和传输速率，其定义是在保证调制深度不变的情况下，当 LED 输出的交流光功率下降到某一低频参考频率值的一半(–3dB)时的频率就是 LED 的调制带宽，如图 2-3 所示，横轴 f 表示频率，I_{out}表示光检测器输出电流。图 2-3 中的光带宽指光电探测器输出的信号电流变为原来一半时对应的带宽。

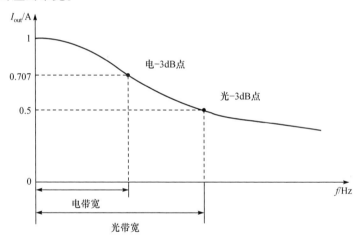

图 2-3　LED 调制带宽图

　　LED 的调制带宽受响应速率限制，而响应速率又受半导体内少子寿命 τ_c 影响：

$$f_{3\mathrm{dB}} = \frac{\sqrt{3}}{2\pi\tau_c} \tag{2-2}$$

　　对于砷化镓等材料制成的 LED 而言，少子寿命的典型值为 100ps，故 LED 的理论带宽总是限制在 2GHz 以下。当然，目前所有 LED 的带宽都远远低于这个值，只能达到几十兆赫兹的带宽，照明用的大功率白光二极管由于受其微观结构及光谱特性所限，带宽更低，一般只有几兆赫兹的传输带宽。较低的调制带宽限制了 LED 在高速可见光通信系统的应用，因此，设法提高 LED 的调制带宽是解决问题的关键。

2.1.2 LED 驱动电路设计

LED 是采用特殊工艺制成的 PN 结器件，其 *V-I* 特性曲线类似于普通的二极管，但是 LED 加在 PN 结上的电压比较高，可以在正向偏置时产生辐射。LED 一般在直流下工作，因此 LED 在市电的输入电压情况下，驱动电压是通过 AC/DC 变换器来进行转换的。图 2-4 是几种不同的可见光通信驱动电路。

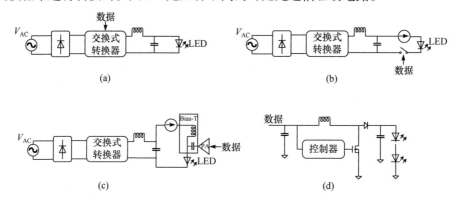

图 2-4 LED 的驱动电路图

早期可见光通信 LED 的驱动电路如图 2-4(a)所示，交流电通过 AC/DC 转换器进行转换，调制信号通过控制转换器的工作状态来对 LED 进行调制，但是由于大多数转换器的转换频率设计都低于 10kHz，以此方式驱动的电路传输速度不高。图 2-4(b)所示的驱动方式，交流电通过转换器转换为直流电，然后对恒流源进行供电。LED 使用恒流源进行供电，可使 LED 输出稳定的光，如果用恒压驱动 LED，则必须加限流元件，如电阻等。信号控制开关来对 LED 进行调制，对晶体管构成的开关来说，开关的速度可达数百千赫兹。

图 2-4(c)所示的驱动电路使用了 T 型直流偏置器(bias-tee，Bias-T)结构，信号经过放大器放大后加载到 LED 上对 LED 进行调制。此结构与预均衡相结合，可显著扩展 LED 的 3dB 带宽，使传输速率达几百 Mbit/s。图 2-4(d)所示的升压方式驱动串联 LED 电路，信号输入控制器，控制器输出不同时长的电压，用以控制晶体管的通断时长，从而控制所升电压的大小。调节电压的大小，可以对 LED 的亮灭、光照强度等进行调制。

2.1.3 LED 的均衡

作为可见光信道的重要组成部分，LED 的频率响应特性决定了可见光通信的调制带宽，直接关系到数据传输速率的大小。然而，LED 受其微观结构和光谱特性所限，调制带宽较低，目前商用 LED 的 3dB 带宽只有几兆赫兹，成为制约可见光通信高速发展的瓶颈。如何提升 LED 的频率响应、拓展其带宽是实现高速可见光通信必须要解决的难题之一。在前端模拟电路部分，可以通过前级加入均衡模块的设计来拓展电光电(electrical-optical-electrical，EOE)信道调制带宽。均衡一般分为无源均衡和有源均衡。

1. 无源均衡

无源均衡本质上是由电容、电感、电阻等无源器件组成的滤波器。由于 LED 具有低通特性，若使前级均衡模块具有高通特性，结合 LED 本身的特性，则可拓展 LED 的 3dB 带宽，使传输速率提高。无源均衡按照结构可分为桥 T 型、倒 L 型和桥型。如图 2-5 所示，一种改进的桥 T 型二端口网络，在实际应用过程中具有优异的性能。

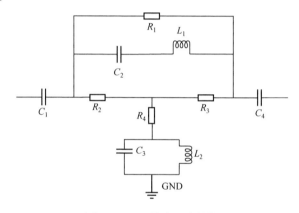

图 2-5　无源均衡电路结构

无源均衡具有性能优良、结构简单、调试方便、可多级衔接的优点，但是由于是由无源器件组成的，会消耗发射功率，使发射功率降低。

2. 有源均衡

有源均衡和无源均衡一样，都是使均衡器具有滤波器的特性，只是有源均衡使用有源器件来对均衡器进行设计。如图 2-6 所示，该均衡电路含三级放大结构，前两级共射极放大电路结构相同，主要用于实现所需的均衡效果，并使输出信号同相，第三级则主要用于增强电路驱动能力。在第一级电路中，通过调整 R_4、R_5、C_2 等参数，可以获得近似于式(2-3)所示的增益效果：

$$\left| A_{v1}(\mathrm{j}\omega) \right| = \frac{R_3}{R_4}\left(1 + \frac{\omega R_4 C_2}{\sqrt{1 + \omega^2 R_5^2 C_2^2}} \right) \tag{2-3}$$

通过调整 R_4、R_5、C_2、R_9、R_{10}、C_4 的值，可以灵活得到所需的均衡效果。

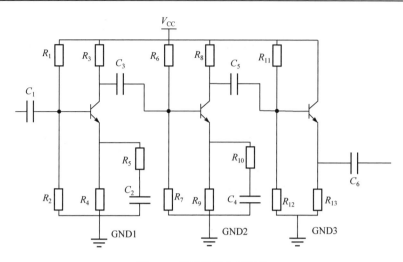

图 2-6　有源均衡电路结构

有源均衡具有驱动能力强、调整范围广的优点，并且由于使用了放大结构，信号通过有源均衡后还会有放大作用，但是有源均衡的结构复杂，不易仿真，调试起来比较困难。

使用无源均衡或有源均衡对市面上常见的以及新开发的 LED 的 3dB 带宽进行拓展，最后效果如表 2-1 所示。

表 2-1　不同型号的 LED 均衡效果

LED 型号	厂商	衬底	均衡网络	原始带宽/MHz	均衡后带宽/MHz
蓝光	中国科学院半导体研究所	SiC	无源均衡	35	280
NH-Z3535RGBW	国星光电	Si	无源均衡	29	260
T6 红光	CREE	SiC	无源均衡	25	260
Lxml 青	南昌大学	Si	无源均衡	20	260
Lxml 绿	南昌大学	Si	无源均衡	20	260
Lxml 蓝	南昌大学	Si	无源均衡	26	260
Lxml 黄	南昌大学	Si	无源均衡	12	260
红外 L7560	Hamamatsu	蓝宝石	无源均衡	40	300
zc-lv-1853 白光	明普照明	蓝宝石	无源均衡	10	200
zc-lv-1853 白光	明普照明	蓝宝石	有源均衡	10	200
EE221-3W 白	深圳光脉	蓝宝石	有源均衡	15	200

2.2　光电检测器件

2.2.1　光电二极管

光电二极管是把光信号转换成电信号的光电转换半导体器件,它与常规二极管的结构基本类似,都有一个 PN 结,具有单向导电性,但光电二极管在设计和制作时尽量使 PN 结的面积相对较大,以便接收入射光。

光电二极管在反向电压作用下,当光照在光电二极管上时,被吸收的光能转换成电能,没有光照时,只通过微弱的电流(一般小于 0.1μA),称为暗电流;有光照时,携带能量的光子进入 PN 结后,把能量传给共价键上的电子,使有些电子挣脱共价键,产生电子-空穴对,称为光生载流子。因为光生载流子的数目有限,而光照前多子的数目远大于光生载流子的数目,所以光生载流子对多子的影响很小,但对少子的数目有比较大的影响,增加的少子在反向电压作用下将参加漂流运动。在 P 区,光生电子扩散到 PN 结,如果 P 区厚度小于电子扩散长度,那么大部分光生电子将能穿过 P 区到达 PN 结,因此光电二极管在制作时,PN 结的结深很浅,以促使少子的漂移。

光电二极管的工作是一个吸收光子的过程,光的强度越大,反向电流也就越大,光照强度与光电流大小成正比。它将光照强度的变化转换成反向电流的变化,因而可以用电信号大小代表光信号强度。

2.2.2　雪崩光电二极管

雪崩光电二极管(avalanche photodiode,APD)是一种 PN 结型的光检测二极管,其中利用了载流子的雪崩倍增效应来放大光电信号以提高检测的灵敏度。其基本结构常常采用容易产生雪崩倍增效应的 Read 二极管结构(即 N+PIP+型结构,P+一面接收光),工作时加较大的反向偏压,使其达到雪崩倍增状态;它的光吸收区与倍增区基本一致(是存在高电场的 P 区和 I 区)。

PN 结加合适的高反向偏压,使耗尽层中光生载流子受到强电场的加速作用获得足够高的动能,它们与晶格碰撞电离产生新的电子-空穴对,这些载流子又不断引起新的碰撞电离,造成载流子的雪崩倍增,得到电流增益。在 APD 制造上,需要在器件表面加设保护环,以提高反向耐压性能;对于波长小于 0.9μm 的光,以半导体材料 Si 制造的 APD 为优,但在检测波长在 1μm 以上的光时则常用 Ge 和 InGaAs 为材料进行制作。但是由 Ge 和 InGaAs 为材料制作的 APD 存在隧道电流倍增的过程,这将产生较大的散粒噪声,并且使暗电流较大。降低 P 区掺杂,可减小隧道电流,但雪崩电压将会提高。

一种改进的结构是 SAM-APD：倍增区用较宽禁带宽度的材料，光吸收区用较窄禁带宽度的材料；这里由于采用了异质结，即可在不影响光吸收区的情况下降低倍增区的掺杂浓度，使其隧道电流得以减小。

2.2.3　光电倍增管

光电倍增管(photomultiplier tube，PMT)是一种真空器件，它由光电发射阴极(光阴极)和聚焦电极、电子倍增极和电子收集极(阳极)等组成。典型的光电倍增管按入射光接收方式可分为端窗型和侧窗型两种类型。以端窗型光电倍增管为例，其主要工作过程如下。

当光照射到光阴极时，光阴极向真空中激发出光电子。这些光电子按聚焦极电场进入倍增系统，并通过进一步的二次发射得到倍增放大。然后把放大后的电子用阳极收集作为信号输出。

因为采用了二次发射倍增系统，所以光电倍增管在探测紫外、可见和近红外区的辐射能量的光电探测器中，具有极高的灵敏度和极低的噪声。另外，光电倍增管还具有响应快速、成本低、阴极面积大等优点。

2.2.4　单光子雪崩光电二极管

在雪崩光电二极管的 PN 结上施加一个非常高的反向偏压，使结区产生很强的电场，当光照射 PN 结时所激发的光生载流子进入结区后，在强电场中会受到加速而获得足够的动能，在高速运动中与晶格发生碰撞，使晶格中的原子发生电离，产生新的电子-空穴对，这个过程称为碰撞电离。通过碰撞电离产生的电子-空穴对称为二次电子-空穴对。新产生的电子-空穴对在强电场下又被加速，获得足够能量，再次与晶格碰撞，产生新的电子-空穴对，这个过程不断往复，使 PN 结内载流子迅速增加，电流也随之急剧增多，这种现象称为雪崩效应。单光子雪崩光电二极管(single photon avalanche photodiode，SPAD)就是利用雪崩效应使光电流得到倍增的高灵敏度探测器。

以电压脉冲表示光子的入射或暗脉冲的激发，电子开关模拟雪崩的发生。如图 2-7 所示，V_b 为雪崩电压阈值，R_a 为 SPAD 雪崩发生时的等效寄生电阻，它由空间电荷区电阻、雪崩电流所流经的中性区电阻以及电极欧姆接触电阻三部分组成，一般为数百到几千欧姆。R_b 是为了模拟 SPAD 的反向漏电流而建立的等效电阻模型，由于正常的器件反向漏电流很小而且随偏压的变化很小，对于整个电路影响较小，一般模拟中可以忽略这个参数。V_b、R_a 及 R_b 这三个参数都可以通过测量实际器件的 I-V 特性曲线得到。C_d 为结电容，可以根据具体的工艺参数和器件结构由结电容公式计算其近似值，典型数值为 1~2pF；C_p 是等效寄生电容，主要是阴极与漂移区以及衬底间的离散电容，也在 pF 量级。SPAD 的总电容可通过对

实际器件进行 *C-V* 测量取得。

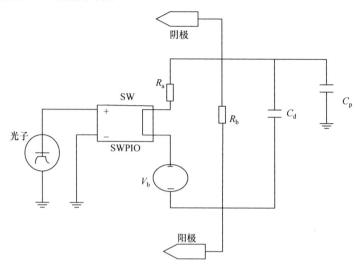

图 2-7　SPAD 等效电路模型

2.2.5　多像素光子计数器

多像素光子计数器(multi-pixel photon counter，MPPC)是一种用多个工作在盖革模式下的 SPAD 进行光子探测与计数的器件，它的工作原理与 SPAD 相同，但是相较于 SPAD，它具有光子计数的能力，并且具有高增益、高光子探测效率、响应快速和宽光谱响应范围的特点。

MPPC 的结构如图 2-8 所示，它是由多个 SPAD 像素串联猝灭电阻组成的。

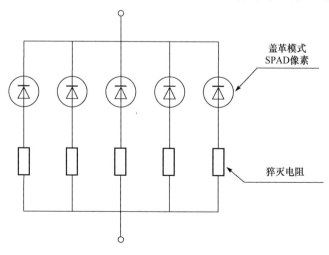

图 2-8　MPPC 的结构图

为了达到更高的电流增益，MPPC 一般工作在盖革模式。在盖革模式下，器件工作时两端添加的反向电压高于 SPAD 器件本身的击穿电压，当有光子射入器件时，器件内部将会引发雪崩效应，产生雪崩电流。一旦开始盖革放电，只要 SPAD 中的电场保持，就会进行持续放电。为停止盖革放电并检测下一个光子，需降低 SPAD 的工作电压。停止盖革放电的一个方法是 SPAD 串联猝灭电阻，则可快速停止 SPAD 中的雪崩效应。在该方法中，由盖革放电引起的输出电流经猝灭电阻时产生压降，从而降低了串联的 SPAD 的工作电压，使雪崩效应停止。

2.3 室 内 信 道

室内可见光通信系统的光-光物理信道是一个多光源背景下多直射加多漫射的可见光多径合成信道，建立该信道模型是进行链路预算、多光源布局与优化的基础。

在室内可见光通信系统中，LED 光源作为信号的发射机安装在天花板上。依据光信号在室内的传输特性，通信链路主要分为以下两种方式：直射视距链路和非视距链路，如图 2-9 所示。

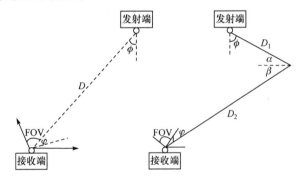

图 2-9　直射视距链路和非视距链路示意图[①]

直射视距(line of sight，LOS)链路，是指光信号从光源发出后，中间没有任何阻碍，可以直接到达接收机。其优点主要为光信号功率利用率比较高，可以实现数据的高速传输。但该模式要求在通信的过程中光信号发射机始终对准接收机，对发射机和接收机有较高的要求，并且由于人员在室内的移动或其他物体的阻碍很容易导致链路的阻断，所以有一定的局限性。

非视距(non line of sight，NLOS)链路为主要依靠墙面和室内物体等反射的一

---

① FOV: field of view，视场角。

种链路。不同于直射视距链路，由于非视距链路中信号不具有很强的方向性，所以系统无法获得较强的接收功率，因此接收机的探测视角一般设计得都比较大，这样做还可以降低阴影效应对系统的影响，但由此而产生的多径效应会带来码间干扰，影响信息的传输准确性。

LED 灯芯传输光信息到 PD 接收的过程，是一个多光源背景下直射和漫射的传输过程。在室内 5m×5m×3m 环境中，直射视距链路范围内 LED 光源的直射光分量范围占总光强度的 95%以上，因此直射光主要影响 PD 的接收性能。在典型室内环境中，灯具到达 PD 的距离为 1～3m，而单个灯具内灯芯之间的距离为几厘米，根据 Lambertian 模型，在光无线空间传播信道中，信道的直流增益如下：

$$h_{\mathrm{o}} = \begin{cases} \dfrac{(m+1)A}{2\pi D_{\mathrm{d}}^2}\cos^m(\phi)T_{\mathrm{s}}(\psi)g(\psi)\cos(\psi), & 0 \leqslant \psi \leqslant \psi_{\mathrm{c}} \\ 0, & \text{否则} \end{cases} \tag{2-4}$$

其中，m 为 LED 的发光阶数；A 为 PD 的物理面积；D_{d} 为垂直高度；ϕ 为发光角；ψ 为接收端光线入射角；$T_{\mathrm{s}}(\psi)$ 为光学滤波器的增益；ψ_{c} 为接收器的视场角；$g(\psi)$ 为聚光器的增益。各 LED 灯芯的距离相近，发光方向、偏振角度和垂直高度基本相同。

2.4　大　气　信　道

2.4.1　大气的基本物理特性

室外可见光信道不同于室内可见光信道，室内可见光通信距离近，信道稳定，而室外可见光通信传输距离远，信道受大气因素影响强烈，为时变慢衰落信道，在这种条件下对光信号进行检测一直是室外可见光通信需要解决的重要问题之一。

室外可见光信道主要在对流层以下工作，传输方式有空中向地面、楼宇到楼宇等多种，导致其信道特性更为复杂，目前尚没有统一的信道模型。国内外的初步研究表明，不同气象条件下，其信道可能是对数正态(log-normal)分布、伽马-伽马(Gamma-Gamma)分布和 K 分布等。信道模型的不确定性对实际信号设计和检测技术提出了一系列的挑战。

目前由于相干检测的复杂度和成本的限制，室外可见光通信系统中通常采用 IM/DD。通信的过程为发射端利用 LED 光强度的变化来传递信息，室外信道对光信号的强度产生一定程度的随机衰减，接收端通过直接检测光信号的强度来进行解调。在这一过程中光强信号为非负信号，信道也为非负衰减值。相比于可见光通信的速率，信道变化较为缓慢，为时变慢衰落信道。室外可见光信道对光信号的影响主要为大气衰减和大气湍流。

2.4.2　大气衰减效应

大气的主要组成为大气分子和气溶胶，大气分子又包括氮气分子、氧气分子、二氧化碳分子和水蒸气分子等，氮气分子和氧气分子主要表现为对微波频段的吸收，对可见光频段几乎没有影响，二氧化碳分子和水蒸气分子是对光线吸收的主要分子。气溶胶主要是大气中直径在 0.03～2000μm 的固态和液态微粒，包括尘埃、盐粒、烟粒、微水滴和微生物等，气溶胶可以导致大气的浑浊，以气溶胶为核心凝结成雨雪，气溶胶对光波形成散射和吸收[1,2]，相比于大气闪烁，大气衰减对光信号的检测影响较小。

2.4.3　大气湍流模型

影响光信号传输的主要因素是大气湍流，这是室外光信道研究的重点。光传输路径上因温度、气压和湿度等因素不均衡产生大气湍流，湍流导致空气均匀介质的随机破碎及抖动，导致光传播路径上折射率改变，光信号幅度和相位起伏变化。目前研究大气湍流对光信号折射率的影响是以科尔莫戈罗夫(Kolmogorov)的湍流理论为基础展开的[3,4]，大气湍流的强度采用大气折射率结构系数 C_n^2 表示，值越大表示湍流越强，以此对湍流强度分类，强湍流 $C_n^2 > 2.5 \times 10^{-13}\ \mathrm{m}^{-2/3}$，中等湍流 $6.4 \times 10^{-17}\ \mathrm{m}^{-2/3} < C_n^2 < 2.5 \times 10^{-13}\ \mathrm{m}^{-2/3}$，弱湍流 $C_n^2 < 6.4 \times 10^{-17}\ \mathrm{m}^{-2/3}$。在不同的大气折射率结构系数 C_n^2 下，信道衰落值对数的方差与距离的变化关系如图 2-10 所示。

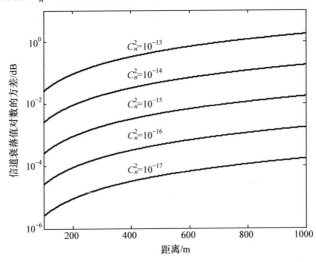

图 2-10　不同结构系数下，信道衰落值对数方差与距离的关系

通常情况下，光信号的光束在室外信道中包含许多个大气湍流旋涡，如图 2-11 所示，从接收端孔径中可以看到如图 2-11 所示的光斑，光斑直径大小为 λD，其中，λ 为光信号的波长，D 为传输的距离，光斑随机明暗变化。接收端实际处理的信号为接收孔径中多个光斑强度的平均值。因为接收端孔径大小有限，通信距离越远，接收到的单个光斑直径越大；接收端孔径中光斑个数越少，信道特性的变化越剧烈，而通信距离越近，接收到的光斑直径越小，接收端孔径中光斑个数越多，信道特性的变化相对稳定。

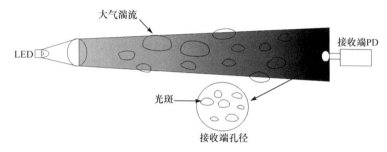

图 2-11 空气湍流信道示意图

大气湍流受温度、气压、风速和湿度等多种因素影响，没有统一的数学模型。通过实验[5-9]和理论分析[10-12]，现已提出的对大气湍流进行建模的模型有对数正态分布模型[13,14]、K 分布模型[15,16]、指数分布模型、I-K 分布模型和伽马-伽马分布模型[17,18]。下面根据大气湍流强度的不同，介绍两种典型的数学模型。

1. 弱湍流信道下的对数正态模型

对于弱湍流信道可以采用 Rytov 理论描述通过湍流的光场 $\mu(\boldsymbol{r})$：

$$\mu(\boldsymbol{r}) = A(\boldsymbol{r})\exp\left[\mathrm{i}\phi(\boldsymbol{r})\right] = \mu_0(\boldsymbol{r})\exp(\Phi_1) \tag{2-5}$$

其中，$\mu_0(\boldsymbol{r})$ 表示不经过湍流的光场幅度，其满足如下关系：

$$\mu_0(\boldsymbol{r}) = A_0(\boldsymbol{r})\cdot\exp\left[\mathrm{i}\phi_0(\boldsymbol{r})\right] \tag{2-6}$$

Φ_1 为波动因子的指数，可以写成以下形式：

$$\Phi_1 = \ln\left[\frac{A(\boldsymbol{r})}{A_0(\boldsymbol{r})}\right] + \mathrm{i}\left[\phi(\boldsymbol{r}) - \phi_0(\boldsymbol{r})\right] = X + \mathrm{i}S \tag{2-7}$$

其中，X 为光信号幅度对数的起伏；S 为光信号相位的起伏。光信号幅度对数 X 的统计特性服从正态分布：

$$f_X(X) = \frac{1}{\sqrt{2\pi\sigma_X^2}}\exp\left[-\frac{(X - E[X])^2}{2\sigma_X^2}\right] \tag{2-8}$$

其中，σ_X^2 为光信号幅度衰减对数的方差，对于平面波和球面波，其方差分别满足：

$$\sigma_X^2 |_{\text{plane}} = 0.56 \left(\frac{2\pi}{\lambda} \right)^{7/6} \int_0^D C_n^2(x)(D-x)^{5/6} \mathrm{d}x \tag{2-9}$$

$$\sigma_X^2 |_{\text{spherical}} = 0.56 \left(\frac{2\pi}{\lambda} \right)^{7/6} \int_0^D C_n^2(x)(D-x)^{5/6} \mathrm{d}x \tag{2-10}$$

其中，D 为传输距离，大气折射率结构系数 C_n^2 由 Hufnagel-Valley 模型得到

$$
\begin{aligned}
C_n^2(l) = & 0.00594(v/27)^2 (10^{-5}l)^{10} \exp(-l/1000) \\
& + 2.7 \times 10^{-6} \exp(-l/1500) + A \exp(-l/100)
\end{aligned}
\tag{2-11}
$$

其中，l 为海拔；v 为风速；常数 $A = 1.7 \times 10^{-14}$。信道的衰减 h (即光强的衰减) 与 X 满足如下关系：

$$h = h_0 \exp(2X - 2E[X]) \tag{2-12}$$

因此，在弱湍流的情况下，信道衰减的概率密度函数为

$$f_H(h) = \frac{1}{h\sqrt{2\pi\sigma_h^2}} \exp\left(-\frac{(\ln h - \ln h_0)^2}{2\sigma_h^2} \right) \tag{2-13}$$

其中，$\sigma_h^2 = 4\sigma_X^2$ 为信道衰减对数值的方差，信道衰减值服从对数正态分布。

2. 强湍流信道下的伽马-伽马模型

对于中强湍流的情况，Rytov 对光场的描述不适用，因此对数正态模型不再适用。大气信道可以近似看成一个大尺度空气衰落调制小尺度空气衰落的双随机过程，这两个随机过程都采用伽马信道进行建模，信道的统计特性服从伽马-伽马分布，其概率密度函数为[13]

$$f_H(h) = \frac{2(\alpha\beta)^{(\alpha+\beta)/2}}{\Gamma(\alpha)\Gamma(\beta)} h^{(\alpha+\beta)/2-1} K_{\alpha-\beta}\left(2\sqrt{\alpha\beta h}\right), \quad h > 0 \tag{2-14}$$

其中，$K(\cdot)$ 为改进的第二类贝塞尔函数；$\Gamma(\cdot)$ 为伽马函数，$1/\alpha$ 和 $1/\beta$ 分别为衡量大尺度衰落和小尺度衰落的变量。

在光通信中，通常采用闪烁系数(scintillation index，S.I.)来衡量大气湍流的强弱程度，它的定义如下：

$$\text{S.I.} = E\left[h^2\right] / (E[h])^2 - 1 \tag{2-15}$$

在对数正态信道中，S.I.与分布参数 σ_h^2 的关系为 $\sigma_h^2 = \ln(\text{S.I.}+1)$，为保证信号总功率不变，令 $E[h^2] = 1$，得到衰减对数的均值 m_X 与 S.I.的关系为 $m_X = -\ln(\text{S.I.}+1)$。在伽马-伽马信道中，S.I.与尺度系数 α 和 β 的关系为 $\text{S.I.} = \alpha^{-1} + \beta^{-1} + (\alpha\beta)^{-1}$。

2.5　水　下　信　道

2.5.1　水的基本物理特性

地球接近三分之二的表面被水覆盖,数千年来,人类从未停止对海洋的探索。从大航海时代硝烟弥漫的竞争到如今全球化不断加深的合作共赢,海洋像血液一样连通着整个地球。从陆权时代到海权时代,一个国家的兴衰荣辱往往和海洋有着千丝万缕的关系。当前,随着陆地资源的不断消耗和对海洋权益的保护日益重视,人们在海洋中从事的相关生产生活迅速增多,与之相关的信息传输的需求也更加紧迫。当前,水下无线通信(underwater optical wireless communication, UOWC)技术吸引了更多的关注,UOWC 系统通过利用无线载波发送数据,如 RF 波段、声波和光波。

相比于陆地上的长距离通信而言,水下无线光通信传输距离受限的原因在于水下信道条件恶劣,信道特性十分复杂。一般而言,水下可见光通信(underwater visible light communications, UVLC)主要有两方面的限制因素。首先是水下信道中存在的三个主要因素:吸收、散射和湍流效应,分别引起信号能量损失、接收信号符号间干扰以及光传输链路的信道衰落。吸收效应主要来自光子与水分子以及其他颗粒的相互热作用,散射主要为光子与特定大分子颗粒物以及一些溶解物质的相互作用,而湍流是由水下媒介中温度和含盐度的随机变化引起的波动效应。其次,实际 PD 或者 APD 中存在跨导放大器(transimpedance amplifier, TIA)影响,导致光电检测门限和器件的热噪声较高。经过长距离水下信道传输后,到达接收端的光信号能量十分微弱。因此,学者提出了许多方法来提升长距离传输系统的性能。

伊朗 Sharif 大学的 Mohammad 等提出多发多收的 MIMO 水下无线光通信系统,采用空间分集接收技术缓解水下信道湍流引起的衰落,并且从接收端信号处理的角度来看,利用多个连续接收符号在时域上具有一定的相关性的特性,从而进行多个接收符号的联合检测。

2.5.2　水下信道的衰减效应

水下无线光信道主要受三个因素的制约:吸收、散射和湍流,分别带来能量损失、符号间干扰(interference symbol interference, ISI)和信道衰落。和自由空间光(free-space optics, FSO)中不同,光湍流主要来自水下媒介中温度和含盐量的随机变化。本节着重分析水下湍流引起的信道衰减。

由于水下湍流信道十分复杂,目前还缺少普适的湍流信道模型,一些学者提出将自由光空间中经典的信道湍流模型近似并借用建模到水下湍流信道中，包括伽马-伽马模型、负指数模型、对数正态模型、伽马模型、韦布尔(Weibull)模型和广义伽马模型，而每种数学湍流模型都对应不同的应用条件，下面将主要分析前三种模型。

首先，定义 S.I.如下：

$$S.I. \triangleq \frac{E[h_t^2]}{(E[h_t])^2} - 1 \tag{2-16}$$

其中，h_t 为信道湍流强度。较低的值表征较小的强度变化，而较高的值表示恶劣的信道湍流衰落。不失一般性，假设信道湍流归一化，即 $E[h_t]=1$。

在弱湍流条件下，最广泛的衰落模型为对数正态模型。在这种情况下，强度变化的指数服从高斯变化，其概率密度函数(probability density function，PDF)为

$$f_{h_t}(h_t) = \frac{1}{2h_t\sqrt{2\pi\sigma_t^2}} \exp\left(-\frac{(\ln h_t - 2\mu_t)^2}{8\sigma_t^2}\right) \tag{2-17}$$

其中，σ_t^2 和 μ_t 分别表示湍流信道的方差和均值，且 $\mu_t = -0.5\ln(S.I.+1)$，$\sigma_t^2 = \ln(S.I.+1)$，即 $\mu_t = -\sigma_t^2/2$，这保证了信道既不衰落又不放大信号的平均功率。

在中等湍流条件下，常常采用伽马-伽马模型来描述信道湍流的统计分布。依据这个模型，强度波动衍生出小尺度波动和大尺度波动，两者都可由伽马函数来建模。因此，其 PDF 为

$$f_{h_t}(h_t) = \frac{2(AB)^{\frac{A+B}{2}}}{\Gamma(A)\Gamma(B)} h_t^{\frac{A+B-2}{2}} \Upsilon_{A-B}(2\sqrt{ABh_t}) \tag{2-18}$$

其中，$\Gamma(\cdot)$ 为伽马函数；$\Upsilon(\cdot)$ 为贝塞尔函数；A 和 B 为与信道有关的参数。闪烁系数为 $S.I. = A^{-1} + B^{-1} + (AB)^{-1}$。

对于很强的信道湍流条件，衰落模型可以建模为负指数分布，其主要应用在散射因素较为显著的场景。其 PDF 为

$$f_{h_t}(h_t) = \exp(-h_t) \tag{2-19}$$

流体的状态也和媒介的流速相关，分别为层流、过渡流和湍流，当水流速度较小时，水流之间互不混合，且是分层流动；当水流速度增加到一定程度时，水流呈现出波浪形运动状态，并且随着速度的增加，频率和振幅都会加强，此时称为过渡流；最后，当流速显著增加时，此时水体之间层流被破坏，流体呈现不规则的运动形式，称为湍流，又称扰流。目前，水下信道湍流常借用 FSO 中的信道模型。学者对水下弱海洋湍流对数正态模型开展了一定的研究，认为光湍流的主要原因是折射系数的随机无序变换，这些变化导致了水下媒介中温度和含盐度的

波动。详细而言,光束穿过水中的湍流部分后,其方向会产生一定的变化,光束出射界面的光强同样会发生变化。为了刻画这一湍流因素,认为闪烁系数落在弱衰落范围内的,将弱海洋湍流建模为对数正态模型,并且总体等效道脉冲响应函数等于吸收、散射和湍流等因素对应作用函数的乘积。累积的水下信道脉冲响应模型可以推导为

$$h = h_c h_t \tag{2-20}$$

其中,h_c 表征基于蒙特卡罗数值仿真的吸收和散射因素。

在下面的分析中,我们集中考虑三种信道因素的综合影响。在水质较优的条件下,如果扩散长度 $\tau < 15$,传输速率 R_b 低于 50Mbit/s,信道可以认为是非色散的,符号间干扰可以忽略。因此,在后续的分析中,主要研究多个接收光子符号的联合检测问题,并且忽略符号间干扰问题。而一般的符号间干扰问题,都可采用基于信道模型的均衡器来提升系统的性能。

由于研究的是基于慢衰落的水下湍流模型,我们假设湍流 h_t 在相对较短的一个时隙(1~100μs)内是常量。同时,当传输距离 L 给定时,吸收和散射引起的 h_c 也是一个常量。因此,假设系统总的信道 h 也是一个独立并且在一个时隙内时不变的常量,即 $h_i = h$,$i = 1, 2, \cdots, K$。例如,传输速率为 1Mbit/s 时,时隙为 1~100μs,系统最多有 100 个相邻的符号的信道状态信息在该时隙内为时不变的常量。这样的假设为后续的多个接收光子计数信号的处理奠定了基础。

2.5.3　水下光传播模型

1. 蒙特卡罗数值仿真

蒙特卡罗方法是一种数学统计模拟方法,广泛应用于信号处理领域。其主要过程分为三个步骤:构造或描述问题的概率分布;利用已知的概率分布,对构造或描述后的问题进行随机抽样;按照预先设定的精度和计算量,建立所需的估计量。而光在水下传输,为一个典型的随机过程,其统计参数可以通过如下两个步骤求解:①首先分析光源发送的大量光子碰撞散射和吸收的概率分布;②通过拟合得到随机过程的概率分布函数。因此,蒙特卡罗方法常用于模拟水下光的散射效应引起的空间分布以及偏振特征等。

和大气中的自由光空间通信链路不同,水下链路中有大量的悬浮粒子,如溶解盐、矿物质元素、有机物等。通常存在三种散射类型:随机分子运动(纯海水中的散射)引起的密度波动,导致的小尺度散射($\ll \lambda$,λ 为光波长);由大颗粒悬浮粒子引起的颗粒散射($> \lambda$);由湍流折射波动导致的大尺度散射($\gg \lambda$)。在本书中,我们更关注纯海水中的散射。

若在水下环境进行蒙特卡罗仿真实验,散射效应 $b(\lambda)$ 相对于吸收效应 $a(\lambda)$ 更

加复杂。散射效应建模的核心是单个光子与散射粒子之间的相互作用，而水下媒介的体散射相函数(volume scattering function，VSF) $\hat{\beta}(\varpi,\lambda)$ 用来描述单次散射光子的相互作用行为，ϖ 为散射后的极角。一般用其归一化特定角度后散射相函数(scattering phase function，SPF) $\beta(\varpi,\lambda)$ 来描述 ϖ 与散射光的能量分布：

$$2\pi\int_0^\pi \beta(\varpi,\lambda)\sin\varpi\,\mathrm{d}\varpi = 1 \tag{2-21}$$

该函数是仿真水下光信道时要应用的关键参数。

亨利-格林斯坦(Henyey-Greenstein，HG)函数和二阶 HG(two terms HG，TTHG)函数常用来闭合地研究海水的 SPF。典型的 HG 函数如下：

$$\beta_{\mathrm{HG}}(\varpi,g)=\frac{1-g^2}{4\pi(1+g^2+2g\cos\varpi)^{3/2}} \tag{2-22}$$

其中，g 为 ϖ 的平均余弦，记为 $g=2\pi\int_0^\pi \beta(\varpi,\lambda)\cos\varpi\sin\varpi\,\mathrm{d}\varpi$，显然这是一个含有参变量的经验公式。

TTHG 函数表达式如下：

$$\beta_{\mathrm{TTHG}}(\varpi)=\alpha\beta_{\mathrm{HG}}(\varpi,g_1)+(1-\alpha)\beta_{\mathrm{HG}}(\varpi,g_2) \tag{2-23}$$

一般而言，TTHG 函数更适合大气散射中的条件。而在海水中，HG 函数相比于其他函数，其在水下环境进行蒙特卡罗仿真实验的结果更优。

然而在不同水质下，散射系数会对多重散射以及水质浑浊度产生影响，因此蒙特卡罗仿真研究水下信道具有一定的局限性。目前，在蒙特卡罗仿真基础上，基于数据统计的数值计算模型的大规模光子级数值仿真(Monte Carlo numerical simulation，MCNS)成为应用最广泛的建立信道脉冲响应与通信距离、信道脉冲响应与传输时延函数关系的方法。MCNS 的目标是在水下光通信环境中追踪单个移动光子的物理特性，这些物理特性包括方向、位置、重量、距离等，然后接收机依据一定的判别准则确定是否接收到光子。经过大规模光子的独立重复发送和接收实验，从而获得与实际水下光学信道特性相对一致的 MCNS 数据，具体过程如图 2-12 所示。

MCNS 与信道建模的过程可以归纳为：通过实际测量或实验环境仿真获得水下信道的冲击响应数据，然后找到某一具体函数可以对数据进行很好的拟合，那么该函数就是水下光通信信道的表达式函数，在测量出水下环境的一些必要参数后代入表达式就可以快速获得这种特定水下环境的信道模型。

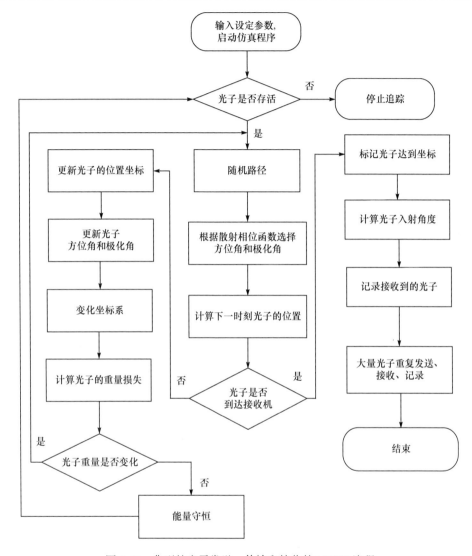

图 2-12　典型的光子发送、传输和接收的 MCNS 流程

2. 典型水下信道模型

在不同水质条件下，水分子、水中溶解的微粒物质和其他有机物等对光子的吸收，水分子、水中溶解的有机物和无机物等对光子的散射，都会有很大差异，导致水下信道十分复杂。在水下短距离条件下，目前采用最广泛也是最简单的比尔定律(Beer law)信道模型常用来描述水下光束能量衰减特性。在特定的水文与深度条件下，定义水下总的信道衰减系数为 $c(\lambda)$，λ 是不同光的波长。信道衰减包含吸收因素 $a(\lambda)$ 和散射因素 $b(\lambda)$ (通过测量海水透明度得到)，则有光衰减系数：

$$c(\lambda) = a(\lambda) + b(\lambda) \tag{2-24}$$

其接收能量模型为

$$h(L) = h_{c}\mathrm{e}^{-c(\lambda)L} \tag{2-25}$$

其中，L 为水下链路通信距离；h_{c} 为一个常数。由式(2-25)可以看出，信号是由衰减系数 $c(\lambda)$ 决定的指数衰减。

　　然而比尔定律认为光子发生散射效应后，将离开主光轴中视场角接收范围，因此，其忽视了光子的非直达路径效应，导致比尔定律只在相对简单的纯水环境中有效。实际上由于光子会发生多次散射，其偏振特性会导致以前偏离主光轴的光子经过多次散射重新回到原光束区间，由于忽略多次散射后的光子，比尔定律降低了接收到的实际光功率。随着传输距离的增加以及水质条件的变化，接收光功率的误差将会越来越大，导致比尔定律不适用于计算长距离的接收光功率。这也是比尔定律仅适用于近距离的理论仿真研究的主要原因。然而在实际的水下环境中，目前尚未有通用的理论模型描述长距离光通信问题，因此，长距离的水下信道建模成为一个热点问题。

　　3. 伽马-伽马函数模型

　　对于海岸水质和港口水质，吸收和散射效应严重限制了水下光的通信距离。由于远距离水下通信中信号衰减加大，多重散射占主要地位，光传播的路径损耗偏移比尔定律曲线。尽管伽马-伽马函数刚开始时主要描述 FSO 中云雾条件下的信道，但在多重散射光控制的条件下，伽马-伽马函数仍可适用于港口和近海水域条件。

　　伽马-伽马函数的闭式表达式为

$$h(t) = c_{1}\Delta t\mathrm{e}^{-c_{2}\Delta t} + c_{3}\Delta t\mathrm{e}^{-c_{4}\Delta t}, \quad \Delta t = t - t_{0} \geqslant 0, t_{0} = \frac{L}{\upsilon} \tag{2-26}$$

其中，t_{0} 为链路直线距离 L 时，光在水中以速度 υ 传输时的固定时延；c_{1}、c_{2}、c_{3} 和 c_{4} 为四个需要拟合的参数，通常采用非线性最小二乘法来和蒙特卡罗的结果相拟合：

$$\left(c_{1},c_{2},c_{3},c_{4}\right) = \mathrm{argmin}\left(\int\left[h(t) - h_{\mathrm{mc}}(t)\right]^{2}\mathrm{d}t\right) \tag{2-27}$$

其中，$h_{\mathrm{mc}}(t)$ 为蒙特卡罗仿真后的脉冲响应；$\mathrm{argmin}(\cdot)$ 为返回最小值的运算。进行傅里叶变换后，其频域响应为

$$H(2\pi f) = \frac{c_{1}}{\left(\mathrm{j}2\pi f + c_{2}\right)^{2}}\mathrm{e}^{-\mathrm{j}2\pi f t_{0}} + \frac{c_{3}}{\left(\mathrm{j}2\pi f + c_{4}\right)^{2}}\mathrm{e}^{-\mathrm{j}2\pi f t_{0}} \tag{2-28}$$

该函数模型需要研究符号间干扰问题，一般采用基于信道模型的均衡器(如破零均衡器)来提升系统的性能，均衡器的系数依赖于信道脉冲响应。

4. 双指数函数模型

和比尔定律模型相比，双指数函数模型可以更加准确地近似长距离水下信道功率损失。其中一个指数函数用来表征衰减长度小于扩散长度的功率损失，另一个指数函数表征衰减长度大于扩散长度的功率损失，主要包含多次散射的能量。其中扩散长度定义为 $\tau(\lambda)=c(\lambda)L$，并且扩散长度可以认为是一个光子理论上最远能够传输的距离。先前的研究表明，当水质较优、$\tau<15$ 或者传输速率低于 50Mbit/s 时，信道可以考虑为非色散的，符号间干扰可以忽略。当采用低速率通信时，比特持续时间 $T_b \gg 1\mathrm{ns}$，可以认为是非色散的，因此光信道脉冲响应可以近似为 δ 脉冲函数模型。事实上，如果进一步缩小 LED 半功率角以及提升光强度，水下信道仍可以认为是非色散的。因此，信道脉冲响应与通信距离之间的映射关系可以由一个 δ 函数近似为

$$h(t,L)=(a_1\mathrm{e}^{-c_1L}+a_2\mathrm{e}^{-c_2L})\delta(t-L/\upsilon) \tag{2-29}$$

其中，$\delta(t-L/\upsilon)$ 为传输时延；υ 为光在水中的传输速率。进一步，假设在接收端符号完美同步，并且可以忽略符号间干扰，那么式(2-29)可以重新整理为

$$h(L)=a_1\mathrm{e}^{-c_1L}+a_2\mathrm{e}^{-c_2L} \tag{2-30}$$

双指数函数模型中的四个参数 a_1、c_1、a_2、c_2 可以由最小均方误差算法获得。

2.6　小　　结

本章主要介绍了可见光通信的收发终端，发送端主要介绍 LED 和前端电路设计；接收端分别介绍 PMT、APD 以及 SPAD 的光电特性。针对可见光通信信道，本章主要介绍大气信道和水下信道，大气信道为非负的时变慢衰落信道，主要受大气衰减和大气湍流影响；水下无线光信道主要受三个因素的制约：吸收、散射和湍流因素，分别带来能量损失、符号间干扰和信道衰落。本章列举了三种水下信道模型：典型水下信道模型、伽马-伽马函数模型以及双指数函数模型，较全面地介绍了水下光信道特性。

参 考 文 献

[1] 东方 LED. LED 的发展史简介：LED 的特性. [2018-10-01]. http://www. eastled.com/tzixun/ 30680.html.

[2] 余向东, 沈常宇, 王育红. 影响自由空间光通信的几个重要因素及解决方法. 光通信技术,

2006, 30(2): 61-63.

[3] Han L Q, Qi W, Katsunori S. 大气湍流下自由空间光通信中断概率分析. 红外与激光工程, 2010, 39(4): 660-663.

[4] 饶瑞中.光在湍流大气中的传播. 合肥: 安徽科技出版社, 2005: 351.

[5] Epple B. Simplified channel model for simulation of free-space optical communications. IEEE Journal on Optical Communications and Networking, 2010, 2: 293-304.

[6] Kopeika N S, Zilberman A, Sorani Y. Measured profiles of aerosols and turbulence for elevations of 2 to 20km and consequences of widening of laser beams. International Society for Optics and Photonics, 2001:43-51.

[7] Zilberman A, Kopeika N S, Sorani Y. Laser beam widening as a function of elevation in the atmosphere for horizontal propagation// Aerospace/Defense Sensing, Simulation, and Controls. International Society for Optics and Photonics, Orlando, 2001: 177-188.

[8] Schulz T J. Optimal beams for propagation through random media. Optics Letters, 2005, 30(10): 1093-1095.

[9] Henniger H, Epple B, Haan H. Maritime mobile optical-propagation channel measurements// 2010 IEEE International Conference on Communications (ICC), Cape Town, 2010: 1-5.

[10] Churnside J H, Clifford S F. Log-normal Rician probability-density function of optical scintillations in the turbulent atmosphere. Journal of the Optical Society of America A, 1987, 4(10): 1923-1930.

[11] Giggenbach D, Henniger H. Fading-loss assessment in atmospheric free-space optical communication links with on-off keying. Optical Engineering, 2008, 47(4): 046001-046006.

[12] Yura H T, McKinley W G. Optical scintillation statistics for IR ground-to-space laser communication systems. Applied Optics, 1983, 22(21): 3353-3358.

[13] Farid A A, Hranilovic S. Outage capacity optimization for free-space optical links with pointing errors. Journal of Lightwave Technology, 2007, 25(7): 1702-1710.

[14] Karp S, Gagliardi R M, Moran S E, et al. Optical Channels: Fibers, Clouds, Water, and the Atmosphere. New York: Plenum Press, 2013.

[15] Sandalidis H G, Tsiftsis T A. Outage probability and ergodic capacity of free-space optical links over strong turbulence. Electronics Letters, 2008, 44(1): 46-47.

[16] Kiasaleh K, Bagrov A V, Lukin V P, et al. Performance of coherent DPSK free-space optical communication. IEEE Transactions on Communications, 2006, 54(4): 604-607.

[17] Al-Habash R P M, Andrews L. Mathematical model for the irradiance probability density function of a laser beam propagating through turbulent media. Optical Engineering, 2001,40(8): 1554-1562.

[18] Barry J R. Wireless Infrared Communications. Boston: Kluwer Academic Press, 1994.

第3章　阵列可见光通信传输性能的有效测度理论

3.1　概　　述

针对信道容量，根据香农信息论[1]，当输入信号分布满足高斯概率分布时，传统 RF 高斯信道的容量可推得解析式。然而，对于光通信，信号的非负性使逼近容量的输入信号分布不可能服从高斯模型，这就意味着传统 RF 无线通信中的容量解析式不能直接应用到光通信中[2-6]。目前，光通信的容量研究主要是通过寻找容量理论上下限来研究系统可达速率。

在信号非负、峰值功率和均值功率受限的约束下，文献[7]中针对高斯白噪声信道，推导光通信点对点容量的上下限。文献[8]研究离散信号输入下的点对点容量的上下限。文献[9]采用一种迭代递推的方法提出一种更紧的点对点容量上限。进一步，文献[10]针对一种介于高斯和泊松信道的改进信道模型，进行点对点容量限的研究。基于上述研究，文献[11]分析了并行的强度调制/直接检测的光通信信道的容量。考虑可见光通信实际照明的明暗需求，通过引进一个参数约束，文献[12]和文献[13]分析了与照明明暗参数相关的可见光通信信道容量限。文献[14]巧妙运用不等式缩放，提出一种接收信号的连续熵的近似方法，进而获得了一种具有简易表达式的点对点容量上限。基于文献[7]的结果，文献[13]分析了并行光通信信道的容量限。文献[14]研究了自由空间光通信慢衰落信道的性能，进而推得了多种大气变化条件下的中断概率表达式。文献[15]分析了受大气和未对准衰落影响的自由空间光通信的中断概率。文献[16]分析了多跳和并行中继的自由空间网络通信的中断性能。文献[17]在均值功率和峰值功率的约束下，推导了强度调制/直接检测下光通信广播信道的容量限。

由上可知，一方面，与现有容量方面的研究工作相比，室内可见光通信的信道增益是朗伯模型，它是时不变的，且与收发端的空间几何位置紧密相关。这就使室内可见光通信的遍历容量与 RF、FSO 信道的遍历容量不同。然而，这种独特的几何性与信道遍历容量的关联尚未研究。另一方面，基于香农容量，可见光通信的遍历容量是基于点对点(point-to-point，P2P)容量与几何参数的关系进行推导的。然而，现有的点对点容量限[12-17]与信道增益具有较为复杂的关联，这将引起 P2P 与几何参数的复杂关联，给进一步遍历容量的推导增加了挑战。

3.2　室内阵列可见光通信系统模型

3.2.1　信道模型

一个室内的 MIMO-VLC 系统(图 3-1)中，N_t 个 LED 作为发射机，N_r 个 PD 作为接收机。接收信号向量 y 表示为

$$y = Hx + n \tag{3-1}$$

其中，$n \sim \mathcal{N}_{\mathbb{R}}(\mathbf{0}, \sigma^2 I_{N_r})$ 是 $N_r \times 1$ 的实数域的加性高斯白噪声(additive white Gaussian noise，AWGN)。不失一般性，假设 $N_t \leqslant N_r$。

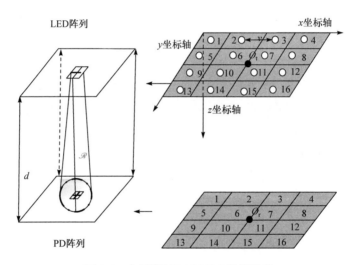

图 3-1　大规模 MIMO-VLC 系统示意

(1) 发送端已知 H：系统信号处理流程如图 3-2 所示。对于光通信，相干时间远远大于符号周期，信道状态的估计和反馈只需利用微弱的时间而不会带来性能上的损耗。因此，本章假设发送端已知信道矩阵 H。

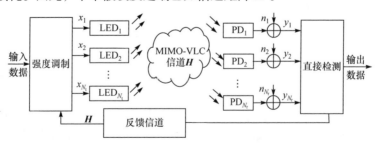

图 3-2　MIMO-VLC 系统信号处理流程结构

(2) 噪声 N :

$$N = \gamma Z_1 + Z_0 \tag{3-2}$$

其中, $Z_0 \sim \mathcal{N}_{\mathbb{R}}(0, \sigma^2)$, 表示接收端产生的热噪声和背景光引起的散粒噪声; $Z_1 \sim \mathcal{N}_{\mathbb{R}}\left(0, \varsigma^2\sigma^2\right)$, 表示与邻近 LED 产生的 ICI 有关的加性高斯噪声; γ 表示其他 LED 对此 LED 产生的信号强度, ς^2 表示噪声 Z_1 与 Z_0 的方差比值。

(3) 信道增益 h : 无线电通信常常考虑多径效应, 但是室内典型的点对点可见光通信常常被假设为视距传输, 对应的信道增益 h 建模为

$$h = \begin{cases} \dfrac{S_r(m+1)}{2\pi D^2} \cos^m(\phi)\cos(\varphi), & 0 \leqslant \varphi \leqslant \Psi_c \\ 0, & \varphi > \Psi_c \end{cases} \tag{3-3}$$

其中, ϕ 表示发射器的发射角; φ 表示接收器的入射角; S_r 表示接收器的接收面积; D 表示收发双方间的欧氏距离。朗伯阶数为 $m = -\dfrac{\ln 2}{\ln(\cos(\varPhi_{1/2}))}$, 其中, $\varPhi_{1/2}$ 为发射器半功率角。$D = \sqrt{l^2 + d^2}$, 其中, l 表示收发两端的垂直距离, d 表示接收器与通信区域 $\mathcal{R}$ 中心的距离, 如图 3-3 所示。

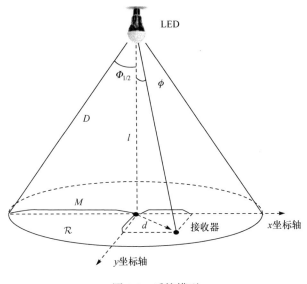

图 3-3　系统模型

3.2.2　室内可见光通信信道特性

对于可见光通信来说, 输入信号需要是非负的。由于 LED 非线性等特性, 光功率均值 ε 和峰值 A 需要满足如下约束:

$$Pr(0 \leqslant X \leqslant A) = 1 \tag{3-4}$$

$$E[X] \leqslant \varepsilon \tag{3-5}$$

其中，$X \in \mathbb{R}_+$。光功率均值与峰值的比值表示为

$$\alpha \triangleq \frac{\varepsilon}{A}, \quad 0 < \alpha \leqslant 1 \tag{3-6}$$

则信道条件概率分布密度函数为

$$W(y \mid x) = \frac{1}{\sqrt{2\pi\sigma^2\left(1+\varsigma^2\gamma^2\right)}} \mathrm{e}^{\frac{-(y-hx)^2}{\sigma^2\left(1+\varsigma^2\gamma^2\right)}}, \quad y \in \mathbb{R}, x \in \mathbb{R}_+ \tag{3-7}$$

不失一般性，不妨假设 $\phi = \varphi$，则 $\cos(\phi) = \cos(\varphi) = \dfrac{l}{D}$。那么信道增益 $\underline{h}$ 又可表示为

$$\underline{h} = \frac{S_{\mathrm{r}}(m+1)l^{m+1}}{2\pi\left(l^2+d^2\right)^{(m+3)/2}} \tag{3-8}$$

从式(3-8)可以看出，对于既定的 LED，S_{r} 和 m 是常数，$\underline{h}$ 主要取决于接收端的几何位置，即取决于参数 l 和 d。参数 d 与接收器几何位置的关系为

$$d^2 = x^2 + y^2 \tag{3-9}$$

其最大值是可见光通信系统通信区域 $\mathcal{R}$ 的半径 M，即 $M \triangleq l \cdot \tan \varPhi_{1/2}$。本章主要研究点对点容量、遍历容量与几何参数 d 的关系。

3.3　室内可见光通信信道容量分析

3.3.1　室内可见光通信点对点信道容量

根据香农容量公式[1]，我们可以通过选择一个具体的输入信号分布 $T(\cdot)$ 获得一个容量下限，即

$$C = \sup_{T(\cdot)} I(T,W) \geqslant h(Y) - h(Y|X)\big|_{T(\cdot)} \tag{3-10}$$

其中，$I(T,W)$ 表示对于信号分布 $T(\cdot)$ 和信道条件概率分布 $W(\cdot|\cdot)$，输入信号 X 和输出信号 Y 之间的互信息。进而，则有 $I(T,W) \triangleq I(X,Y)$。

下面提出一种 $h(Y)$ 近似的通用方法。

引理 3-1　假设 Y 是输入信号 $X \in \mathbb{R}_+^0$ 通过可见光信道的输出，输入 X 分布的均值为 ε，则 $h(Y)$ 可以近似为

$$h(Y) \geqslant h(X) + \ln \underline{h} - f(\varepsilon) \tag{3-11}$$

其中，$f(\varepsilon) = \ln\left(1 - 2Q\left(\dfrac{h\varepsilon}{\sigma}\right)\right)$。

证明　对于模型 $Y = \underline{h}X + N$，输出 Y 对于输入 $X = x$ 的条件概率分布函数为

$$W(y\,|\,x) = \frac{1}{\sqrt{2\pi\sigma^2\left(1 + \varsigma^2\gamma^2\right)}}\,\mathrm{e}^{\frac{-(y - \underline{h}x)^2}{\sigma^2\left(1 + \varsigma^2\gamma^2\right)}}, \quad y \in \mathbb{R}, x \in \mathbb{R}_+^0 \tag{3-12}$$

光均值功率约束使输入信号分布 $T(\cdot)$ 具有一个有限的均值。简洁起见，令 $T_\mathrm{u}(\cdot)$ 表示均匀概率分布，均值为 $E(T_\mathrm{u}(\cdot)) = \nu$，则 $A = 2\nu$。那么 $T_\mathrm{u}(\cdot)$ 相应输出概率分布 $(T_\mathrm{u}W)(y)$ 为

$$\begin{aligned}
(T_\mathrm{u}W)(y) &= \int_0^{2\nu} W(y\,|\,x)T_\mathrm{u}(x)\mathrm{d}x \\
&= \int_0^{2\nu} \frac{1}{2\nu\sqrt{2\pi\varGamma^2}}\mathrm{e}^{-\frac{(y - \underline{h}x)^2}{2\varGamma^2}}\,\mathrm{d}x \\
&\overset{w \triangleq \frac{y - \underline{h}x}{\varGamma}}{=} \frac{1}{2\nu\underline{h}}\int_{\frac{y - \underline{h}A}{\varGamma}}^{\frac{y}{\varGamma}} \frac{1}{\sqrt{2\pi}}\mathrm{e}^{\frac{w^2}{2}}\,\mathrm{d}w \\
&= \frac{1}{2\nu\underline{h}}\left[1 - Q\left(\frac{2\underline{h}\nu - y}{\varGamma}\right) - Q\left(\frac{y}{\varGamma}\right)\right]
\end{aligned} \tag{3-13}$$

其中，函数 $Q(x)$ 可表示为 $Q(x) = \displaystyle\int_x^\infty \frac{1}{\sqrt{2\pi}}\mathrm{e}^{-\frac{t^2}{2}}\mathrm{d}t$。令 $w \triangleq \dfrac{y - \underline{h}x}{\varGamma}$。由于 $Y \sim \mathcal{N}_\mathbb{R}(\underline{h}x, \varGamma^2)$，则有 $w \sim \mathcal{N}_\mathbb{R}(0, 1)$

$$\int_{K_1}^{K_2} \frac{1}{\sqrt{2\pi}}\mathrm{e}^{\frac{w^2}{2}}\,\mathrm{d}w = 1 - Q(-K_1) - Q(K_2) \tag{3-14}$$

因此，可得第四个等式转换。进一步，依据相对熵的数据处理定理，可得

$$D(T\,\|\,T_\mathrm{u}) \geqslant D((TW)\,\|\,(T_\mathrm{u}W)) \tag{3-15}$$

其中，$(TW)(\cdot)$ 表示输入分布 $T(\cdot)$ 对应的信道输出分布。根据相对熵的定义，式(3-15)左项可以重写为

$$D(T\,\|\,T_\mathrm{u}) = -h_T(X) + \ln(2\nu) \tag{3-16}$$

则式(3-15)的右项可以描述为

$$\begin{aligned}
&D((TW)\,\|\,(T_\mathrm{u}W)) \\
&= -h_{TW}(Y) - E[\ln(T_\mathrm{u}W)(y)] \\
&= -h_{TW}(Y) + \ln(2\nu\underline{h}) - E_{(TW)}\left[1 - Q\left(\frac{2\underline{h}\nu - y}{\sigma}\right) - Q\left(\frac{y}{\sigma}\right)\right]
\end{aligned} \tag{3-17}$$

然后，函数 $g(\xi) = 1 - Q(\xi) - Q(\gamma - \xi)$ 对 ε 做微分，得到

$$g'(\xi) = \phi(-\xi) - \phi(\gamma - \xi) \tag{3-18}$$

令 $g'\left(\dfrac{\gamma}{2}\right) = 0$，则有

$$
\begin{aligned}
g'(\xi) &\geqslant 0, \quad \xi \leqslant \dfrac{\gamma}{2} \\
g'(\xi) &< 0, \quad \xi > \dfrac{\gamma}{2}
\end{aligned}
\tag{3-19}
$$

可以看出，函数 $g(\xi)$ 在 $\xi \in [0, \gamma]$ 上是凸的，在点 $\xi = \dfrac{\gamma}{2}$ 处取得最大值，则式(3-17)可以重新写为

$$D((TW) \| (T_u W)) \geqslant -h_{TW}(Y) + \ln(2\nu \underline{h}) - \ln\left(1 - 2Q\left(\dfrac{h\nu}{\sigma}\right)\right) \tag{3-20}$$

综合式(3-15)、式(3-16)和式(3-20)，可以得到引理 3-1。

引理 3-1 证明完毕。

由于不同均峰比 α 对容量的影响不同，在进行容量推导之前，在此对 α 的情况进行分析。

情况 I：$\alpha \in (0, 0.5)$；均值功率约束和峰值功率约束都起作用。

情况 II：$\alpha \in [0.5, 1]$；均值功率约束和峰值功率约束都起作用，但均峰比 α 对高信噪比下的容量不起作用，其中，$\alpha = 1$ 这种特殊情况表示只有峰值功率约束。

情况 III：$\alpha \ll 1$；只有均值功率约束起作用。

下面根据引理 3-1 给出不同情况下的点对点信道容量下限。

定理 3-1 对于室内可见光通信系统，不同情况下，点对点信道容量下限是不同的，结果如下。

(1) 对于情况 I，点对点容量下限为

$$C(A, \alpha, d) \geqslant \ln \dfrac{A\left(1 - e^{-\mu^*}\right) S_r(m+1) l^{m+1}}{\mu^* \Gamma \sqrt{e(2\pi)^3} \left(l^2 + d^2\right)^{(m+3)/2}} + \alpha\mu^* - f(\alpha A) \tag{3-21}$$

其中，$\Gamma \triangleq \sigma\sqrt{\left(1 + \varsigma^2 \gamma^2\right)}$；$\mu^*$ 为 $\alpha = \dfrac{1}{\mu^*} - \dfrac{e^{-\mu^*}}{1 - e^{-\mu^*}}$ 的最优解。

(2) 对于情况 II，点对点容量下限为

$$C(A, d) \geqslant \ln \dfrac{A S_r(m+1) l^{m+1}}{\Gamma \sqrt{e(2\pi)^3 \left(l^2 + d^2\right)^{(m+3)/2}}} - f\left(\dfrac{A}{2}\right) \tag{3-22}$$

(3) 对于情况Ⅲ，点对点容量下限为

$$C(\varepsilon,d) \geqslant \ln \frac{\varepsilon S_r (m+1) l^{m+1}}{\Gamma \left(l^2 + d^2\right)^{(m+3)/2}} \sqrt{\frac{e}{(2\pi)^3}} - f(\varepsilon) \tag{3-23}$$

注：在定理 3-1 中，当 $\alpha \to 0.5$，μ^* 趋向于 0 时，情况Ⅱ的结果式(3-22)与情况Ⅰ的结果式(3-21)是吻合的。若 $\alpha \ll 1$，则 $\alpha\mu^* \to 1$，$\mu^* \to \infty$，此时，情况Ⅲ的结果式(3-23)和情况Ⅰ的结果式(3-21)是吻合的。换句话说，情况Ⅱ和情况Ⅲ是情况Ⅰ的极限情况。

证明　将 $C = \sup_{T(\cdot)} I(T,W) \geqslant h(Y) - h(Y\mid X)|_{T(\cdot)}$ 和引理 3-1 结合起来，则有

$$\mathcal{C} = \sup_{T(\cdot)} I(T,W) \geqslant h(X) + \ln(\underline{h}) - f(v) - h(Y\mid X) \tag{3-24}$$

根据连续函数差熵的定义公式，可得

$$\begin{aligned} h(Y\mid X) &= \int_{-\infty}^{+\infty} W(y\mid x)(\ln\sqrt{2\pi\sigma^2})\mathrm{d}y + \int_{-\infty}^{+\infty} \frac{W(y\mid x)x^2}{2\pi\sigma^2}\mathrm{d}y \\ &= \frac{\ln 2\pi e\sigma^2}{2} \end{aligned} \tag{3-25}$$

那么，容量下限的推导转化为在约束下寻找使 $h(X)$ 最大的输入信号分布 $T(x)$。依据最大熵原理，优化模型为

$$\max_{T(x)} h(x) = -\int_0^{+\infty} T(x)\ln T(x)\mathrm{d}x \tag{3-26}$$

约束条件为

$$\int_0^A T(x)\mathrm{d}x = 1, \quad \int_0^A xT(x)\mathrm{d}x = \varepsilon \tag{3-27}$$

此优化问题可以通过拉格朗日乘子法解决。这里直接给出式(3-26)的优化结果。对于情况Ⅰ，$\alpha \in (0,0.5)$，最优解为 $T_1(x) = \frac{1}{A}\cdot\frac{\mu^*}{1-e^{-\mu^*}}e^{-\frac{\mu^* x}{A}}, 0\leqslant x\leqslant A$。又由 $v=\alpha A$，可得对应的差熵为

$$h(X) = \ln\frac{A\left(1-e^{-\mu^*}\right)}{\mu^*} + \alpha\mu^* \tag{3-28}$$

类似地，对于情况Ⅱ，$\alpha \in [0.5,1]$，最优解为 $[0,A]$ 上的均匀分布 $T_2(x)$，$v=\frac{A}{2}$。则对应的差熵为

$$h(X) = \ln A \tag{3-29}$$

对于情况 Ⅲ，最优解为指数分布 $T_3(x) = \dfrac{1}{\varepsilon} e^{\frac{x}{\varepsilon}}$，$\nu = \varepsilon$，则对应的差熵为

$$h(X) = \ln \varepsilon + \frac{1}{2} \tag{3-30}$$

然后，将式(3-25)、式(3-28)～式(3-30)代入式(3-24)，则可得定理 3-1。定理 3-1 证明完毕。

3.3.2　室内可见光通信遍历信道容量

根据定理 3-1 和信息论原理[1]，三种情况下的遍历容量 $\bar{C}_i$，$i \in \{\mathrm{I}, \mathrm{II}, \mathrm{III}\}$ 表述为

$$
\begin{aligned}
\bar{C}_i &= E_{\underline{h}}\left[C_i(A, \alpha, \underline{h}) \right] \\
&= E_d\left[C_i(A, \alpha, d) \right] \\
&= \iint_{\mathcal{R}} p(x, y) C_i(A, \alpha, d(x, y)) \mathrm{d}x \mathrm{d}y
\end{aligned} \tag{3-31}
$$

其中，$p(x, y)$ 是 $d(x, y)$ 的概率分布，表示日常人们室内移动的规律。由于人们日常室内移动规律多种多样、因人而异，因此 $\bar{C}_i$ 也是多样化的。此处，主要以两种典型的移动规律为基础展开可见光通信信道遍历容量的研究，如下。

(1) "随机移动"型。日常，人们在室内的移动常常倾向于随机的、匀速的。不失一般性，将 $p(x, y)$ 建模为通信区域 $\mathcal{R}$ 内的均匀分布，即

$$p(x, y) = \frac{1}{\pi M^2} \tag{3-32}$$

日常实际室内走动，我们可能不会涉及通信区域内的每一处，但对应遍历容量的推导原理是相似的。

(2) "主要区域"型。在图书馆、咖啡厅、办公室等日常活动的地方，人们通常倾向于位于一个或几个相对固定的区域，如桌子、沙发处。因此，在这种情况下，日常人们在主要区域的概率远远大于区域周围其他地方。不失一般性，将 $p(x, y)$ 建模为二维高斯分布，即

$$p(x, y) = \frac{1}{2\pi \sigma_1 \sigma_2} e^{-\frac{(x - \mu_1)^2}{2\sigma_1^2} - \frac{(y - \mu_2)^2}{2\sigma_2^2}} \tag{3-33}$$

通过调整参数 σ_1、σ_2、μ_1、μ_2，上述模型对应着更加具体的移动规律。此处，主要以"一个 LED、一个主覆盖光区"这种基本情况展开研究。另外，在日常家居装饰时，常常将 LED 安装在主要活动区域的上方，因此，不妨假设 $\mu_1 = \mu_2 = 0$，$\sigma_1 = \sigma_2 \neq 0$。

定理 3-2 给出了上述两种典型运动规律的遍历容量。

定理 3-2　室内可见光通信的遍历容量是与 $p(x,y)$ 有关的。简洁起见，

$$F \triangleq \frac{S_r(m+1)}{\sqrt{e(2\pi)^3}} \ , \quad B_I \triangleq \frac{A(1-e^{-\mu^*})l^{m+1}}{\mu^* \Gamma} \ , \quad B_{II} \triangleq \frac{A \cdot l^{m+1}}{\Gamma} \ , \quad B_{III} \triangleq \frac{\varepsilon e \cdot l^{m+1}}{\Gamma} \ , \quad T \triangleq \frac{m+3}{2} \ .$$

（1）$p(x,y)=\dfrac{1}{\pi M^2}$。对于情况 I，遍历容量下限为

$$\overline{C}_I = \ln FB_I + \alpha \mu^* - g(M,l) \tag{3-34}$$

对于情况 $i \in \{II, III\}$，遍历容量下限为

$$\overline{C}_i = \ln FB_i - g(M,l) \tag{3-35}$$

其中，$g(M,l) = T\left(\left(1+\left(\dfrac{l}{M}\right)^2\right)\ln\left(M^2+l^2\right) - 2\left(\dfrac{l}{M}\right)^2 \ln l - 1\right)$。

（2）$p(x,y)=\dfrac{1}{2\pi\sigma_1^2}e^{-\frac{x^2+y^2}{2\sigma_1^2}}$。对于情况 I，遍历容量下限为

$$\overline{C}_I \geqslant (\alpha \mu^* + \ln FB_I)\left(1 - e^{-\frac{M^2}{2\sigma_1^2}}\right) - r(\sigma_1, M, l) \tag{3-36}$$

对于情况 $i \in \{II, III\}$，遍历容量下限为

$$\overline{C}_i \geqslant (\ln FB_i)\left(1 - e^{-\frac{M^2}{2\sigma_1^2}}\right) - r(\sigma_1, M, l) \tag{3-37}$$

其中

$$r(\sigma_1, M, l) = \begin{cases} r_1(\sigma_1, M, l), & \dfrac{M^2}{l^2} \leqslant \varsigma \\ r_2(\sigma_1, M, l), & \dfrac{M^2}{l^2} > \varsigma \end{cases} \tag{3-38}$$

$$r_1(\sigma_1, M, l) = 2T\left(1 - e^{-\frac{M^2}{2\sigma_1^2}}\right)\ln l + \frac{2T\sigma_1^2}{l^2}\left(1 - \left(\frac{M^2}{2\sigma_1^2}+1\right)e^{-\frac{M^2}{2\sigma_1^2}}\right) \tag{3-39}$$

$$r_2(\sigma_1, M, l) = 2T\left(\left(1 - e^{-\frac{M^2}{2\sigma_1^2}}\right)\ln l + \frac{\sigma_1^2}{l^2}(1-(\varsigma+1)e^{-\varsigma})\right)$$
$$+ T\sum_{i=1}^{4}\frac{\delta_i}{\frac{2b_i\sigma_1^2}{l^2}+1}\left(e^{-\left(\frac{2b_i\sigma_1^2}{l^2}+1\right)\varsigma} - e^{-\left(\frac{2b_i\sigma_1^2}{l^2}+1\right)\frac{M^2}{2\sigma_1^2}}\right) \tag{3-40}$$

参数 ς 取决于 $\ln\left(1+\dfrac{2\sigma_1^2}{l^2}t\right)=\sum\limits_{i=1}^{4}\delta_i\mathrm{e}^{-\frac{2b_i\sigma_1^2}{l^2}t}$ ， $(b_1,b_2,b_3,b_4)=(0,\,0.037,\,0.004,\,0.274)$ ，

$(\delta_1,\delta_2,\delta_3,\delta_4)=(6.4678,\,-1.8264,\,-2.7948,\,-1.6552)$ 和 $\ln\left(1+\dfrac{2\sigma_1^2}{l^2}t\right)=\dfrac{2\sigma_1^2}{l^2}t$ 的相

交点。

注：在定理 3-2 中，当 $p(x,y)=\dfrac{1}{\pi M^2}$ 时，信道的几何性主要通过参数 M 体现

在 $g(M,l)$ 上。当 $p(x,y)=\dfrac{1}{2\pi\sigma_1^2}\mathrm{e}^{-\frac{x^2+y^2}{2\sigma_1^2}}$ 时，信道的几何性主要通过参数 M、σ_1 体

现在 $r_1(\sigma_1,M,l)$、$r_2(\sigma_1,M,l)$ 和 $\ln FB_i$ 的系数 $1-\mathrm{e}^{-\frac{M^2}{2\sigma_1^2}}$ 上。

证明　由于引理 3-1 中的 $f(\varepsilon)=\ln\left(1-2Q\left(\dfrac{h\varepsilon}{\sigma}\right)\right)$ 满足 $f(\varepsilon)\leqslant 0$ （ε 为输入变量 X

的均值），因此，$h(Y)\geqslant h(X)+\ln(\underline{h})$。简洁起见，令 $F\triangleq\dfrac{S_r(m+1)}{\sqrt{\mathrm{e}(2\pi)^3}}$ ，

$B_{\mathrm{I}}\triangleq\dfrac{A\left(1-\mathrm{e}^{-\mu^*}l^{m+1}\right)}{\mu^*\Gamma}$ ， $B_{\mathrm{II}}\triangleq\dfrac{Al^{m+1}}{\Gamma}$ ， $B_{\mathrm{III}}\triangleq\dfrac{\varepsilon\mathrm{e}l^{m+1}}{\Gamma}$ 。则遍历容量可表达为

$$\begin{aligned}\overline{C}_i&=E_{\underline{h}}[C_i(A,\alpha,\underline{h})]\\&=E_d[C_i(A,\alpha,d)]\\&=\iint_{\mathcal{R}}p(x,y)\ln\frac{FB_i}{(l^2+x^2+y^2)^{\frac{m+3}{2}}}\mathrm{d}x\mathrm{d}y\end{aligned}\tag{3-41}$$

其中，$i\in\{\mathrm{I},\mathrm{II},\mathrm{III}\}$。下面以情况 II 为例，推导一个 LED 的通信区域 $\mathcal{R}$ 下的遍历容量。其他两种情况遍历容量的推导过程与此相似，不再赘述。

(1) $p(x,y)=\dfrac{1}{\pi M^2}$。对于情况 II，由式(3-41)可得

$$\overline{C}_{\mathrm{II}}=\ln FB_{\mathrm{II}}-\frac{m+3}{2\pi M^2}\int_0^{2\pi}\int_0^M\ln(l^2+x^2+y^2)\mathrm{d}x\mathrm{d}y\tag{3-42}$$

运用极坐标转换 $\rho^2=x^2+y^2$，则

$$\begin{aligned}\overline{C}_{\mathrm{II}}&=-\frac{m+3}{M^2}\int_0^M\ln(l^2+\rho^2)\rho\mathrm{d}\rho+\ln FB_{\mathrm{II}}\\&=-\left(\left(1+\frac{l^2}{M^2}\right)\ln(M^2+l^2)-2\frac{l^2}{M^2}\ln l-1\right)\cdot\frac{m+3}{2}+\ln FB_{\mathrm{II}}\end{aligned}\tag{3-43}$$

(2) $p(x,y) = \dfrac{1}{2\pi\sigma_1^2} e^{-\frac{x^2+y^2}{2\sigma_1^2}}$。对于情况 II，有

$$\overline{C}_{\text{II}} = \underbrace{\iint_{\mathcal{R}} p(x,y)\ln FB_{\text{II}}\,\mathrm{d}x\mathrm{d}y}_{w_1} - \underbrace{\frac{m+3}{2}\iint_{\mathcal{R}} p(x,y)\ln\left(l^2+x^2+y^2\right)\mathrm{d}x\mathrm{d}y}_{w_2} \quad (3\text{-}44)$$

式(3-44)的第一项表示为 w_1，第二项表示为 w_2。运用极坐标 $\rho^2 = x^2 + y^2$，则有

$$w_1 = (\ln FB_{\text{II}})\int_0^{2\pi}\int_0^M \frac{1}{2\pi\sigma_1^2}e^{-\frac{\rho^2}{2\sigma_1^2}}\rho\,\mathrm{d}\rho\mathrm{d}\theta = (\ln FB_{\text{II}})\left(1 - e^{-\frac{M^2}{2\sigma_1^2}}\right) \quad (3\text{-}45)$$

$$
\begin{aligned}
w_2 &= \frac{m+3}{2\sigma_1^2}\int_0^M e^{-\frac{\rho^2}{2\sigma_1^2}}\ln(l^2+\rho^2)\rho\,\mathrm{d}\rho \\[2mm]
&\overset{t\triangleq\frac{\rho^2}{2\sigma_1^2}}{=} \frac{m+3}{2}\int_0^{\frac{M^2}{2\sigma_1^2}}\left(2\ln l + \ln\left(1+\frac{2\sigma_1^2}{l^2}t\right)\right)e^{-t}\,\mathrm{d}t \\[2mm]
&= (m+3)(\ln l)\left(1 - e^{-\frac{M^2}{2\sigma_1^2}}\right) + \frac{m+3}{2}\underbrace{\int_0^{\frac{M^2}{2\sigma_1^2}}e^{-t}\ln\left(1+\frac{2\sigma_1^2}{l^2}t\right)\mathrm{d}t}_{v_1} \quad (3\text{-}46)
\end{aligned}
$$

下面对 $\ln\left(1+\dfrac{2\sigma_1^2}{l^2}t\right)$ 进行转换。当 $\dfrac{2\sigma_1^2}{l^2}t$ 的值相对较小时，可以将其近似为

$$\ln\left(1+\frac{2\sigma_1^2}{l^2}t\right) \approx \frac{2\sigma_1^2}{l^2}t \quad (3\text{-}47)$$

当 $\dfrac{2\sigma_1^2}{l^2}t$ 的值相对较大时，$\ln\left(1+\dfrac{2\sigma_1^2}{l^2}t\right)$ 可近似为

$$\ln\left(1+\frac{2\sigma_1^2}{l^2}t\right) \approx \sum_{i=1}^{4}\delta_i e^{-\frac{2b_i\sigma_1^2}{l^2}t} \quad (3\text{-}48)$$

根据文献 [18]，式 (3-48) 中的参数为 $(\delta_1,\delta_2,\delta_3,\delta_4) = (6.4678, -1.8264, -2.7948,$ $-1.6552)$，$(b_1,b_2,b_3,b_4) = (0, 0.037, 0.004, 0.274)$。

由于 $\dfrac{2\sigma_1^2}{l^2}t \in \left[0, \dfrac{M^2}{l^2}\right]$，式 (3-47) 和式 (3-48) 的交叉点处的横坐标值 ζ 为区间 $\left[0, \dfrac{M^2}{l^2}\right]$ 的分界点。则对于较小的 $\dfrac{M^2}{l^2}(\leqslant \zeta)$，将式 (3-47) 代入式 (3-46)，有

$$w_2 \approx (m+3)\left(1 - e^{-\frac{M^2}{2\sigma_1^2}}\right)\ln l + \frac{(m+3)\sigma_1^2}{l^2}\left(1 - \left(\frac{M^2}{2\sigma_1^2} + 1\right)e^{-\frac{M^2}{2\sigma_1^2}}\right) \tag{3-49}$$

对于较大的 $\dfrac{M^2}{l^2}(>\zeta)$，将式(3-47)和式(3-48)代入式(3-46)中的 v_1，则有

$$v_1 \approx \int_0^\zeta \frac{2\sigma_1^2}{l^2} t e^{-t} \mathrm{d}t + \int_\zeta^{\frac{M^2}{2\sigma_1^2}} \sum_{i=1}^4 \delta_i e^{-\frac{2b_i\sigma_1^2}{l^2}t - t}\mathrm{d}t$$

$$= \frac{2\sigma_1^2}{l^2}(1 - (\zeta+1)e^{-\zeta}) + \sum_{i=1}^4 \int_\zeta^{\frac{M^2}{2\sigma_1^2}} \delta_i e^{-\frac{2b_i\sigma_1^2}{l^2}t - t}\mathrm{d}t \tag{3-50}$$

进一步，可得

$$w_2 \approx (m+3)\left(1 - e^{-\frac{M^2}{2\sigma_1^2}}\right)\ln l + \frac{(m+3)\sigma_1^2}{l^2}(1 - (\zeta+1)e^{-\zeta})$$

$$+ \frac{m+3}{2}\sum_{i=1}^4 \frac{\delta_i}{\frac{2b_i\sigma_1^2}{l^2}+1}\left(e^{-\left(\frac{2b_i\sigma_1^2}{l^2}+1\right)\zeta} - e^{-\left(\frac{2b_i\sigma_1^2}{l^2}+1\right)\frac{M^2}{2\sigma_1^2}}\right) \tag{3-51}$$

最终，将式(3-45)、式(3-49)和式(3-51)代入式(3-44)，则可得定理 3-2。

　　本节通过仿真实验分析点对点容量限和遍历容量限的紧性与几何特性。仿真环境中，相关参数设置为 $l = 2.5\mathrm{m}$，$\Psi_c = 45°$。发送端光信噪比(optical signal-to-noise ratio，OSNR)定义为 A/σ。由于典型室内照明环境能提供至少 40dB 的接收端 OSNR[18]，因此，这里将高信噪比作为分析对象。

　　在现有可见光通信容量研究中，文献[7]中点对点容量上限在高信噪比时具有较好的性能。因此，这里用它来验证本章推导的点对点容量下限的紧性。对文献[7]中点对点容量上限进行数值积分得到数值上的遍历容量上限，以此来验证本章推导的遍历容量下限的紧性。注：在接下来的图片中，符号 U-B、L-B 分别表示容量的上限和下限，符号{Ⅰ，Ⅱ，Ⅲ}对应着 α 的三种情况。图 3-3 示意了模型几何参数的含义。

　　图 3-4 是在情况Ⅰ下，在 $d = 0\mathrm{m}$，2m，1m 时的点对点容量限。当 OSNR 为 40dB，$d = 0\mathrm{m}$，2m 时点对点容量上下限的差距分别为 0.019nat①、0.05nat。由此可以看出，可见光通信信道点对点容量与几何参数 d 有关。图 3-5 是在不同情况、不同 d 的点对点容量限。同样可以看出可见光通信信道容量与几何参数的关联。另外，以情况Ⅱ为例，当 OSNR 为 40dB，$d = 2\mathrm{m}$ 时，容量上下限的差距非常微弱，如

---

　　① 1nat $\approx$ 0.69bit。

图 3-5 所示，只有 0.06nat。这体现了定理 3-1 中点对点容量限具有较好的紧性。

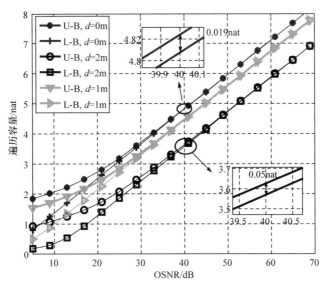

图 3-4　在情况 I 下不同 d 的点对点容量限

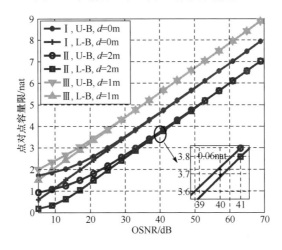

图 3-5　不同情况下点对点容量限

　　图 3-6 表示的是当 $\mathcal{R}$ 上的 $f(x, y)$ 为二维均值分布，M =1.6m, 1.7m, 2m 时，可见光通信信道遍历容量的上下限，如定理 3-2 所述。由图 3-6 可以看出，遍历容量随着几何参数变量 M 的增大而降低，这主要反映在图中曲线的截距而非斜率上。此规律和定理 3-2 下限所表达的含义是一致的。此外，如图 3-6 所示，当 M = 2m，OSNR 为 40dB 时，情况 III 遍历容量上下限的差距为 0.024nat。可以看出，本章推导出的遍历容量下限具有较好的紧性。

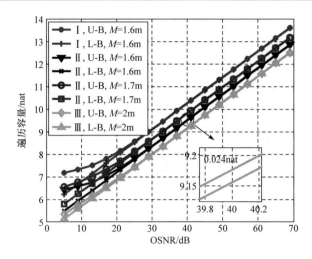

图 3-6　针对二维均值分布，不同几何参数下的遍历容量

图 3-7 表示的是当 $\mathcal{R}$ 上的 $f(x,y)$ 为二维高斯分布，M =1.6m，1.8m，2m 时，可见光通信信道遍历容量的上下限。与图 3-6 不同，此二维高斯分布下的遍历容量与几何参数 M 和 $f(x,y)$ 分布参数 σ_1 都有关系。对于既定的 M，二维高斯分布靠近中心的区域概率越高，最终的遍历容量越大。而且，从图 3-7 中可以看出，容量与几何参数的关系体现在图中曲线的截距和斜率上，这和定理 3-2 下限所表达的含义是一致的。此外，如图 3-7 所示，当 $M = 1.6$m，σ_1 =1 时，情况 I 遍历容量上下限的差距为 0.02nat，这显示了所得下限具有较好的紧性。

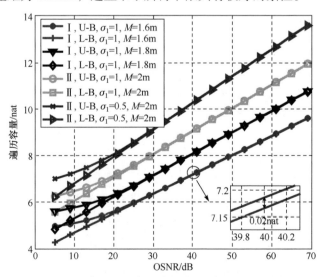

图 3-7　针对二维高斯分布，不同参数下的遍历容量

基于香农容量公式，现有 RF 信道与可见光通信信道的容量有两点不同之处。一是点对点容量的不同。可见光通信兼顾照明和通信，信号非负，且需要满足均值功率和峰值功率等约束以考虑用眼安全。从香农容量公式上来看，逼近容量的输入信号分布不会遵循高斯分布。这就说明现有 RF 容量的解析式不适用于可见光通信信道。二是遍历容量不同。与对数、高斯等分布相比，室内可见光通信将信息调制在光束里，信道增益常常假设为朗伯模型，虽是时不变的，但与收发器的空间几何位置直接相关。这就导致可见光通信信道与现有时变信道遍历容量的不同。现有时变信道的遍历容量是点对点容量在时域概率分布上的积分，而对比室内可见光通信朗伯模型，遍历容量是点对点容量在几何空域概率分布上的积分。

本节针对室内可见光通信信道的遍历容量进行研究。首先，对接收信号的差熵提出了一个通用的近似下限，其与几何参数有一个简易的关系。基于此，推导出了可见光通信信道点对点容量的近似下限。然后，根据日常人们室内的活动规律，模型化出两种典型的二维分布。基于点对点容量，推导出对应活动规律的可见光通信信道遍历容量下限。本章通过仿真，与现有文献中最优的上限对比分析了容量限的性能。对于二维均值分布的 $f(x,y)$，从图 3-6 中曲线的截距可以看出，遍历容量随着几何参数变量 M 的增大而降低。对于二维高斯分布的 $f(x,y)$，图 3-7 中曲线的截距和斜率都体现了遍历容量与几何参数的关联。而且，遍历容量也与 $f(x,y)$ 的分布参数 σ_1 相关。对于既定的 M，二维高斯分布靠近中心的区域概率越高，最终的遍历容量越大。此外，仿真图也都体现了本章给出的下限具有较好的紧性。例如，当 $M=1.6$m，$\sigma_1=1$ 时，情况 I 遍历容量上下限的差距只有 0.02nat。

3.4 大规模阵列可见光通信有效性和可靠性问题

针对有效性和可靠性的折中问题，无线电通信中的 DMT 理论已经研究了很多年，但是现有的 DMT 理论都是关于瑞利、对数、高斯等时变信道的，相应的DMT 从时域上的中断概率着手。对比来看，可见光通信将信息调制在光束中，室内 MIMO-VLC 信道常常假设为朗伯模型。此模型是时不变的，且与收发器的空间几何位置直接相关[9]。这就导致时变信道的中断概率这一基本概念不适用于MIMO-VLC 朗伯信道。由此可知，现有时变信道的 DMT 不适用于室内 MIMO-VLC 信道。

典型照明系统通常是多灯设施，这种天然的空域资源，使 MIMO-VLC 成为提升可见光通信系统速率的优选技术。根据第 2 章的容量研究可以看出，系统可达速率与几何性、信道、ICI 都有密切的关系。因此，本节将以"利用信道特性降低 ICI"为切入点，综合考虑通信性能和照明需求，深入研究大规模 MIMO-VLC

系统的有效性和可靠性折中准则。

室内 MIMO-VLC 系统存在一个核心问题：相邻 LED 间光束重叠产生显著的码间干扰。这与无线电通信中多径效应引起的码间干扰不同。MIMO-VLC 信道具有很高的相关性，甚至缺秩，这给 MIMO-VLC 系统的可靠性传输带来了很大的挑战。

为了提高误码性能，目前也有一些研究。通过调研来看，根据 LED 的工作模式，可以将目前的技术分为三类：一是关注误码性能的技术，同一时刻所有 LED 发送相同的信息，如光重复编码(optical repetition coding，ORC)；二是关注频谱效率的技术，同一时刻所有 LED 发送互不相同的信息，如光空间复用(optical spatial multiplexing，OSMP)；三是尝试选择一部分 LED 传输信息，其他 LED 不工作，以此来寻求二者之间的平衡，如光空间调制(optical spatial modulation，OSM)等。为了实现上述权衡，需要考虑以下几个关键问题。

(1) 应该从 LED 阵列中选择几个 LED？

(2) 当 LED 的数目确定后，应该选择什么样的 LED 组合？

对于既定的 LED 阵列，选择的 LED 越多，空域资源越充分，但 ICI 就越大，导致误码性能越差；选择的 LED 越少，ICI 越小，误码性能越好，但是空域资源这一 MIMO 结构的核心资源越少。由上述可以看出，LED 的选择与误码性能、频谱效率等相关。然而，这一问题尚未被研究。

根据调研和分析，本节研究室内 MIMO-VLC 信道的有效性和可靠性折中准则，主要工作可归纳为如下四个方面。

(1) 有效性、可靠性测度：对于特殊的 MIMO-VLC 朗伯信道，本章提出了有效性和可靠性的定义。针对有效性的测度，从复用增益着手，结合复用技术的初衷，我们将复用增益定义为系统中等价独立数据流的数目。针对可靠性的测度，从误码性能的影响因素出发，综合考虑功率以及 LED 非线性的影响，引入功率增益和空间增益两个新的定义。在此基础上，将有效性测度定义为折中前后接收端平均信噪比的变化。

(2) 折中优化准则：根据上述定义，本章建立了有效性和可靠性的折中优化准则。不仅考虑了频谱效率、误码性能等通信指标；还考虑了光功率、非负性、LED 非线性等照明约束。针对 MIMO-VLC 系统，这里折中优化准则是在信号设计方案给定的情况下，寻求最优的空域 LED 组合。另外，由上述内容可以看出，折中优化目标函数是离散的，而优化模型的可行域是离散的。

(3) 快速搜索算法：由于折中优化模型的可行域是离散的，可以直接通过穷搜索算法来寻找最优折中。但是，对于此模型，穷搜索算法的复杂度很高，与 MIMO-VLC 系统中 LED 的数目呈指数关系。为了降低计算复杂度，我们提出了一个快速搜索算法。主要思路是通过研究可行解特性来缩小搜索区域。

(4) 详细仿真分析：基于三种不同的性能曲线，将仿真分为三大部分，充分挖掘仿真图呈现的特性，分析非线性、折中模式、信道以及噪声等对性能的影响。

针对大规模室内 MIMO-VLC 系统，本章进行有效性和可靠性折中理论研究。如图 3-8 所示，N_t 个 LED 作为发射机，N_r 个 PD 作为接收机，不失一般性，假设 $N_t \leqslant N_r$。发送端已知信道矩阵 $\boldsymbol{H}$。

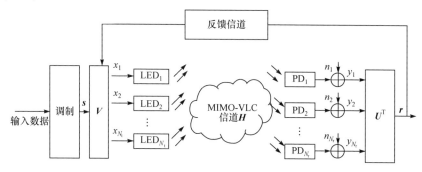

图 3-8　MIMO-VLC 系统示意图(发送端已知信道状态信息)

下面对 MIMO-VLC 信道进行并行转换。将图 3-8 中的信道 $\boldsymbol{H}$ 奇异值分解，即 $\boldsymbol{U} \in \mathbb{R}^{N_r \times N_r}$，$\boldsymbol{V} \in \mathbb{R}^{N_t \times N_t}$，$\boldsymbol{\Lambda} = \begin{bmatrix} \boldsymbol{\Lambda}_1 & \boldsymbol{0} \\ \boldsymbol{0} & \boldsymbol{0} \end{bmatrix}$，其中

$$\boldsymbol{\Lambda}_1 = \mathrm{diag}\{\lambda_1, \lambda_2, \cdots, \lambda_{N_t}\} \tag{3-52}$$

在发送端，信号驱动 LED 之前，利用矩阵 $\boldsymbol{V}$ 对信号 $\boldsymbol{s}$ 进行预处理，故

$$\boldsymbol{x} = \boldsymbol{V}\boldsymbol{s} \tag{3-53}$$

最终，信号 $\boldsymbol{x}$ 驱动 LED，显然，$\boldsymbol{x} \succeq \boldsymbol{0}$。在接收端，利用矩阵 $\boldsymbol{U}^{\mathrm{T}}$ 对接收信号向量 $\boldsymbol{y}$ 进行处理，则接收向量变为

$$\boldsymbol{r} = \boldsymbol{U}^{\mathrm{T}}\boldsymbol{y} = \boldsymbol{\Lambda}\boldsymbol{s} + \boldsymbol{w} \tag{3-54}$$

其中，$\boldsymbol{w} = \boldsymbol{U}^{\mathrm{T}}\boldsymbol{n}$ 表示旋转后接收噪声。

如图 3-9 所示，转化后的信道包含 N_t 个并行独立的数据流。不失一般性，将每一个并行独立的数据流称为等价子信道，将相应的增益 λ_i 称为特征模式。

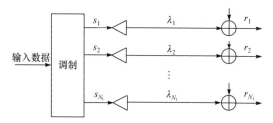

图 3-9　转化后等价系统具有 N_t 个并行独立的子信道

3.4.1 大规模阵列可见光通信信道特性分析

由于 MIMO-VLC 系统将信息调制在光束中，相邻 LED 间光束的重叠导致非常显著的 ICI，如图 3-10 所示，这就使 MIMO-VLC 信道矩阵具有很强的相关性，接收端难以进行高效的译码。

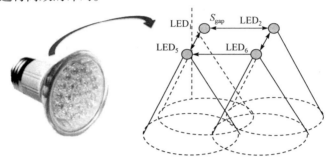

图 3-10　MIMO-VLC 系统 ICI 产生机理示意

对于 MIMO-VLC 系统，LED 的选择与误码性能、频谱效率等相关。LED 越多，空域资源越充足，但误码性能越差；LED 越少，误码性能越好，但却浪费了 MIMO 结构核心的空域资源。因此，在某种程度上，可以得出以下结论。

注解 3-1　本质上来说，针对大规模 MIMO-VLC 系统，LED 的选择和误码性能与频谱效率的折中是一致的。

由于 MIMO-VLC 系统兼顾照明与通信，在建立相应的折中优化准则时，主要考虑以下四个因素。

(1) 功率资源：可见光通信系统要考虑照明需求和用眼安全，这里采用平均光功率作为功率性能的测度。平均光功率定义为 $cE[\|x\|_2^2]/\sqrt{T_s}$，其中，c (W/A) 表示电光转换因子。不妨令 $c/\sqrt{T_x}=1$。根据系统功率分配策略，将光功率分配到每路数据流中，则各路平均光功率之和不超过系统既定的总功率，即 $\mathbf{1}^{\mathrm{T}}\bar{x} \leqslant P_{\mathrm{T}}$，$\bar{x}_i = E[x_i]$。

(2) 非线性约束：可见光通信系统中，电功率信号是非负的，即 $x_i \geqslant 0$。而且，由于每个 LED 都有一个最大的前向电流，超过最大允许强度 A_{I} 的信号会产生削波失真，因此，需要考虑信道的最大幅度约束，即 $x_i \in [0, A_{\mathrm{I}}]$。

(3) 误码率约束：通过约束误码率的上限来保证需要的通信性能。则对于第 i 路子信道，有 $\mathrm{BER}_i \leqslant \mathrm{BER}_{\mathrm{U}}$。

(4) 频谱效率：在既定光功率和误比特率(bit error rate，BER)门限的约束下，本节采用系统可达和速率(achievable sum rate)来衡量频谱效率。

综上所述，针对 MIMO-VLC 系统，折中优化准则的建立可以归结为如下问题。

问题 3-1　折中优化准则，一方面需要考虑频谱效率和误码性能等通信指标；另一方面需要考虑光功率、非线性等照明指标，则相应的折中优化准则可以细分为以下三点。

(1) 如何衡量大规模 MIMO-VLC 系统的有效性和可靠性?

(2) 有效性和可靠性的折中优化准则是什么?

(3) 如何获得最优的有效性和可靠性折中方案?

3.4.2　大规模阵列可见光通信有效性和可靠性测度定义

1. 大规模 MIMO-VLC 有效性测度

现有的 DMT 研究中，大都从香农容量公式出发，采用系统最大可达速率曲线的斜率来定义复用增益。对于 MIMO-VLC 系统的信道容量分析，我们不能简单地照搬 RF 系统中已有的容量理论和推导技巧。对光通信的并行信道容量进行近似，得到如下结果:

$$\sum_i \max_{\boldsymbol{p}} b_l(\lambda_i, p_i) \leqslant C(\lambda, \boldsymbol{p}) \leqslant \sum_i \max_{\boldsymbol{p}} b_u(\lambda_i, p_i) \tag{3-55}$$

其中，$b_l(\lambda_i, p_i)$、$b_u(\lambda_i, p_i)$ 分别表示第 i 路独立子信道的容量下限和上限。可以看出，并行系统与独立数据流的数目相关。复用技术利用空域资源来改进信道容量，提升系统传输的有效性。基于此，将 MIMO-VLC 系统有效性测度定义如下。

定义 3-1　对于 MIMO-VLC 系统，将有效性测度 g_e 定义为独立等价子信道的数目，即

$$g_e \in \{1, 2, \cdots, N_t\} \tag{3-56}$$

基于定义 3-1，有两点需要注意。

(1) 对于既定的 g_e，这种情况对应有很多种可能的 LED 组合。不妨将每种组合记为 $\mathcal{S}_{g_e}$。采取方案后的 g_e 路独立数据流记为 g_e 路等价的 g 子信道，相应的增益记为 g 特征模式。也就是说:

$$g_e \leftrightarrow \mathcal{S}_{g_e} \tag{3-57}$$

对应一种唯一的 LED 组合。

(2) 与图 3-9 中 N_t 条独立的子信道相比，这里 g_e 路 g 子信道中每一路都可能包含不止一条子信道。对于第 $i(\in \{1, 2, \cdots, g_e\})$ 路 g 子信道，将其中包含的图 3-9 子信道的数目记为 c_i，将 c_i 对应特征模式记为向量 $\boldsymbol{e}_i$，$|\boldsymbol{e}_i| = c_i$。则第 i 路 g 子信道特征模式为

$$\eta_i = \sum_{j=1}^{c_i} \boldsymbol{e}_i(j) \tag{3-58}$$

2. 大规模 MIMO-VLC 可靠性测度

对于大规模 MIMO-VLC 系统，空域光束重叠引起显著 ICI，如图 3-10 所示。基于式(3-58)，第 i 路 g 子信道的接收端信噪比 SNR-R 为

$$\gamma_i = \frac{(\mathbf{1}^{\mathrm{T}} \boldsymbol{p}/g_{\mathrm{e}}) \cdot \eta_i}{c_i \sigma^2} \tag{3-59}$$

那么，接收端平均信噪比(average signal-to-noise ratio at the receiver side，ASNR-R)为

$$\begin{aligned}
\overline{\gamma} &= \gamma_1 + \gamma_2 + \cdots + \gamma_{g_{\mathrm{e}}} \\
&= \left(\frac{(\mathbf{1}^{\mathrm{T}} \boldsymbol{p}/g_{\mathrm{e}}) \cdot \eta_1}{c_1 \sigma^2} + \frac{(\mathbf{1}^{\mathrm{T}} \boldsymbol{p}/g_{\mathrm{e}}) \cdot \eta_2}{c_2 \sigma^2} + \cdots + \frac{(\mathbf{1}^{\mathrm{T}} \boldsymbol{p}/g_{\mathrm{e}}) \cdot \eta_{g_{\mathrm{e}}}}{c_{g_{\mathrm{e}}} \sigma^2} \right) \cdot \frac{1}{g_{\mathrm{e}}} \\
&= \frac{\mathbf{1}^{\mathrm{T}} \boldsymbol{p}}{g_{\mathrm{e}} \sigma^2} \cdot \sum_{i=1}^{g_{\mathrm{e}}} \frac{\eta_i}{g_{\mathrm{e}} c_i}
\end{aligned} \tag{3-60}$$

有两种思路来提高通信性能。

(1) 记 $z_1 \triangleq \dfrac{\mathbf{1}^{\mathrm{T}} \boldsymbol{p}}{g_{\mathrm{e}} \sigma^2}$，我们可以基于 z_1 从 g_{e} 路独立数据流的功率分配方案着手，$\mathbf{1}^{\mathrm{T}} \boldsymbol{p} \leqslant P_{\mathrm{T}}$。注意，$z_1$ 的物理含义是发射端平均信噪比(average signal-to-noise ratio at the transmitter side，ASNR-T)。

(2) $z_2 \triangleq \displaystyle\sum_{i=1}^{g_{\mathrm{e}}} \frac{\eta_i}{g_{\mathrm{e}} c_i}$，我们可以基于 z_2 从 LED 的选择上着手，选择具有低 ICI 的 LED 组合，也体现在空域上 $\mathcal{S}_{g_{\mathrm{e}}}$ 的变化。

相应地，下面引入两个定义。简洁起见，将 $g_{\mathrm{e}} \leftrightarrow \mathcal{S}_{g_{\mathrm{e}}}$ 前对 N_{t} 子信道的功率分配方案记为向量 $\boldsymbol{p}_{\mathrm{b}} = [p_{\mathrm{b}1}, p_{\mathrm{b}2}, \cdots, p_{\mathrm{b}N_{\mathrm{t}}}]$，将 $g_{\mathrm{e}} \leftrightarrow \mathcal{S}_{g_{\mathrm{e}}}$ 后对 g_{e} 个 g 子信道的功率分配方案记为向量 $\boldsymbol{p}_{\mathrm{a}} = [p_{\mathrm{a}1}, p_{\mathrm{a}2}, \cdots, p_{\mathrm{a}g_{\mathrm{e}}}]$。

1) 功率增益

定义 3-2 对于采用 $g_{\mathrm{e}} \leftrightarrow \mathcal{S}_{g_{\mathrm{e}}}$ 方案的 MIMO-VLC 系统，将前后 z_1 项的变化记为功率增益 g_{p}，具体表示为

$$g_{\mathrm{p}} = \frac{\mathbf{1}^{\mathrm{T}} \boldsymbol{p}_{\mathrm{a}}/(g_{\mathrm{e}} \sigma^2)}{\mathbf{1}^{\mathrm{T}} \boldsymbol{p}_{\mathrm{b}}/(N_{\mathrm{t}} \sigma^2)} \tag{3-61}$$

其中，$\mathbf{1}^{\mathrm{T}} \boldsymbol{p}_{\mathrm{a}} \leqslant P_{\mathrm{T}}$，$\mathbf{1}^{\mathrm{T}} \boldsymbol{p}_{\mathrm{b}} \leqslant P_{\mathrm{T}}$。

注解 3-2 $\mathbf{1}^{\mathrm{T}} \boldsymbol{p}_{\mathrm{a}}$ 和 $\mathbf{1}^{\mathrm{T}} \boldsymbol{p}_{\mathrm{b}}$ 都有两种可能性。$\mathbf{1}^{\mathrm{T}} \boldsymbol{p}_{\mathrm{a}} < P_{\mathrm{T}}$ 或 $\mathbf{1}^{\mathrm{T}} \boldsymbol{p}_{\mathrm{a}} = P_{\mathrm{T}}$，$\mathbf{1}^{\mathrm{T}} \boldsymbol{p}_{\mathrm{b}} < P_{\mathrm{T}}$ 或 $\mathbf{1}^{\mathrm{T}} \boldsymbol{p}_{\mathrm{b}} = P_{\mathrm{T}}$，具体取值依赖于功率分配方案。因此，功率增益 g_{p} 是不定的。后续将对此进行深入的分析。

2) 空间增益

定义 3-3 对于采用 $g_{\mathrm{e}} \leftrightarrow \mathcal{S}_{g_{\mathrm{e}}}$ 方案的 MIMO-VLC 系统，将前后 z_2 项的变化定义为空间增益，具体表示为

$$g_s = \frac{\sum\limits_{i=1}^{g_e} \eta_i / (g_e c_i)}{\sum\limits_{i=1}^{N_t} \lambda_i / N_t} \tag{3-62}$$

注解 3-3　由于 $\mathcal{S}_{g_e}$ 的多样性，g_s 是不定的。后续将对此进行深入的分析。

3. 可靠性测度

在现有的 DMT 中，不同的信号设计带来不同的星座欧氏距离，因此改变了误码性能，但是信噪比并没有改变。不同的是，针对 MIMO-VLC 系统，可以看出，不同的 LED 组合 g_e 带来不同的功率分配和不同的 g 特征模式，因此，ASNR-R 产生变化。基于此，这里从 ASNR-R 出发衡量可靠性。

定义 3-4　针对 MIMO-VLC 系统，将可靠性测度定义为

$$g_r = \frac{N_r}{N_t} \cdot g_p \cdot g_s \tag{3-63}$$

其中，$g_p \cdot g_s$ 表征的是 ASNR-R 的变化。考虑到信道 **H** 的奇异值分解(singular value decomposition，SVD)带来了系统维数的变化，因此，需乘以系数 N_r / N_t。

4. 两测度关联性分析

图 3-11 表示了有效性测度 g_e 和可靠性测度 g_r 的关联，有以下三个主要特征。

(1) 每一个点 (g_e, g_r) 与一种 $g_e \leftrightarrow \mathcal{S}_{g_e}$ 方案一一对应。

(2) 各个点 (g_e, g_r) 之间是离散的。

(3) 当 $g_e = i$ 时，如图 3-11 所示，对应多种不同的 LED 组合 $\mathcal{S}_{g_e}$，(g_e, g_r) 可以定量表征有效性测度和可靠性测度之间的关系。

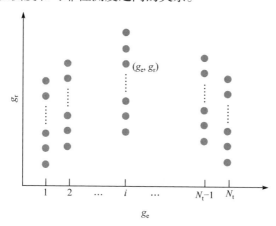

图 3-11　有效性和可靠性测度的关联示意

3.4.3 有效性和可靠性测度的特性分析

如注解 3-2 和注解 3-3 中所述，可靠性测度中的功率增益 g_p 和空间增益 g_s 包含多种情况，与 MIMO-VLC 系统的功率分配方案、非线性等照明因素密切相关。下面从两方面对此进行深入分析。

1. 功率增益与光功率分配、非线性的关联

在既定的功率资源 P_T 下，具体的功率分配主要受两方面的影响：对各个活跃 LED 的功率分配策略；LED 非线性对功率利用率的影响。下面从这两个方面进行深入阐述。

1) 功率分配策略

对于既定的 $g_e \leftrightarrow \mathcal{S}_{g_e}$，并行光通信信道的容量通过寻找可行的功率分配策略达到最优，即

$$C(\lambda, \boldsymbol{p}) = \sum_{i=1}^{g_e} \max_{\boldsymbol{p}} C(\lambda_i, \boldsymbol{p}) \tag{3-64}$$

在高信噪比时，最优功率策略是将光功率平均分配到 g_e 路独立的信道。由于典型的室内照明环境常常能提供较高的信噪比，因此，这里采用等值功率分配策略。采用 $g_e \leftrightarrow \mathcal{S}_{g_e}$ 前后的功率分配如下：

$$p_{bi} = \frac{\mathbf{1}^T \boldsymbol{p}_b}{N_t}, i \in [1, N_t]; \quad p_{ai} = \frac{\mathbf{1}^T \boldsymbol{p}_a}{g_e}, i \in [1, g_e] \tag{3-65}$$

2) 非线性的影响

LED 非线性使得当电信号超过最大允许强度时会产生削波失真，因此，MIMO-VLC 系统的功率分配应该考虑 LED 的线性工作区间。由于本节的重心是在功率分配的前提下，寻找最优折中的 LED 组合，这里采用一种简单的方案来描述非线性对功率的影响。结合 LED 线性区间，$x_i \in [0, A_1]$，以及功率资源约束，$\mathbf{1}^T \overline{\boldsymbol{x}} \leqslant P_T$，$\overline{x}_i = E[x_i]$，具体的功率分配 p_{ai} 包含以下三种情况。

情况 I：$\frac{P_T}{N_t} \geqslant \mathcal{G}(A_1)$。此时总功率 P_T 充足，使每个 LED 都达到最大允许强度，则

$$p_{ai} = \mathcal{G}(A_1), \quad p_{bi} = \mathcal{G}(A_1) \tag{3-66}$$

此时，总功率约束对 DMT 不起作用。

情况 II：$P_T \leqslant \mathcal{G}(A_1)$。此时，功率资源紧缺，以至于一个 LED 都不能达到最大允许强度，则有

$$p_{ai} = \frac{P_T}{g_e}, \quad p_{bi} = \frac{P_T}{N_t} \tag{3-67}$$

可以看出，此时非线性约束不起作用。

情况Ⅲ：$1 < \dfrac{P_T}{\mathcal{G}(A_l)} < N_t$。此时，非线性和功率资源约束都起作用，则有

$$p_{bi} = \frac{P_T}{N_t}, \quad i \in [1, N_t] \tag{3-68}$$

采用 $g_e \leftrightarrow \mathcal{S}_{g_e}, i \in [1, g_e]$ 后，有

$$p_{ai} = \begin{cases} \mathcal{G}(A_l), & \mathcal{G}(A_l) \leqslant \dfrac{P_T}{g_e} \\[3mm] \dfrac{P_T}{g_e}, & \text{否则} \end{cases} \tag{3-69}$$

基于上述分析，得到以下结论。

结论 3-1　考虑 LED 的非线性，功率增益 g_p 有以下三种情况。

对于情况Ⅰ，有

$$g_p = \frac{\mathbf{1}^T \boldsymbol{p}_a / (g_e \sigma^2)}{\mathbf{1}^T \boldsymbol{p}_b / (N_t \sigma^2)} = \frac{g_e \mathcal{G}(A_l) / (g_e \sigma^2)}{N_t \mathcal{G}(A_l) / (N_t \sigma^2)} = 1 \tag{3-70}$$

对于情况Ⅱ，有

$$g_p = \frac{\mathbf{1}^T \boldsymbol{p}_a / (g_e \sigma^2)}{\mathbf{1}^T \boldsymbol{p}_b / (N_t \sigma^2)} = \frac{P_T / (g_e \sigma^2)}{P_T / (N_t \sigma^2)} = \frac{N_t}{g_e} \tag{3-71}$$

对于情况Ⅲ，有

$$g_p = \begin{cases} \dfrac{N_t \mathcal{G}(A_l)}{P_T} > 1, & \mathcal{G}(A_l) \leqslant \dfrac{P_T}{g_e} \\[3mm] \dfrac{N_t}{g_e}, & \text{否则} \end{cases} \tag{3-72}$$

2. 空间增益与折中方案的关联

如图 3-11 所示，每个 g_e 对应多种 LED 组合 $\mathcal{S}_{g_e}$。根据定义，我们将所有可能的 LED 组合分为两种类型。简单起见，令 $L \triangleq \sum_{i=1}^{g_e} c_i$。

(1) 折中类型Ⅰ：此时，有效性增益测度为 g_e 的系统有 g_e 个 LED 是活跃的，即 $L = g_e$，则有

$$\sum_{i=1}^{g_e} c_i = \sum_{i=1}^{g_e} 1 = g_e \leqslant N_t \tag{3-73}$$

折中类型Ⅰ对应系统如图 3-12 所示。在发射端，将信息分成 g_e 路，分别进行

调制。然后补充 $N_t - g_e$ 路零数据。利用信道奇异值分解 $H = U \Lambda V$ 产生的矩阵 V 对信号进行预处理。接着，利用系统折中方案，g_e 路信息流分别驱动 g_e 个 LED，其中 $N_t - g_e$ 路无效。简洁起见，将工作的 LED 称为 "激活 LED"，将不工作的 LED 称为 "静默 LED"。在接收端，先利用矩阵 U 对 N_r 维输出向量进行处理，提取出 g_e 路独立信息流。最后，对 g_e 路数据分别检测。

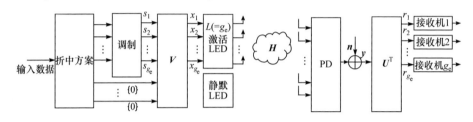

图 3-12　折中类型 I 的系统示意图

(2)折中类型 II：此时，有效性增益测度为 g_e，而系统中有多于 g_e 个 LED 工作，$L > g_e$，则有

$$g_e + 1 \leqslant \sum_{i=1}^{g_e} c_i \leqslant N_t, \quad c_i \geqslant 1, i \in \{1, 2, \cdots, g_e\} \tag{3-74}$$

折中类型 II 的系统如图 3-13 所示。在发送端，N_t 路数据流分成 g_e 组，每组中各路信息在任意时刻是相同的。调制后补零，利用信道奇异值分解 $H = U \Lambda V$ 得到的矩阵 V 对信息进行预处理。最终，g_e 组数据驱动 $L(> g_e)$ 个 LED。在接收端，利用矩阵 U 对 N_r 维输出向量进行处理，提取出 $L(> g_e)$ 个独立信息流。最终，根据折中方案将其分为 g_e 组，分别进行检测。

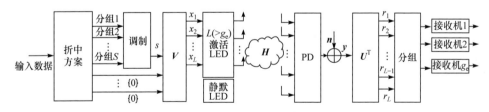

图 3-13　折中类型 II 的系统示意图

(3) 两种折中类型的比较：对于既定的 g_e 和 p_a，不同折中方案使得 $\mathcal{S}_{g_e}$ 不同，这也体现在空间增益 g_s 的不同。因此，这里主要从 g_s 出发对比分析两种折中类型的性能。由于 $c_i \geqslant 1$，$e_i \succeq \mathbf{0}$，则对于折中类型 II 任意一个方案，有

$$g_s = \frac{g_e N_t}{\sum\limits_{i=1}^{N_t} \lambda_i}\left(\frac{\eta_1}{c_1} + \frac{\eta_2}{c_2} + \cdots + \frac{\eta_{g_e}}{c_{g_e}}\right) \leqslant \frac{g_e N_t}{\sum\limits_{i=1}^{N_t} \lambda_i}(\max(e_1) + \max(e_2) + \cdots + \max(e_{g_e})) \quad (3\text{-}75)$$

其中，不等号的右边表达式对应着折中类型 I 中的一个方案。换句话说，对于折中类型 II 中任一方案，在折中类型 I 中都能找到一个空间增益 g_s 更优的方案。

3.5　大规模阵列可见光通信有效性和可靠性折中准则

针对室内 MIMO-VLC，本节建立有效性和可靠性折中的优化模型。一方面，要考虑频谱效率和误码性能等通信指标；另一方面，要考虑 LED 非线性、非负性等照明约束。

3.5.1　大规模阵列可见光通信折中准则的优化模型

在建立光可靠性和有效性折中(optical efficiency-rate tradeoff，OERT)之前，有两点需要说明。

(1) 从 BER 的表达式着手建立有效性和可靠性的关联。

(2) 折中优化思路是在固定 BER 上限的情况下，寻找使系统可达速率最大的空域 LED 组合方案。

下面分两步建立误码效率和频谱效率的关系。

(1) 分析等价 g 子信道速率与 BER 的关系。对于任一调制方法，BER 总是与信噪比 γ_i、星座尺寸 M_i 有关。简洁起见，将 BER_i 记为相对于 γ_i 和 M_i 的函数 $\mathcal{F}(\cdot)$，即

$$\text{BER}_i = \mathcal{F}(\gamma_i, M_i) = \mathcal{F}\left(\frac{P_i \cdot \sum\limits_{j=1}^{c_i} e_i(j)}{c_i \sigma^2}, 2^{k_i}\right) \quad (3\text{-}76)$$

其中，$\gamma_i = \dfrac{P_i \eta_i}{\sigma^2}$；$M_i = 2^{k_i}$。将额定的误码率上限记为 BER_U，则有

$$\text{BER}_i = \mathcal{F}\left(\frac{P_i \cdot \sum\limits_{j=1}^{c_i} e_i(j)}{c_i \sigma^2}, 2^{k_i}\right) \leqslant \text{BER}_U \quad (3\text{-}77)$$

对于既定的 γ_i，BER_i 随着星座尺寸 M_i 的增长而增大，因此有

$$k_i \leqslant \log_2 \mathcal{F}^{-1}\left(\mathrm{BER_U}, \frac{P_i \cdot \sum\limits_{j=1}^{c_i} \boldsymbol{e}_i(j)}{c_i \sigma^2}\right) \tag{3-78}$$

由此可以看出，$\mathrm{BER_U}$ 通过误码率的反函数 $\mathcal{F}^{-1}(\cdot)$ 影响着第 i 路子信道的速率 k_i。

(2) 建立系统速率与 g_e、g_r 的关联。折中的优化性能可以用系统和速率 (system sum rate) R_s 来衡量，则有

$$R_s = \sum_{i=1}^{g_e} k_i = \sum_{i=1}^{g_e} \log_2 \mathcal{F}^{-1}\left(\mathrm{BER_U}, \frac{P_i \cdot \sum\limits_{j=1}^{c_i} \boldsymbol{e}_i(j)}{c_i \sigma^2}\right) \tag{3-79}$$

综上所述，OERT 的优化模型归纳如下。

模型 3-1　对于既定的 MIMO-VLC 系统，最优的有效性和可靠性折中与最优的 LED 折中组合是一致的。在既定误码率上限 $\mathrm{BER_U}$、光功率资源、LED 器件非线性的基础上，寻找使系统速率 R_s 最大的最优 LED 折中组合，即

$$\underset{g_e, \mathcal{S}_{g_e}}{\arg\max}\quad R_s$$

$$\mathrm{s.t.} \begin{cases} \mathbf{1}^\mathrm{T} \boldsymbol{x} \leqslant P_\mathrm{T} \\ x_i \leqslant [0, A_1] \\ \mathrm{BER}_i \leqslant \mathrm{BER_U} \end{cases} \tag{3-80}$$

其中，$i \in \{1, 2, \cdots, |\mathcal{S}|\}$。

对于上述模型 3-1，有以下几点说明。

(1) 式(3-80)体现了折中的含义。具体来看，g_e 越大，空域资源越多，即表现为 $R_s = \sum\limits_{i=1}^{g_e} k_i$ 中求和项增加；但是，各路允许的功率资源减少体现在 x_i 上。

(2) 误码率上限 $\mathrm{BER_U}$ 通过反函数 $\mathcal{F}^{-1}(\cdot)$ 影响着系统速率 R_s；非线性、非负性以及系统功率资源都通过资源分配 $\boldsymbol{x}$ 影响着系统速率 R_s。注意，在信号域方案给定的情况下，$\mathrm{BER_U}$ 和 $\mathcal{F}^{-1}(\cdot)$ 是不变的。

(3) 根据上述优化模型，不仅能获得 LED 的组合方案 g_e、$\mathcal{S}_{g_e}$，还能获得各个子信道最佳的数据速率 k_i，$i \in [1, g_e]$。

3.5.2　最优折中方案的快速搜索算法

建立折中的优化模型后，下面考虑如何获得最优解。对于模型 3-1，寻找最优解的计算复杂度主要取决于离散可行域的大小。常用的求解算法是穷搜索算法，

但由于其复杂度很高，这里将提出一种快速搜索的求解算法。注意，这里主要关注等值功率分配下的折中类型 I，系统如图 3-12 所示。

1. 穷搜索算法

算法 3-1　穷搜索算法

对于 MIMO-VLC 信道 $\boldsymbol{H}_{N_r \times N_t}$，对于前述模型 3-1 的穷搜索算法如下：

(1) 对于每个 $g_e \in [1, 2, \cdots, N_t - 1]$，通过搜索所有 $C_{N_t}^{g_e}$ 种可能的 LED 组合，获得对应的局部最优折中方案 $\mathcal{S}_{g_e}$；

(2) 对于每个局部最优方案 $\mathcal{S}_{g_e}$ $(g_e \in [1, 2, \cdots, N_t])$，按式 (3-80) 计算对应的系统速率 R_s；

(3) $\mathcal{S}_{g_e}$ $(g_e \in [1, 2, \cdots, N_t])$ 中拥有最大 R_s 的方案就是模型 3-1 的最优解。

---

2. 快速搜索算法

为了克服上述穷搜索算法的高复杂度，下面提出一种快速搜索算法，主要思路是通过研究可行解的特点来缩小搜索域。

引理 3-2　针对发射端已知信道的 MIMO-VLC 系统，对于折中类型 I 下的每个 g_e $(\in [1, 2, \cdots, N_t])$ 值，对应局部最优的 $\mathcal{S}_{g_e}$ 是具有较大特征模式 λ_i 的 g_e 个 LED。

证明　对于既定 BER_U，γ_i 越高，则 k_i 越大。因此，R_s 与表达式 $\dfrac{\sum\limits_{j=1}^{c_i} e_i(j)}{c_i}$ 正相关。对于折中类型 I，有 $c_i = 1$。可以看出，拥有较大特征模式 λ_i 的 LED 组合方案优于其他方案。

基于上述分析，对于折中类型 I 下的模型 3-1，快速搜索算法归纳如下。

算法 3-2　快速搜索算法

对于 MIMO-VLC 信道 $\boldsymbol{H}_{N_r \times N_t}$，模型 3-1 线性复杂度的快速搜索算法如下：

(1) 对信道做奇异值分解 $\boldsymbol{H}^T \boldsymbol{H} = \boldsymbol{U} \boldsymbol{\Lambda} \boldsymbol{V}^T$，然后将特征值 λ_i 排序，$i \in [1, 2, \cdots, N_t]$；

(2) 对于每个 $g_e \in [1, 2, \cdots, N_t - 1]$，根据引理 3-1，获得对应的局部最优折中方案 $\mathcal{S}_{g_e}$；

(3) 对于每个局部最优方案 $\mathcal{S}_{g_e}$ $(g_e \in [1, 2, \cdots, N_t])$，按计算对应系统速率 R_s；

(4) $\mathcal{S}_{g_e}$ $(g_e \in [1, 2, \cdots, N_t])$ 中拥有最大 R_s 的方案就是模型 3-1 的最优解。

---

3. 计算复杂度对比

对于模型 3-1，整个可行域具有

$$C_{N_t}^1 + C_{N_t}^2 + \cdots + C_{N_t}^{N_t} = 2^{N_t} - 1$$

个离散的可行解。

对于算法 3-1，搜索区域共有 $2^{N_t} - 1$ 个元素。对于算法 3-2，利用引理 3-2 可知每个 g_e 值的最优 LED 折中组合 $\mathcal{S}_{g_e}$。这省去了算法 3-1 中步骤(1)的搜索过程。g_e 与 $\mathcal{S}_{g_e}$ 一一对应，记为 $g_e \leftrightarrow \mathcal{S}_{g_e}$。可以看出，搜索集从指数增长的 $2^{N_t} - 1$ 降为 N_t。

3.5.3　折中准则与现有复用分集准则的对比分析

现有的 DMT 和本章的 OERT 是一致的，都是为了建立误码性能和频谱效率的平衡。但它们相互之间也有以下三点不同。

(1) 可见光通信朗伯模型是时不变的，而且和收发两端 LED、PD 的几何位置直接相关。无线电通信 DMT 的研究主要是针对高斯、瑞利、对数衰落等时变信道。

(2) OERT 的 LED 选择是为了降低空域光束重叠导致的子信道间干扰，进而减小信道矩阵的相关性；与无线电通信对比来看，DMT 中的分集是为了对抗时变信道可能引起的中断。

(3) OERT 实质上是在既定的信号调制和功率分配的前提下，寻找最优的空域 LED 折中方案；而无线电通信中 DMT 实质上是在既定空间天线的前提下，寻找最优的信号域折中设计方案。

OERT 的优化模型是考虑 LED 非线性、光功率等照明约束，在给定误码性能指标情况下最大化系统速率。而现有 DMT 的优化模型是在给定可达速率的情况下最小化误码率。

3.5.4　折中准则性能仿真与对比分析

本节进行充分的性能分析，主要分为四个方面。首先，介绍仿真环境和采用的信号域方案。然后，仿真分为三部分进行。第一部分中，仿真分析基于系统速率与 g_e 的关系曲线进行，记为 $R_s \leftrightarrow g_e$。第二部分中，仿真分析基于系统速率与 LED 非线性的关系曲线进行，记为 $g_e, R_s \leftrightarrow \Gamma$，$\Gamma \triangleq P_T / \mathcal{G}(A_1)$。第三部分中，仿真分析基于误码率与信噪比的关系曲线进行，记为 BER $\leftrightarrow$ OSNR。简洁起见，将上述三类曲线分别记为 V_1、V_2、V_3，图 3-12 和图 3-13 两种折中类型分别记为 T_1、T_2。注意，下面的 W_1、W_2、W_3 分别表示仿真图中特殊的点。

1. 仿真参数设置

仿真考虑 $N_t = N_r$ 的室内 MIMO-VLC 作为仿真环境。可见光通信朗伯信道参

数为 $\Phi_{1/2}=15°$，$\Psi_c=60°$。LED 阵列中心固定于(0m，0m，0m)，PD 阵列中心固定于(0.3m，0.3m，2.5m)，两阵列平面是平行的。这里主要通过调整 LED 阵列间距 s_{gap} 和 PD 阵列 r_{gap} 来改变信道，记为 $\{s_{gap},r_{gap}\}$。由于脉冲幅度调制(pulse amplitude modulation，PAM)比 OOK 具有更高的频谱效率，与 OFDM 相比不需要很高的峰均功率比，这里，信号域采用 PAM 来调制信息。

对于误码性能约束，第 i 路 g 子信道的离散可达速率为 $k_i=\left\lfloor\log_2\left(1+\dfrac{\epsilon\eta_iP_i}{\sigma}\right)\right\rfloor$，$\epsilon=\sqrt{(-\ln(5\mathrm{BER_U}))^{-1}}$，$i\in\{1,2,\cdots,g_e\}$。则对应的系统速率为

$$R_s=\sum_{i\in\mathcal{S}_m}\log_2\left(1+\frac{\eta\hat{h}_iP_i}{\sigma}\right) \tag{3-81}$$

下面的仿真中，T_1 和 T_2 代表两种特殊情况，具体描述为

$$\sum_{i=1}^{g_e}c_i=\sum_{i=1}^{g_e-1}1+c_{g_e}=g_e-1+c_{g_e}=N_t \tag{3-82}$$

2. 基于系统速率与 Z 的关系曲线

图 3-14 是在给定 $\Gamma=2$，$P_T=40\mathrm{dB}$ 时，折中类型 T_1 和 T_2 在不同信道 $\{s_{gap},r_{gap}\}$ 下的 V_1 型曲线；图 3-15 是在给定 $\Gamma=2$，$\{s_{gap},r_{gap}\}=\{0.1\mathrm{m},0.1\mathrm{m}\}$，

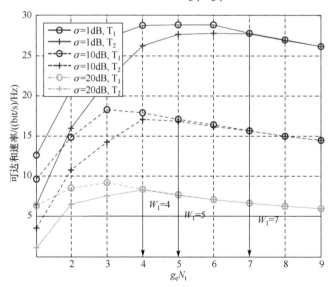

图 3-14　第一部分：不同信道、不同折中类型的 V_1 型曲线性能比较

$P_{\mathrm{T}}=40\mathrm{dB}$ 时，折中类型 T_1 和 T_2 在不同噪声 σ 下的 V_1 型曲线；图 3-16 是在给定

$\sigma=1\mathrm{dB}$ ， $\sum\limits_{i=1}^{g_{\mathrm{e}}}c_i=N_{\mathrm{t}}.\,c_i=1,\ i\in[1,g_{\mathrm{e}}-1];\ c_{g_{\mathrm{e}}}\geqslant 1$ ， $\{s_{\mathrm{gap}},r_{\mathrm{gap}}\}=\{0.02\mathrm{m},0.02\mathrm{m}\}$ ，

$P_{\mathrm{T}}=40\mathrm{dB}$ 时，折中类型 T_1 和 T_2 在不同非线性参数 Γ 下的 V_1 型曲线。

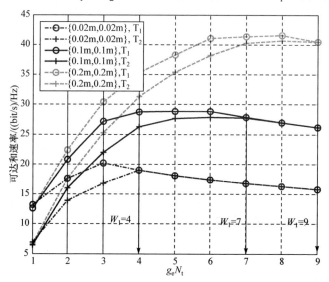

图 3-15　第一部分：不同噪声干扰、不同折中类型的 V_1 型曲线性能比较

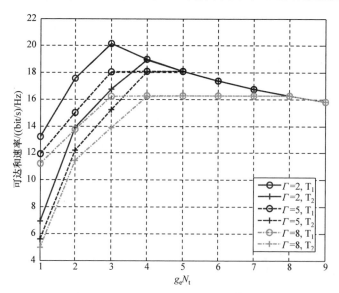

图 3-16　第一部分：不同非线性区间、不同折中类型的 V_1 型曲线性能比较

观察三幅图，可以发现它们蕴含了一些相同的规律。图 3-14 中系统速率 R_{s}

随 g_e 的变化都体现了折中的规律。而且，对于既定 g_e，不同折中类型的结果不同。其中，T_1 型折中能够获得更好的性能，这与前面的分析结果相同。除了这些相同的规律，还可以发现一些特殊的特征。

(1) 曲线的峰值点。

(2) 两种折中类型的纵轴差值，记为 D-value。

(3) LED 非线性对功率利用率的影响。

由于上述三个方面之间相互影响，下面主要从两个方面进行分析。

1) D-value

简洁起见，我们将 D-value 有明显变化的点记为 W_1。从图 3-14 中可以看出，D-value 与 g_e、信道、噪声、Γ 相关。g_e 值越大，D-value 越小。图 3-14{0.1m，0.1m}为例进行仿真，等价系统特征模式为{5.0189，0.2243，0.2153，0.0099，0.0030，0.0029，0.0001，0.0001，0.0}。当 $g_e = 3$ 时，折中类型 T_1 对应的等价信道增益为{ 5.0189，0.2243，0.2153}，折中类型 T_2 下的增益为{5.0189，0.2243，0.0331}。可以看出，其中 T_1 子信道 0.2153 和 T_2 子信道 0.0331 的差异导致了图 3-14 中的 D-value。当 $g_e = 7$ 时，折中类型 T_1 对应的等价系统信道增益为{5.0189，0.2243，0.2153，0.0099，0.0030，0.0029，0.0001}。同样条件下，折中类型 T_2 下的增益为{5.0189，0.2243，0.2153，0.0099，0.0030，0.0029，0.000067}。可以看出，其中 T_1 子信道 0.0001 和 T_2 子信道 0.000067 的差异导致了图 3-14 的 D-value。注意，如图 3-14 所示，随着 g_e 越来越大，D-value 变得很小，但仍然存在。

如图 3-14 所示，W_1 的值和噪声相关，噪声越大，W_1 越小。当 $\sigma = 1$ dB 时，$W_1 = 7$。当 $\sigma = 10$ dB 时，$W_1 = 5$。当 $\sigma = 20$ dB 时，$W_1 = 4$。W_1 的值与信道相关。信道相关性越小，W_1 越大。当 $\{s_{gap}, r_{gap}\} = \{0.02m, 0.02m\}$ 时，$W_1 = 4$。当 $\{s_{gap}, r_{gap}\} = \{0.1m, 0.1m\}$ 时，$W_1 = 7$。当 $\{s_{gap}, r_{gap}\} = \{0.2m, 0.2m\}$ 时，$W_1 = 9$，如图 3-15 所示。然而，如图 3-16 所示，Γ 的变化对 W_1 没有影响。这主要是因为 Γ 的变化没有改变两种折中类型的 R_s。

2) 非线性

图 3-16 显示了在既定 P_T 下，非线性参数 Γ 对功率利用率的影响。一方面，在 Γ 之前，功率资源是充足的。此时非线性影响着功率利用率，但是，功率资源没有得到充分的利用。在 Γ 之后，各组曲线最终都趋向于相同的值。这主要是因为此时 Γ 不起作用，功率资源影响着最终的功率利用率。另一方面，在 Γ 之前，g_e 越大，功率利用率越高，则 R_s 越大。不过，从图 3-16 中 Γ 三种不同取值对应的曲线可以看出，Γ 之后 V_1 曲线的趋势与信道、噪声等多种因素相关。

3. 基于系统速率与 LED 非线性的关系曲线

根据第一部分的分析，这部分主要关注折中类型 T_1 的性能。图 3-17 和图 3-18 是在给定 $\sigma = 20\text{dB}$，$P_T = 40\text{dB}$ 时，在不同信道参数 $\{s_{\text{gap}}, r_{\text{gap}}\}$ 下的 V_2 型曲线性能图。图 3-19 和图 3-20 是在给定 $\{s_{\text{gap}}, r_{\text{gap}}\} = \{0.5\text{m}, 0.5\text{m}\}$，$P_T = 40\text{dB}$ 时，在不同噪声 σ 下的 V_2 型曲线性能图。

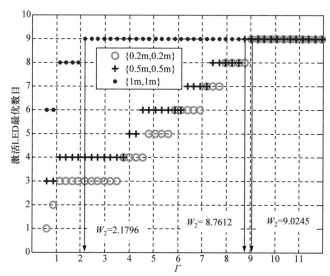

图 3-17　第二部分：不同信道下非线性与最优 g_e 的曲线性能对比

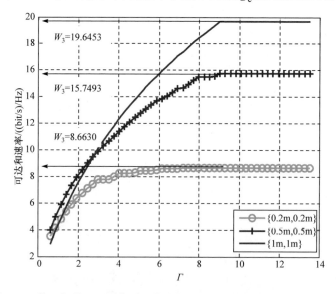

图 3-18　第二部分：不同信道下非线性与最优系统速率的曲线性能对比

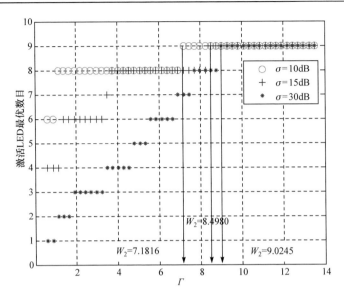

图 3-19　第二部分：不同噪声干扰下非线性与最优 g_e 的曲线性能对比

对于最优 g_e，全复用 $g_e = N_t$ 时 Γ 的值与信道、噪声等相关。简洁起见，将此点记为 W_2。图 3-17 体现了不同情况下 W_2 与信道的关系。当 $\{s_{gap}, r_{gap}\} = \{0.2\text{m},$ $0.2\text{m}\}$ 时，$W_2 = 9.0245$。当 $\{s_{gap}, r_{gap}\} = \{0.5\text{m}, 0.5\text{m}\}$ 时，$W_2 = 8.7612$。当 $\{s_{gap}, r_{gap}\} = \{1\text{m},\ 1\text{m}\}$ 时，$W_2 = 2.1796$。图 3-19 体现了 W_2 与噪声的关系，当 $\sigma = 10\text{dB}$ 时，$W_2 = 7.1816$；当 $\sigma = 15\text{dB}$ 时，$W_2 = 8.4980$；当 $\sigma = 30\text{dB}$ 时，$W_2 = 9.0245$。

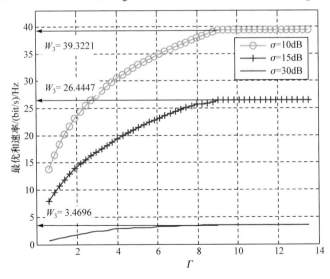

图 3-20　第二部分：不同噪声干扰下非线性与最优系统速率的曲线性能对比

从图 3-18 和图 3-20 可以看出，最优系统速率随着 Γ 的增大而增加。然而，当 $\Gamma > N_t$ 时，非线性的因素对系统性能起着决定性的作用。此时，如果再增加功率资源，系统最优折中的性能也不会发生变化。简洁起见，将图 3-18 中最终稳定后的系统速率记为 W_3。需要注意的是，对于 N_t 给定、不同阵列间距的系统，虽然 W_3 的纵坐标变化，但是对应的横坐标是不变的。图 3-18 体现了 W_3 与信道的关联。当 $\{s_{\text{gap}}, r_{\text{gap}}\} = \{0.2\text{m}, 0.2\text{m}\}$ 时，$W_3 = 8.6630$；当 $\{s_{\text{gap}}, r_{\text{gap}}\} = \{0.5\text{m}, 0.5\text{m}\}$ 时，$W_3 = 15.7493$；当 $\{s_{\text{gap}}, r_{\text{gap}}\} = \{1\text{m}, 1\text{m}\}$ 时，$W_3 = 19.6453$。图 3-20 体现了 W_3 与噪声的关联。当 $\sigma = 10\text{dB}$ 时，$W_3 = 39.3221$；当 $\sigma = 15\text{dB}$ 时，$W_3 = 26.4447$；当 $\sigma = 30\text{dB}$ 时，$W_3 = 3.4696$。

综上可以看出，点 W_2 和 W_3 体现了非线性、信道以及噪声之间的关联。

4. 基于误码性能与信噪比的关联曲线

简洁起见，首先将本部分仿真用的信道罗列如下。对于 9×9 MIMO-VLC 系统，将 $\{s_{\text{gap}}, r_{\text{gap}}\} = \{0.1\text{m}, 0.1\text{m}\}$ 的信道记为 $\boldsymbol{H}_1$，对应最优折中 $g_e = 3$，各路最佳速率为 $[k_1, k_2, k_3] = [6, 2, 2]$，系统最优速率为 $R_s = 10\,(\text{bit/s})/\text{Hz}$。将 $\{s_{\text{gap}}, r_{\text{gap}}\} = \{0.2\text{m}, 0.15\text{m}\}$ 的信道记为 $\boldsymbol{H}_2$，对应最优折中 $g_e = 3$，各路最佳速率为 $[k_1, k_2, k_3] = [5, 2, 2]$，系统最优速率为 $R_s = 9\,(\text{bit/s})/\text{Hz}$。对于 4×4 MIMO-VLC 系统，将 $\{s_{\text{gap}}, r_{\text{gap}}\} = \{0.1\text{m}, 0.1\text{m}\}$ 的信道记为 $\boldsymbol{H}_3$，对应最优折中 $g_e = 2$，各路最佳速率为 $[k_1, k_2] = [5, 1]$，系统最优速率为 $R_s = 6\,(\text{bit/s})/\text{Hz}$。将 $\{s_{\text{gap}}, r_{\text{gap}}\} = \{0.4\text{m}, 0.4\text{m}\}$ 记为 $\boldsymbol{H}_4$，对应最优折中 $g_e = 3$，各路最佳速率为 $[k_1, k_2, k_3] = [4, 2, 2]$，系统最优速率为 $R_s = 8\,(\text{bit/s})/\text{Hz}$。四个信道 $\boldsymbol{H}_1$、$\boldsymbol{H}_2$、$\boldsymbol{H}_3$ 和 $\boldsymbol{H}_4$ 的条件数分别为 2.5877×10^6、5.8411×10^4、3.1973×10^3 和 29.9323。对于 MIMO-VLC 系统，功率分配方案 $\boldsymbol{p}_a = [p_{a1}, p_{a2}, \cdots, p_{ag_e}]$，则光功率信噪比为 p_{ai}/σ^2。

在下面的仿真中，$\Gamma \geqslant 2$，因此，四个信道下的功率分配都为 P_T/g_e。根据算法 3-2，可以获得对应信道的最优折中 OERT。表 3-1 列出了不同信道下的 g_e、g_p、g_s 和 g_r。

表 3-1　不同信道下的各类增益对比

OERT	$\boldsymbol{H}_1$	$\boldsymbol{H}_2$	$\boldsymbol{H}_3$	$\boldsymbol{H}_4$
g_e	3	3	2	3
g_p	3	3	2	4/3
g_s	2.9913	2.9511	1.9666	1.3015
g_r	8.9739	8.8533	3.9332	1.7353

下面的仿真主要是对比最优折中方案和其他方案的误码性能，主要分为三种类型。

(1) K_1：OERT 与 MIMO-VLC 常规方案对比，如 RC、SMP、GSM 等。

(2) K_2：OERT 与其他 T_1 下相同 g_e 但不同 $\mathcal{S}_{g_e}$ 的方案进行对比。

(3) K_3：相同 g_e、不同折中类型的对比，即 T_1 的 OERT 与 T_2 类型下的方案对比。

1) OERT 与 K_1 方案对比

图 3-21 是 OERT 以及 RC、SMP、GSM 在信道 H_1 和 H_2 下的误码性能图；图 3-22 是 OERT 以及 RC、SMP、GSM 在信道 H_3 和 H_4 下的误码性能图。当平均误比特率为 10^{-4} 时，OERT 相对于 SMP 在 H_1、H_2、H_3 和 H_4 的增益分别为 8.1dB、7.9dB、2.8dB、1.9dB。可以看出，不论信道矩阵是高相关还是低相关，OERT 都能获得较为明显的性能增益。注意，图 3-22 中信道为 H_3 时，RC 比 SMP 更好，但此时 OERT 相对于 RC 仍能获得 1.1dB 的增益。这种性能增益主要来源于 H_3 对 OERT 的贡献。

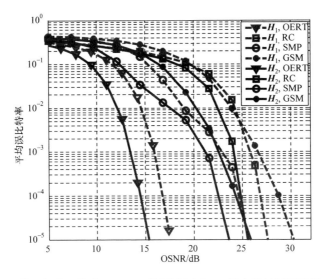

图 3-21　第三部分：信道 H_1、H_2 下最优折中与 K_1 类方案的误码性能对比图

2) OERT 与 K_2 方案对比

图 3-23 是在不同信道下 OERT 与 K_2 类方案的对比。不失一般性，对于任一信道，对应的 K_2 方案是随机选择的。从图 3-23 可以看出，当平均误比特率为 10^{-4} 时，OERT 在 H_1、H_2、H_3 和 H_4 的增益分别为 8.7dB、10.7dB、5.6dB 和 5.7dB。不同的 $\mathcal{S}_{g_e}$ 有不同的等价信道增益 η_i，这是图 3-22 中增益的来源，对应于定义 3-3

中的空间增益 g_s。

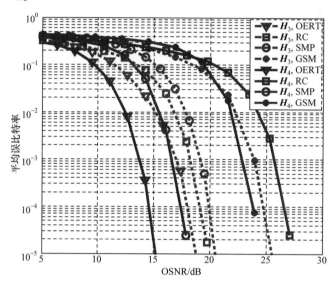

图 3-22　第三部分：信道 H_3、H_4 下最优折中与 K_1 类方案的误码性能对比图

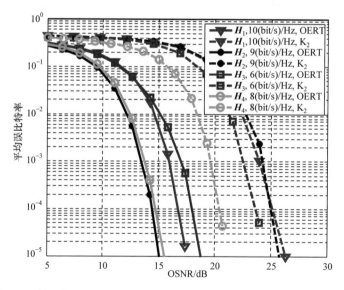

图 3-23　第三部分：不同信道下最优折中与 K_2 类方案的误码性能对比图

3) OERT 与 T_2 方案对比

图 3-24 是在不同信道下 OERT 与折中类型 T_2 方案的对比。从图中可以看出，当平均误比特率为 10^{-4} 时，OERT 在 H_1、H_2、H_3 和 H_4 的增益分别为 8.1dB、7.1dB、1.94dB 和 1.7dB。折中类型 T_1 将功率分配给特征模式较大的子信道，而 T_2

将功率分配给所有的信道。可以看出，图 3-24 中获得性能增益的主要原因是在发射端采用了波束成形。增益的大小和信道相关性有关，H_4 信道具有较低的相关性，波束成形带来的增益较小，而 H_1、H_2 信道相关性较高，因此，波束成形带来了较大的性能增益。

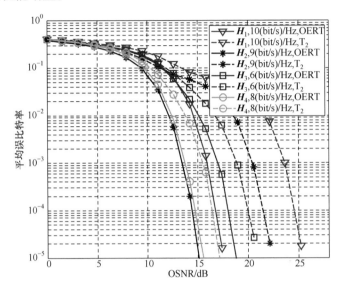

图 3-24　第三部分：不同信道下最优折中与 T_2 类方案的误码性能对比图

3.6　小　　结

　　针对有效性和可靠性折中准则，无线电通信的 DMT 已经研究很多年，但是 DMT 理论都是关于瑞利、对数、高斯等时变信道，相应的 DMT 从时域上的中断概率着手。对比来看，可见光通信朗伯模型时不变，且与收发器的空间几何位置直接相关。这就导致时变信道的中断概率这一基本概念不适用于 MIMO-VLC 朗伯信道，进而时变信道 DMT 不适用于室内 MIMO-VLC 信道。因此，本章综合考虑通信性能和照明需求，深入研究大规模 MIMO-VLC 系统的有效性和可靠性折中准则。

　　室内 MIMO-VLC 信道具有很高的相关性，甚至缺秩，这给 MIMO-VLC 系统的可靠性传输带来了很大的挑战。为了提高误码性能，目前也有一些研究。通过调研来看，对于既定的 LED 阵列，选择的 LED 越多，空域资源越充分，但 ICI 就越大，导致误码性能越差；选择的 LED 越少，ICI 越小，误码性能越好，但是空域资源这一 MIMO 结构的核心资源越少。可以看出，LED 的选择与误码性能、频谱效率等相关。因此，从某种程度上来说，最优 LED 组合的折中和误码性能、频谱效率之间的折中是一致的，即与 DMT 是一致的。为此，本章主要解决了以下关键问题。

(1) 应该从 LED 阵列中选择几个 LED？

(2) 当 LED 的数目确定后，应该选择什么样的 LED 组合？

针对上述问题，本章进行了初步探索，建立室内 MIMO-VLC 信道的有效性和可靠性折中准则。主要工作可归纳为如下四个方面：一是结合光功率以及 LED 非线性等特性，引入两个衡量有效性和可靠性的定义；二是综合考虑了频谱效率、误码性能等通信指标和光功率、非负性、LED 非线性等照明约束，建立优化折中准则；三是为了降低求解最优折中的计算复杂度，提出了一个快速搜索算法；四是基于三种不同的性能曲线，将仿真分为三大部分，充分挖掘仿真图呈现的特性。仿真结果表明，准则不仅较好地实现了通信有效性和可靠性的折中，而且体现了 LED 非线性等照明约束对光功率利用率的影响。最优折中方案 OERT 也表现出对信道良好的适应性，这对可见光通信应用推广具有直接的指导意义。

参 考 文 献

[1] Cover T M, Thomas J A. Elements of Information Theory. New York: Wiley, 2006.

[2] Chaaban A, Rezki Z, Alouini S. Capacity bounds for parallel IM-DD optical wireless channels// IEEE International Conference on Communications, Kuala Lumpur, 2016: 1-6.

[3] Wang J B, Hu Q S, Wang J, et al. Tight bounds on channel capacity for dimmable visible light communications. Journal of Lightwave Technology, 2013, 31(23): 3771-3779.

[4] Wang J B, Hu Q S, Wang J, et al. Capacity analysis for dimmable visible light communications// IEEE International Conference on Communications, Atlanta, 2014: 3331-3335.

[5] Jiang R, Wang Z, Wang Q. A tight upper bound on channel capacity for visible light communications. IEEE Communications Letters, 2016, 20(1): 97-100.

[6] Chaaban A, Rezki Z, Alouini M S. Fundamental limits of parallel optical wireless channels: Capacity results and outage formulation. IEEE Transactions on Communications, 2017, 65(1): 296-311.

[7] Lapidoth A, Moser S, Wigger M. On the capacity of free-space optical intensity channels. IEEE Transactions on Information Theory, 2009, 55(10): 4449-4461.

[8] Farid A A, Hranilovic S. Capacity bounds for wireless optical intensity channels with Gaussian noise. IEEE Transactions on Information Theory, 2010, 56(12): 6066-6077.

[9] Chaaban A, Morvan J, Alouini M. Free-space optical communications: Capacity bounds, approximations, and a new sphere-packing perspective. IEEE Transactions on Communications, 2016, 64(3): 1176-1191.

[10] Moser S M. Capacity results of an optical intensity channel with input-dependent Gaussian noise. IEEE Transactions on Information Theory, 2012, 58(1): 207-223.

[11] Wang J Y, Wang J B, Chen M, et al. Capacity bounds for dimmable visible light communications using PIN photodiodes with input-dependent Gaussian noise// Global Communications Conference,

Atlanta, 2014: 2066-2071.

[12] Wang J , Hu Q , Wang J , et al. Channel capacity for dimmable visible light communications// IEEE Global Communications Conference, Atlanta, 2013: 2424-2429.

[13] Fang J, Che Z, Yu X , et al. Capacity-achieving and flicker-free FEC coding scheme for dimmable visible light communication based on polar codes. IEEE Photonics Journal, 2017,9(3):1-10.

[14] Farid A A, Hranilovic S. Outage capacity optimization for free-space optical links with pointing errors. IEEE/OSA Journal of Lightwave Technology, 2007, 25(7): 1702-1710.

[15] Farid A A, Hranilovic S. Diversity gain and outage probability for MIMO free-space optical links with misalignment. IEEE Transactions on Communications, 2012, 60(2): 479-487.

[16] Kashani M A, Uysal M. Outage performance and diversity gain analysis of free-space optical multi-hop parallel relaying. IEEE/OSA Journal on Optical Communications and Networking, 2013, 5(8): 901-909.

[17] Chaaban A, Rezki Z, Alouini M S. On the capacity of the intensity-modulation direct-detection optical broadcast channel. IEEE Transactions on Wireless Communications, 2016, 15(5): 3114-3130.

[18] Salahat E, Hakam A. Novel unified expressions for error rates and ergodic channel capacity analysis over generalized fading subject to AWGGN// IEEE Global Communications Conference, Atlanta, 2014: 3976-3982.

第4章　可见光通信关联叠加高效传输理论

为提高可见光链路的鲁棒性，现实中常采用强度调制/直接检测MIMO-VLC。MIMO-VLC的优势在于：可以通过在空间和时间等维度上，设计阵列发射信号，使得阵列接收信号可以等效为多个统计独立子信道收到的信号。接收机对信号进行检测以获取分集增益,提高链路传输的鲁棒性。当MIMO-VLC系统提供的所有自由度得到充分利用时，可以说该收发机获得了全分集增益，实现了可靠传输。

4.1　概　　述

与 MIMO-RF 相比，MIMO-VLC 系统的独特性主要集中于三个方面：信号单极性、线性功率约束、信道单极性。MIMO-VLC 的这些特性主要由收发终端工作机理特性决定。下面针对三个方面的独特性，对 MIMO-VLC 全分集收发机理论和技术的发展现状及研究动态进行分析。

(1) MIMO-VLC 信号为非负实数。由于 MIMO-VLC 采用 IM/DD，进行光电转换的发射端具有单向导电特性，这决定了在不同时刻的信号幅值为实数且为单极性。举例来说，MIMO-VLC 一维信号幅值分布在数轴的正半轴，二维信号幅值分布在二维坐标平面的第一象限，三维信号幅值分布在三维空间的第一卦限。这一特性决定了，在设计发射端信号时，最优解所在的可行域为实欧氏空间的非负子集，且该可行域对 MIMO-RF 中涉及的常见算术运算不再封闭。在 MIMO-RF中，信号幅值分布于整个欧氏复空间，其发射端未对信号符号进行单极性约束。虽然 MIMO-RF 中关于全分集的收发机理论比较完善且技术较为成熟[1-5]，但由于MIMO-VLC 信号的单极性约束，MIMO-RF 中基于线性空间的全分集理论和技术不完全适用于 MIMO-VLC，并且在研究 MIMO-VLC 全分集理论时，无法再采用平行的研究方案。

(2) MIMO-VLC 信号功率满足线性约束。在 MIMO-VLC 中,由于采用 IM/DD,在设计收发机时，其功率约束为信号的光功率，表示为信号幅值的数学期望，因此，收发机设计优化问题相关的可行域为超平面与单极性卦限的交集，而非传统的超球。不同功率约束对应的几何性差异进一步表明：在光电两种不同功率约束下，在彼此可行域存在的最优解会有显著差异。实际上，为了使 MIMO-RF 设计的实信号可应用于 MIMO-VLC，已有的一种方案是：在电光转换输入端添加合适的直流偏置。按照这种思路，基于 PAM 星座，对 MIMO-RF 中的 OSTBC[6-15]添加直流，得到修正的正交空时编码(modified OSTBC，M-OSTBC)[16-18]可以获得全分集增益(并未指出全分集的明确定义)。然而，与 MIMO-RF 中非全分集空时分组编码(space-time block codes，STBC)——RC 相比，RC(各终端发射相同信号)性能显著优于 M-OSTBC[19-21]。这一结果充分说明，设置直流偏置的方式并不能一定设计出性能优良的 STBC。目前，针对 M-OSTBC 和 RC 两种方案，还未从性能准则系统地进行性能对比，较多的是通过仿真分析对比性能，至于其性能差异的本质原因仍未见公开报道。因此，同样的码字在 MIMO-VLC 和 MIMO-RF 两种系统中性能表现差异较大，甚至有学者提出一个发人深省的疑问[19-21]：鉴于 RC 的优异性能，在 MIMO-VLC 中有没有必要进一步研究并设计 STBC？

(3) MIMO-VLC 信道系数为非负实数。当 MIMO-VLC 采用 IM/DD 时，由于接收端的平方律检测特性，光电转换终端输出的光电流与光场幅度平方成正比[4,5]，因此，对于平坦信道，传输系数为非负值。与之相对的是，在 MIMO-RF 中，接收端通过电磁感应得到的信号电流与电磁波幅度成正比。这一显著差异决定了 MIMO-VLC 和 MIMO-RF 中的传输方案设计的任务和约束条件不同，相应的优化问题及其最优解的存在性也会面临新的问题。在 MIMO-RF 中，当发射端已知理想发端信道状态信息(channel state information at the transmitter，CSIT)时，在电功率约束下，基于接收端信噪比最大化准则，各天线发射信号相同、各天线按照最大比例发射(maximum ratio transmission，MRT)分配功率为最优发射方案。当重新审视 RC[19-21]时，可以发现对于单极性 MIMO-VLC 信号，发端无 CSIT 的情形可以等效为 MIMO-RF 中已知 CSIT(通过 MRT 实现信道系数的单极化)的情形，值得注意的是，RC 的编码矩阵秩为 1，而 M-OSTBC 编码矩阵满秩，但是两种方案同时实现了全分集。这充分说明了 MIMO-VLC 不能简单沿袭 MIMO-RF 中相关的全分集机理，迫切需要一个系统的理论来指导人们开展系统性的研究。

4.2　系　统　模　型

4.2.1　信道模型

考虑具有 N 个发射端和 M 个接收端的 MIMO-VLC 系统。在 L 个时隙中，发射端发射矩阵信号码字 $\boldsymbol{X}_k, k = 0, \cdots, 2^K - 1$，其中，码字 $\boldsymbol{X}_k$ 随机、独立、等概率地从给定的矩阵集合 $\mathcal{X}$ (也称为星座)中选取。为了满足强度调制的非负性约束，多维星座 $\mathcal{X}$ 中任意矩阵的每个元素均要求为非负实数，即 $\mathcal{X} \subseteq \mathbb{R}_+^{L \times N}$。然后，这些矩阵码字经过具有频率平坦信道系数的 $N \times M$ 矩阵信道 $\boldsymbol{H}$。因此，接收端

$L \times M$ 的矩阵信号 $\boldsymbol{Y}$ 可以表示为

$$\boldsymbol{Y} = \boldsymbol{X}\boldsymbol{H} + \boldsymbol{N} \tag{4-1}$$

其中,信道矩阵 $\boldsymbol{H}$ 的所有元素为非负实数,即 $\boldsymbol{H} \in \mathbb{R}_+^{L \times N}$;$\boldsymbol{N}$ 为 $L \times M$ 的噪声矩阵。式(4-1)中的信道加性噪声 $\boldsymbol{N}$ 主要是输入信号和背景光噪声引起的散粒噪声以及接收端电子器件自身的热噪声。一方面,在给定的一段时间内,到达接收端的光子数目服从泊松分布,其中,泊松分布的均值与接收端输入信号光强成正比。当发射信号强度用光子数来表示时,泊松噪声模型反映了发射信号的物理性能,因此,该噪声的部分分量也依赖于输入信号强度。另一方面,接收端的输入光强也受背景光噪声影响。背景光噪声引起的散粒噪声与信号强度无关。对于通常的室外光通信环境,背景光噪声引起的散粒噪声强度远远大于信号分量引起的散粒噪声。因此,信道中的散粒噪声通常认为与发射信号强度无关。对于无线光通信来说,背景光噪声强度较大。由大数定理可知,由光子数不确定性引起的随机分布趋于高斯分布。另外,接收端光电转换后得到的信号还受器件本身热噪声(服从高斯分布)的影响。因此,各项噪声之和 $\boldsymbol{N}$ 通常近似认为是加性高斯白噪声,其均值为零,协方差矩阵为 $\dfrac{\sigma_N^2}{M} \boldsymbol{I}_{LM \times LM}$。

4.2.2 传输方案

对于多发多收 MIMO-VLC 中的空间星座设计,等价于求解如下优化问题。

优化问题 4-1 对于任意给定的正整数 N 和 K,寻找一个多维星座 $\mathcal{S} = \left\{ \boldsymbol{s}_k \right\}_{k=0}^{k=2^K-1} \subseteq \mathbb{R}_+^N$ 满足:

$$\max \min_{0 \leqslant k_2 < k_1 \leqslant 2^K - 1} \prod_{1 \leqslant n \leqslant N} \left| s_{nk_2} - s_{nk_1} \right|^{\Omega_n}$$

$$\text{s.t.} \begin{cases} \forall k_2 < k_1, \boldsymbol{s}_{k_2} - \boldsymbol{s}_{k_1} \in \mathbb{R}_+^N \\ \sum\limits_{k=0}^{2^K-1} \sum\limits_{n=1}^{N} s_{nk}/2^K = 1 \end{cases} \tag{4-2}$$

注意到,内层优化问题 $\tilde{\mathcal{S}} \subseteq \mathbb{Z}_+^T$ 既含有连续变量又含有离散变量。这类问题在现代数字通信中较为常见,在 MIMO-RF 中一般较难得到闭式解。解决此类问题的难点是如何处理其中的离散变量,确定其中的最小项,以便求解内层优化问题。我们知道,对于多维空间星座,实现全分集增益的充要条件为:任意非零矢量 $\boldsymbol{1}^T \tilde{\boldsymbol{s}}_{J1} = \boldsymbol{1}^T \tilde{\boldsymbol{s}}_{J2} = \cdots \boldsymbol{1}^T \tilde{\boldsymbol{s}}_{J \frac{(J+T-1)!}{J!(T-1)!}} = \boldsymbol{1}^T \tilde{\boldsymbol{s}}_{(J+1)1} = J$ 的所有元素均同号。这一条件使得可以对星座集合 $\mathcal{X}$ 中的所有 $(L+T-1)!/(L!(T-1)!)+1$ 个元素进行排队,即 $\boldsymbol{1}^T \boldsymbol{s} = J$,$\boldsymbol{s} \in \mathbb{Z}_+^N$,其中,$\boldsymbol{s}_k > \boldsymbol{s}_l$ 表示矢量 $\boldsymbol{s}_k - \boldsymbol{s}_l$ 的所有元素均为正数。这一结果告诉

我们:

$$\prod_{1 \leqslant n \leqslant N} \left| s_{nk_2} - s_{nk_1} \right|^{\Omega_n} = \prod_{1 \leqslant n \leqslant N} \left| \left(s_{nk_2} - s_{n(k_1+1)} + s_{n(k_1+1)} - s_{nk_1} \right) \right|^{\Omega_n}$$

$$\geqslant \prod_{1 \leqslant n \leqslant N} \left| \left(s_{n(k_1+1)} - s_{nk_1} \right) \right|^{\Omega_n} \tag{4-3}$$

当且仅当 $k_2 = k_1 + 1$ 时等号成立。因此可得

$$\min_{0 \leqslant k_2 < k_1 \leqslant 2^K - 1} \prod_{1 \leqslant n \leqslant N} \left| s_{nk_2} - s_{nk_1} \right|^{\Omega_n}$$

$$\geqslant \min_{0 \leqslant k \leqslant 2^K - 2} \prod_{1 \leqslant n \leqslant N} \left(s_{n(k+1)} - s_{nk} \right)^{\Omega_n} \tag{4-4}$$

此时,可以得到原始优化问题的等价形式。

优化问题 4-2　给定正整数 N 和 K,求解一个 N 维星座,使得

$$\max \min_{0 \leqslant k \leqslant 2^K - 1} \prod_{1 \leqslant n \leqslant N} \left| s_{n(k+1)} - s_{nk} \right|^{\Omega_n}$$

$$\text{s.t.} \begin{cases} \boldsymbol{s}_{k+1} - \boldsymbol{s}_k \in \mathbb{R}_+^N \\ \sum_{k=0}^{2^K - 1} \sum_{n=1}^{N} s_{nk} / 2^K = 1 \end{cases} \tag{4-5}$$

4.2.3　最优空间多维星座设计

此时,可以看到,非零差分矢量的所有元素同号的条件,使我们可以求解有关离散变量的内层问题,并进一步等价简化原始优化设计问题。

定理 4-1　优化问题 4-2 的最优解如下:

$$\mathcal{S}_{\text{opt}} = = \left\{ k \times \frac{2 \left[\sum_{i=1}^{M} \sigma_{1j}^{-2}, \cdots, \sum_{i=1}^{M} \sigma_{Nj}^{-2} \right]^{\text{T}}}{\left(2^K - 1 \right) \sum_{j=1}^{N} \sum_{i=1}^{M} \sigma_{ij}^{-2}} \right\}_{k=0}^{k=2^K - 1} \tag{4-6}$$

证明　为了求解优化问题,首先建立一个幂次-乘积不等式。我们知道,对于正值变量 t,对数函数 $\ln t$ 为凸函数。另外,由 Jensen 不等式,当 $\lambda_n \geqslant 0$ 且 $\sum_{n=1}^{N} \lambda_n = 1$ 时,对数函数 $\ln t$ 满足:

$$\sum_{n=1}^{N} \lambda_n \ln t_n \leqslant \ln \sum_{n=1}^{N} \lambda_n t_n \tag{4-7}$$

当且仅当 $t_1 = \cdots = t_N$ 时,式(4-7)中的等号成立。令 $t_n = (s_{n(k+1)} - s_{nk}) / \Omega_n$ 及

$\lambda_n = \Omega_n / \Omega$。由此可得

$$\sum_{n=1}^{N} \lambda_n \ln t_n = \sum_{n=1}^{N} \frac{\Omega_n}{\Omega} \ln\left(s_{n(k+1)} - s_{nk}\right) - \sum_{n=1}^{N} \frac{\Omega_n}{\Omega} \ln \Omega_n$$
$$= \frac{1}{\Omega} \ln \prod_{n=1}^{N} \left(s_{n(k+1)} - s_{nk}\right)^{\Omega_n} - \frac{1}{\Omega} \ln \prod_{n=1}^{N} \Omega_n^{\Omega_n} \tag{4-8}$$

和

$$\sum_{n=1}^{N} \lambda_n \ln t_n = \ln \prod_{n=1}^{N} \frac{\left(s_{n(k+1)} - s_{nk}\right)}{\Omega} \tag{4-9}$$

可以得

$$\ln \prod_{n=1}^{N} \left(s_{n(k+1)} - s_{nk}\right)^{\Omega_n} \leqslant \ln \prod_{n=1}^{N} \Omega_n^{\Omega_n} + \ln \prod_{n=1}^{N} \left(\frac{s_{n(k+1)} - s_{nk}}{\Omega}\right)^{\Omega} \tag{4-10}$$

进而有

$$\prod_{n=1}^{N} \left(s_{n(k+1)} - s_{nk}\right)^{\Omega_n} \leqslant \left(\sum_{n=1}^{N} \left(s_{n(k+1)} - s_{nk}\right)\right)^{\Omega} \prod_{n=1}^{N} \left(\frac{\Omega_n}{\Omega}\right)^{\Omega_n} \tag{4-11}$$

下面证明，对于任意给定的星座集合 $\mathcal{S}$，在平均光功率受限条件下，如下不等式成立：

$$\min_{0 \leqslant k \leqslant 2^K-2} \prod_{n=1}^{N} \left(s_{n(k+1)} - s_{nk}\right)^{\Omega_n} \leqslant \frac{2^{\Omega} \prod_{n=1}^{N} \Omega_n^{\Omega_n}}{\left(\left(2^K - 1\right)\Omega\right)^{\Omega}} \tag{4-12}$$

否则，将存在一个星座 $\mathcal{S} = \tilde{\mathcal{S}} = \left\{\tilde{s}_k : 0 \leqslant k \leqslant 2^K - 1\right\}$，满足：

$$\min_{0 \leqslant k \leqslant 2^K-2} \prod_{n=1}^{N} \left(\tilde{s}_{n(k+1)} - \tilde{s}_{nk}\right)^{\Omega_n} > \frac{2^{\Omega} \prod_{n=1}^{N} \Omega_n^{\Omega_n}}{\left(\left(2^K - 1\right)\Omega\right)^{\Omega}} \tag{4-13}$$

对于 $\forall k \in \left\{0, 1, \cdots, 2^K - 1\right\}$，有

$$\prod_{n=1}^{N} \left(\tilde{s}_{n(k+1)} - \tilde{s}_{nk}\right)^{\Omega_n} > \frac{2^{\Omega} \prod_{n=1}^{N} \Omega_n^{\Omega_n}}{\left(\left(2^K - 1\right)\Omega\right)^{\Omega}} \tag{4-14}$$

可得，$\forall k \in \left\{0, 1, \cdots, 2^K - 2\right\}$，如下不等式成立：

$$\sum_{n=1}^{N} \tilde{s}_{n(k+1)} - \sum_{n=1}^{N} \tilde{s}_{nk} > 2 / (2^K - 1) \tag{4-15}$$

则对于 $k = 1, 2, \cdots, 2^K - 1$，有

$$\sum_{n=1}^{N} \tilde{s}_{nk} > 2k/\left(2^{K}-1\right) + k\sum_{n=1}^{N} \tilde{s}_{n0} \tag{4-16}$$

然后，对 k 求和，可以导出

$$\sum_{k=0}^{2^{K}-1}\sum_{n=1}^{N} \tilde{s}_{nk} > 2\sum_{k=0}^{2^{K}-1}\frac{K}{2^{K}-1} + \left(1+\frac{2^{K}\left(2^{K}-1\right)}{2}\right)\sum_{n=1}^{N} \tilde{s}_{n0}$$

$$= 2^{K} + \left(1+\frac{2^{K}\left(2^{K}-1\right)}{2}\right)\sum_{n=1}^{N} \tilde{s}_{n0} \geqslant 2^{K} \tag{4-17}$$

可以看到，与给定的功率约束 $\frac{1}{2^{K}}\sum_{k=0}^{2^{K}-1}\sum_{n=1}^{N} s_{nk} = 1$ 相矛盾。因此，假设成立。通过计算可知，上界可由如下星座达到：

$$\mathcal{S}_{\text{opt}} = \{k\boldsymbol{w}\}_{k=0}^{k=2^{K}-1}, \quad \boldsymbol{w} = \frac{2\left[\varOmega_{1},\cdots,\varOmega_{N}\right]^{\text{T}}}{\varOmega\left(2^{K}-1\right)} \tag{4-18}$$

因此，$\mathcal{S}_{\text{opt}}$ 为求解的最优星座。

定理 4-1 证明完毕。

此时，对于一般的 MIMO-VLC 系统，我们设计了最优的空间多维星座。对于该设计，说明如下。

(1) RC 最优性证明。文献[19]～文献[21]中的数值结果显示，RC 在对数高斯信道中具有优异的传输性能。人们进一步猜想其可能为最优的空间多维星座，甚至是最优的空时码。然而，其严格的数学证明是一个悬而未决的问题，其主要原因是没有可行的信号设计准则来指导人们系统地设计空间星座。因此，我们的最优设计事实上也解决了 RC 最优性证明这一难题。图 4-1 所示为对应的场景实例。

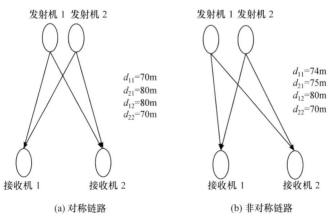

(a) 对称链路　　　　　　　　　　(b) 非对称链路

图 4-1　信道参数实际场景实例

(2) 分集最优星座。最优设计告诉我们，最优的星座为在空间维度上对 PAM 星座进行最优功率分配。我们给出的分集最优空间编码(diversity-optimal space code, DOSC)需要发送端仅需已知 Ω_n/Ω ，$n = 1, 2, \cdots, N$ ，而非每个信道元素的方差本身。需要指出的是，所给出的方案在所有的多维非负星座中可以实现分集增益最大化，其最优意义是针对最大化大尺度分集增益和小尺度分集增益而言的。另外，可以看出，当大尺度和小尺度分集增益优化完毕之后，不存在可进一步优化的自由变量。

(3) 功率分配的物理解释。DOSC 中的功率分配矢量为

$$w = \frac{2\left[\sum_{i=1}^{M}\sigma_{1j}^{-2}, \cdots, \sum_{i=1}^{M}\sigma_{Nj}^{-2}\right]^{\mathrm{T}}}{(2^K - 1)\sum_{j=1}^{N}\sum_{i=1}^{M}\sigma_{ij}^{-2}} \tag{4-19}$$

具体利用电路实现该功率分配方案时，其原理类似于电路理论中的欧姆定律，如图 4-2 所示。

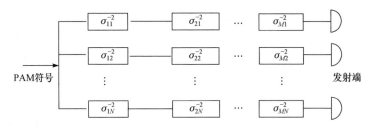

图 4-2　最优空间星座 DOSC 的原理框图

4.2.4　检测准则

注意到，DOSC 对应的等效 MIMO 信道模型为

$$y = Hwk + n, \quad 0 \leqslant k \leqslant 2^K - 1 \tag{4-20}$$

下面对比分析 DOSC 以及传统 MIMO 系统最大似然接收机的复杂度。

1. 传统 MIMO 信道最大似然接收机复杂度分析

对于一般的 MIMO 信道 $y = Hs + n$ ，其中，$s \in \mathcal{S}$ ，且 $\mathcal{S}$ 的元素数目为 2^K ，则传统的最大似然接收机的输出为如下优化问题的解：

$$\hat{s} = \arg\min_{s \in \mathcal{S}} \|y - Hs\|_2^2 \tag{4-21}$$

为了得到最优估计，接收机需要对集合 $\{\|y - Hs\|_2 : s \in \mathcal{S}\}$ 的 2^K 个元素进行穷搜索，然后确定其中的最小元素对应的信号矢量。因此，传统最大似然接收机的复杂度为 $O(MN2^K)$ 。

2. 最优设计的快速最大似然检测复杂度分析

对于我们设计的 DOSC 而言，发射信号 $s = wk$ 的最优估计等价于求解一个非负整数 $\hat{k}$，满足如下关系：

$$
\begin{aligned}
\hat{k} &= \arg\min_{0 \leqslant k \leqslant 2^K - 1} \left\| y - Hwk \right\|_2^2 \\
&= \arg\min_{0 \leqslant k \leqslant 2^K - 1} \left(k^2 \left\| Hwk \right\|_2^2 - 2ky^\mathrm{T} Hw + \left\| y \right\|_2^2 \right) \\
&= \arg\min_{0 \leqslant k \leqslant 2^K - 1} \left(\left\| Hw \right\|_2^2 \times \left| k - \frac{y^\mathrm{T} Hw}{\left\| Hw \right\|_2^2} \right|^2 - \frac{\left(y^\mathrm{T} Hw \right)^2}{\left\| Hw \right\|_2^2} + \left\| y \right\|_2^2 \right) \\
&= \arg\min_{0 \leqslant k \leqslant 2^K - 1} \left| k - \frac{y^\mathrm{T} Hw}{\left\| Hw \right\|_2^2} \right|
\end{aligned}
\tag{4-22}
$$

其中，最后一个等式之所以成立，是因为 y 和 Hw 均与自由变量 k 无关。这一结果告诉我们，DOSC 的最优接收机等价于迫零接收机。因此，给定接收信号时，可以根据如下算法对发射信号进行快速最大似然估计。

算法 4-1　最大似然估计算法

给定接收信号 y 和非零信道矩阵 H，DOSC $\mathcal{S}_{\mathrm{opt}}$ 的最大似然估计由式(4-23)决定：

$$
\hat{s}_k = \begin{cases}
\mathbf{0}, & \dfrac{y^\mathrm{T} Hw}{\left\| Hw \right\|_2^2} < 0 \\[3mm]
\left\lfloor \dfrac{y^\mathrm{T} Hw}{\left\| Hw \right\|_2^2} + \dfrac{1}{2} \right\rfloor w, & 0 \leqslant \dfrac{y^\mathrm{T} Hw}{\left\| Hw \right\|_2^2} \leqslant 2^K - 1 \\[3mm]
\left(2^K - 1 \right) w, & \dfrac{y^\mathrm{T} Hw}{\left\| Hw \right\|_2^2} > 2^K - 1
\end{cases}
\tag{4-23}
$$

由最大似然估计算法可知，我们所设计的 DOSC 的最大似然估计的复杂度为 $O(MN)$。因此，DOSC 的最大似然估计具有较低的复杂度，且其复杂度与星座大小无关。

4.3　加性唯一可分解理论星座组

4.3.1　加性唯一可分解理论

为了解决 N 个用户同时从和信号中提取期望信号分量的问题，首先给出加性唯一可分解星座组(additively uniquely decomposable constellation group，AUDCG)

的思想。然后，基于和信号星座最小欧氏距离最大化准则设计最优的 AUDCG。

1. 加性唯一可分解星座组定义及性质

在正式给出加性唯一可分解星座组定义之前，首先考虑如下特例。

例 4-1 考虑一个两用户广播信道模型。当 $N=2$ 时，发射端在同一时隙内向用户 1 和用户 2 分别发射符号 x_1 和 x_2，其中，x_1 和 x_2 分别属于集合 $\mathcal{X}_1=\{0,1\}$ 和 $\mathcal{X}_2=\{1,2\}$。该星座对构成的和星座为 $\mathcal{G}=\mathcal{X}_1+\mathcal{X}_2=\{1,2,3\}$。如果在用户 1 的接收端，对和信号的最大似然估计严格等于发射的和信号，如 $\hat{g}^{(1)}=2$，那么即使在无噪声的情况下，用户 1 也不能判别发射的信号矢量是 $(0,2)$ 还是 $(1,1)$。更不用说，用户 1 能够从和信号 y_1 中唯一识别 $\hat{x}_1^{(1)}$ 和 $\hat{x}_2^{(1)}$。

上述实例启发我们提出如下加性唯一可分解星座组的概念。

定义 4-1 一组星座 $\mathcal{X}_i$ ($i=1,2,\cdots,N$) 被称为加性唯一可分解星座组，若对于任意的 $x_i,\tilde{x}_i \in \mathcal{X}_i$ 满足 $\sum_{i=1}^{N}x_i=\sum_{i=1}^{N}\tilde{x}_i$ 时，有 $x_i=\tilde{x}_i$ 对于 $i=1,2,\cdots,N$ 都成立。

我们从 AUDCG 的定义可知，AUDCG 中的 N 个子星座 $\mathcal{X}_i$ 可以生成一个和信号星座 $\left\{\sum_{i=1}^{N}x_i : x_i \in \mathcal{X}_i\right\}$。为了叙述方便，约定如下：

$$\mathcal{X}_1 \uplus \mathcal{X}_2 \uplus \cdots \uplus \mathcal{X}_N = \left\{\sum_{i=1}^{N}x_i : x_i \in \mathcal{X}_i\right\} \tag{4-24}$$

另外，如果每个子星座的大小有限，那么 AUDCG $\mathcal{X}_1 \uplus \mathcal{X}_2 \uplus \cdots \uplus \mathcal{X}_N$ 满足：

$$|\mathcal{X}_1 \uplus \mathcal{X}_2 \uplus \cdots \uplus \mathcal{X}_N| = \prod_{i=1}^{N}|\mathcal{X}_i| \tag{4-25}$$

其中，正整数 $|\mathcal{X}|$ 表示有限集合 $\mathcal{X}$ 元素的个数。故而，可以得出如下性质。

性质 4-1 假设 $\mathcal{X}_i$ 为有限集合，令

$$\mathcal{G} = \left\{\sum_{i=1}^{N}x_i : x_i \in \mathcal{X}_i, i=1,2,\cdots,N\right\} \tag{4-26}$$

则当且仅当 $|\mathcal{G}|=\prod_{i=1}^{N}|\mathcal{X}_i|$ 时，$\mathcal{G}=\mathcal{X}_1 \uplus \mathcal{X}_2 \uplus \cdots \uplus \mathcal{X}_N$ 成立。

性质 4-1 告诉我们，一个 AUDCG 大星座可以唯一分解为一组小星座之和。下面给出两个特例来阐述加性唯一可分解星座组的思想。

例 4-2 星座对 $\mathcal{X}_1=\{0,3\}$ 和 $\mathcal{X}_2=\{1,2\}$ 构成 AUDCG $\mathcal{G}=\mathcal{X}_1 \uplus \mathcal{X}_2$，其中：

$$\mathcal{G}=\mathcal{X}_1+\mathcal{X}_2=\{1,2,4,5\} \tag{4-27}$$

因此，任意给定 $g \in \mathcal{G}$ 时，可以把 g 唯一分解为两个数 $x_1 \in \mathcal{X}_1$ 和 $x_2 \in \mathcal{X}_2$，其中，$g = x_1 + x_2$。例如，$1 \in \mathcal{G}$ 可以唯一分解为 $0 \in \mathcal{X}_1$ 和 $1 \in \mathcal{X}_2$ 之和。

例 4-3　TDMA[9]。在 N 个连续时隙内，第 i 个时隙分配给用户 i，其信号星座为 $\mathcal{S}_i = \{m\}_{m=0}^{m=2^{NK_i}-1}$，$K_i \geqslant 1$。令 $\boldsymbol{e}_i$ 为 $N \times N$ 单位阵的第 i 列，则发射端的信号矢量为

$$\boldsymbol{x} = \frac{2\sum_{i=1}^{N} x_i}{\sum_{i=1}^{N} 2^{NK_i} - N} \tag{4-28}$$

由 AUDCG 的定义可知，$\mathcal{X}_i = \{s_i \boldsymbol{e}_i, s_i \in \mathcal{S}_i\}$，$i = 1, 2, \cdots, N$ 可以构成矢量形式的 AUDCG，其中：

$$\begin{aligned} \mathcal{G} &= \mathcal{X}_1 \uplus \mathcal{X}_2 \uplus \cdots \uplus \mathcal{X}_N \\ &= \left\{ \sum_{i=1}^{N} s_i \boldsymbol{e}_i, s_i \in \mathcal{S}_i \right\} \end{aligned} \tag{4-29}$$

本章主要考虑一维星座的加性唯一可分解星座组。由于在无线光通信中信号要求为非负实数，即单极性和信号星座 $\mathcal{G}$ 为 $\mathbb{R}_+$ 的子集，$\mathcal{G} \subseteq \mathbb{R}_+$，其中，$\mathbb{R}_+$ 为所有非负实数的集合。一般来讲，AUDCG 的存在性并不唯一。即给定一个 AUDCG $\mathcal{G}$ 时，会有多种加性唯一可分解的组合。例如：

$$\begin{aligned} \{0,1,2,3\} &= \{0\} \uplus \{0,1,2,3\} \\ &= \{0,1\} \uplus \{0,2\} \end{aligned} \tag{4-30}$$

那么，如何设计最优的 AUDCG 呢？

2. 最优一维 AUDCG 设计

本节将给出 AUDCG 的具体设计准则，并基于该准则设计最优的 AUDCG。

给定接收信号 y_n，基于最大似然检测接收机对 AUDCG $\mathcal{G}$ 进行检测时，其传输性能由 AUDCG $\mathcal{G}$ 的最小欧氏距离决定。因此，为了优化最大似然接收机的接收性能，最优的 AUDCG $\mathcal{G}$ 应该在光功率受限条件下最大化 $\min_{g \neq \tilde{g}, g, \tilde{g} \in \mathcal{G}} |g - \tilde{g}|$。因此，最优 AUDCG $\mathcal{G}$ 的设计问题如下。

优化问题 4-3　假设 K 为任意给定的正整数，且 $K \geqslant N$，则对于满足 $\sum_{i=1}^{N} K_i = K$ 的正整数 $K_1, K_2, \cdots, K_N$，设计一个 AUDCG $\mathcal{G} = \mathcal{X}_1 \uplus \mathcal{X}_2 \uplus \cdots \uplus \mathcal{X}_N \subseteq \mathbb{R}_+$，满足：① $|\mathcal{X}_i| = 2^{K_i}$；②在最小欧氏距离 $\min_{g \neq \tilde{g}, g, \tilde{g} \in \mathcal{G}} |g - \tilde{g}| = 1$ 时，最小化 $\dfrac{1}{2^K} \sum_{g \in \mathcal{G}} g$。

定理 4-2　优化问题 4-3 的最优解为

$$\mathcal{G} = \mathcal{X}_1 \uplus \mathcal{X}_2 \uplus \cdots \uplus \mathcal{X}_N = \{m\}_{m=0}^{m=2^K-1}$$

$$\mathcal{X}_1 = \{m\}_{m=0}^{m=2^{K_1}-1} \tag{4-31}$$

$$\mathcal{X}_n = \left\{ m \times 2^{\sum_{i=1}^{n-1} K_i} \right\}_{m=0}^{m=2^{K_n}-1}, \quad 2 \leqslant n \leqslant N$$

证明　通过计算可以得到 $|\mathcal{X}_i| = 2^{K_i}$，则 $|\mathcal{G}| = 2^K = \prod_{i=1}^{N} |\mathcal{X}_i|$。另外，对于任意的 $x_i \in \mathcal{X}_i$，有

$$0 \leqslant \sum_{i=1}^{N} x_i$$

$$\leqslant \sum_{i=1}^{N} (\max_{x \in \mathcal{X}_i} x)$$

$$= 2^{K_1} - 1 + 2^{K_2+K_1} - 2^{K_1} + \cdots + 2^{\sum_{i=1}^{N} K_i} - 2^{\sum_{i=1}^{N-1} K_i}$$

$$= 2^K - 1 \tag{4-32}$$

从而 $\sum_{i=1}^{N} x_i \in \mathcal{G}$。因此，有

$$\mathcal{X}_1 + \mathcal{X}_2 + \cdots + \mathcal{X}_N \subseteq \mathcal{G} \tag{4-33}$$

另外，由 $|\mathcal{G}| = \prod_{i=1}^{N} |\mathcal{X}_i|$ 可知：

$$\mathcal{X}_1 + \mathcal{X}_2 + \cdots + \mathcal{X}_N = \mathcal{G} \tag{4-34}$$

然后，由性质 4-1 可知，$\mathcal{G} = \mathcal{X}_1 \uplus \mathcal{X}_2 \uplus \cdots \uplus \mathcal{X}_N$。现在，我们考虑：

$$\tilde{\mathcal{G}} = \tilde{\mathcal{X}}_1 \uplus \tilde{\mathcal{X}}_2 \uplus \cdots \uplus \tilde{\mathcal{X}}_N \subseteq \mathbb{R}_+ \tag{4-35}$$

$\min_{g \neq \hat{g}, g, \hat{g} \in \tilde{\mathcal{G}}} |g - \hat{g}| = 1$，且 $|\tilde{\mathcal{X}}_i| = 2^{K_i}$。不失一般性，我们假设 $\tilde{\mathcal{G}}$ 的 2^K 个元素从小到大满足 $0 \leqslant g_0 < g_1 < \cdots < g_{2^K-1}$。由于 $\min_{g \neq \hat{g}, g, \hat{g} \in \tilde{\mathcal{G}}} |g - \hat{g}| = 1$，$g_{i+1} - g_i \geqslant 1$ 对 $0 \leqslant i \leqslant 2^K - 2$ 都成立。所以：

$$\sum_{g \in \tilde{\mathcal{G}}} g \geqslant \sum_{i=1}^{2^K-1} i + g_0 \geqslant \sum_{i=1}^{2^K-1} i \tag{4-36}$$

当 $\tilde{\mathcal{G}} = \mathcal{G}$ 时等式成立。因此，本章所给方案是能量效率最优的 AUDCG。

证明完毕。

我们注意到，所给的 AUDCG 可以被很灵活地分解为一组具有不同光功率和

元素个数的子星座。这一结果允许我们根据不同用户的优先级来分配功率和信息。具体来说有如下三种策略。

(1) 用户速率相同，功率不同。考虑如下两种特例：

$$K_1 = K_2 = 1, \quad N = 2$$
$$\mathcal{G} = \{0,1,2,3\}, \quad \mathcal{X}_1 = \{0,1\}, \quad \mathcal{X}_2 = \{0,2\} \tag{4-37}$$

$$K_1 = K_2 = K_3 = K_4 = 1, \quad N = 2$$
$$\mathcal{G} = \{m\}_{m=0}^{m=15}, \quad \mathcal{X}_1 = \{0,1\} \tag{4-38}$$
$$\mathcal{X}_2 = \{0,2\}, \quad \mathcal{X}_3 = \{0,4\}, \quad \mathcal{X}_4 = \{0,8\}$$

(2) 低速率用户分配较多功率。此时，给出如下两个例子：

$$K_1 = 3, \quad K_2 = 1, \quad N = 2$$
$$\mathcal{G} = \{m\}_{m=0}^{m=15}, \quad \mathcal{X}_1 = \{m\}_{m=0}^{m=7}, \quad \mathcal{X}_2 = \{0,8\} \tag{4-39}$$

$$K_1 = K_2 = 3, \quad K_3 = 2, \quad K_4 = 1, \quad N = 3$$
$$\mathcal{G} = \{m\}_{m=0}^{m=63}, \quad \mathcal{X}_1 = \{m\}_{m=0}^{m=7} \tag{4-40}$$
$$\mathcal{X}_2 = \{0,8,16,24\}, \quad \mathcal{X}_3 = \{0,32\}$$

(3) 高速率用户分配较多功率。为此，我们考虑如下两种特例：

$$K_1 = 1, \quad K_2 = 3, \quad N = 2$$
$$\mathcal{G} = \{m\}_{m=0}^{m=15}, \quad \mathcal{X}_1 = \{0,1\}, \quad \mathcal{X}_2 = \{2m\}_{m=0}^{m=7} \tag{4-41}$$

$$K_1 = 1, \quad K_2 = 2, \quad K_3 = 3, \quad K_4 = 1, \quad N = 3$$
$$\mathcal{G} = \{m\}_{m=0}^{m=63}, \quad \mathcal{X}_1 = \{0,1\} \tag{4-42}$$
$$\mathcal{X}_2 = \{0,2,4,6\}, \quad \mathcal{X}_3 = \{8m\}_{m=0}^{m=7}$$

3. 低复杂度接收机

定理 4-2 告诉我们，任意给定星座 $\mathcal{G} \subseteq \mathbb{R}_+$，最优的一维 AUDCG 为一个 2^K 阶的等间隔 PAM 星座。该星座的一个显著优势是具有快速解调算法。

算法 4-2　快速解调算法

给定接收信号 y_n，$n = 1,2,\cdots,N$，g 在用户 n 的最优最大似然估计可以通过式(4-43)得到

$$\hat{g}^{(n)} = \begin{cases} 0, & y_n \leqslant 0 \\ \lfloor y_n + 1/2 \rfloor, & 0 < y_n \leqslant 2^K - 1 \\ 2^K - 1, & y_n > 2^K - 1 \end{cases} \tag{4-43}$$

用户 n 可以从 g 中估计发射的和信号 $\hat{g}^{(n)}$。然后，由 AUDCG 的定义，可知存在唯一的一组信号 $\hat{x}_i^{(n)} \in \mathcal{X}_i$ 分量满足 $\hat{g}^{(n)} = \sum_{i=1}^{N} \hat{x}_i^{(n)}$。通过充分利用加性唯一可分

解特性，可得

$$\hat{x}_1^{(n)} = \hat{g}^{(n)} \bmod 2^{K_1}, \quad \hat{x}_2^{(n)} = 2^{K_1}\left(\frac{\hat{g}^{(n)} - \hat{g}^{(n)} \bmod 2^{K_1}}{2^{K_1}} \bmod 2^{K_2}\right) \tag{4-44}$$

进一步地，可得到如下快速译码算法。

算法 4-3　快速译码算法

令 $\hat{g}^{(n)}$ 为用户 n 对和信号 g 的最优估计，则用户 n 对 x_i 的估计，即 $\hat{x}_i^{(n)}$ 可以表示为

$$\hat{x}_1^{(n)} = \hat{g}^{(n)} \bmod 2^{K_1}$$

$$\hat{x}_i^{(n)} = 2^{\sum_{l=1}^{i-1}K_l}\left(\frac{\hat{g}^{(n)} - \hat{g}^{(n)} \bmod 2^{\sum_{l=1}^{i-1}K_l}}{2^{\sum_{l=1}^{i-1}K_l}} \bmod 2^{K_i}\right) \tag{4-45}$$

其中，$2 \leqslant i \leqslant N$。

　　需要指出的是，本章给出的最优 AUDCG 是在未对非负信号添加任何附加假设的前提下，在所有非负信号集合中得到的，且证明为 PAM 星座。这一性质使得可以针对所设计的最优 AUDCG 给出复杂度较低的接收机。多用户的信号设计从本质上来说是设计一个信号集合，使每个用户接收端的欧氏距离尽可能大。本章的设计正是基于这一准则得到的。传统上的多址方式，往往需要借助于多个维度的信号设计，如 CDMA、TDMA 等，本章的 AUDCG 的设计可以看作一种最优的一维非正交多址方案。

4.3.2　超奈奎斯特多用户多小区方案

　　典型的室内可见光通信系统(图 4-3)包括多个 LED 光源。N 个 LED 光源按照一定的布局分布来满足室内照明的需求，同时不影响可见光通信中用户传输信息的需求，每一个 LED 光源都可以作为光通信中的一个基站。在一个房间中共有 M 个用户终端需要通信，且每一个用户只有一个 PD 检测，因此可以定义这样一个系统为多用户可见光通信空间关联编码多址系统。假设不同的 LED 光源之间传输的符号是相互独立的，每个用户需求的信息可以是一个 LED、数个 LED 或者全部 LED 光源。信息传递到每个用户的路径是灵活可变的，以此来满足不同的通信需求。

　　假设室内环境中主要是视距传输，则可以得到第 j 个 LED 灯到第 k 个用户接收 PD 之间的信道增益。因为每个用户都能接收到多个 LED 发送端发送的信号，传输到某一特定用户的信息可能会干扰其他的用户通信，所以严重降低了系统的性能。解决以上问题的一种有效的方法就是正交多址传输，如 TDMA 和 FDMA。

例如，在 TDMA 传输系统中，所有的 LED 发送端在时间上同步，任意传输时刻只有一个发送端在传递信息以确保在时间上的正交。假设在光通信传输过程中 LED 的线性失真在电域里通过预失真技术得到了补偿，则对于第 k 个用户来说，在 TDMA 传输系统中其接收信号可以表示为

$$w^{(k)}(t) = \frac{P_1}{E_1} \sum_{j=1}^{N} \sum_{q=1}^{Q} h_j^{(k)} x_{j,q} g\left(t - \left((q-1)N + j - 1\right)T\right) + n^{(k)}(t) \tag{4-46}$$

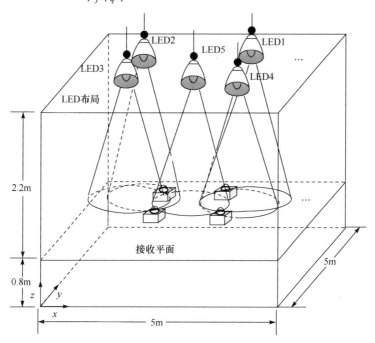

图 4-3　典型室内可见光通信系统模型

其中，P_1 为平均传输功率；T 为符号传输周期；$n^{(k)}(t)$ 为传输中散射噪声和放大器的热噪声的和，其统计均值为 0，方差为 σ^2；$x_{j,q}$ 为第 j 个 LED 发送端发送的第 q 个符号；Q 为每个 LED 发送端传输的符号长度，同时，每个符号独立同分布于 2^{P_1} 阶的 PAM 星座，则其平均能量为 $E_1 = (2^{P_1} - 1)/2$；$g(t)$ 为单位能量成型脉冲，假设其带宽限制为 $[0, B]$，时间限制为 $[0, T]$。简单地，这里假设 $g(t)$ 为矩形脉冲。

　　本节提出了针对多用户可见光通信空间关联多址传输系统的超奈奎斯特 (faster-than-Nyquist，FTN)信号设计，主要用来消除用户间干扰，同时所有的传输天线是相互独立的，如图 4-4 所示。在传的 N 路信号中，第 j 路传输信号相比于第 $j+1$ 路传输信号来说有一个 T/N 的延时，$j=1,2,\cdots,N-1$。与 TDMA 广播传

输系统不同的是，TDMA 系统中信号传输在时间上是正交的，每个时隙只有一个天线在发送信号，每个用户都能接收多个发送端发送的信息而不存在干扰，但是在本节提出的 FTN 信号设计中每个用户终端接收到的是来自多个 LED 光源的混合信号，而需要检测出需要的信息。因此，其第 k 个接收用户接收到的信号可以表示为

$$r^{(k)}(t)=\frac{P_2}{E_2}\sum_{j=1}^{N}\sum_{l=1}^{L}h_j^{(k)}y_{j,l}g\big(t-(l-1)T-\zeta T\big)+n^{(k)}(t) \tag{4-47}$$

其中，P_2 为每个 LED 发送天线的平均传输功率；$\zeta=\dfrac{j-1}{N},j=1,2,\cdots,N$；$y_{j,l}$ 为第 j 个 LED 发送端发送的第 l 个传输符号；L 为每个 LED 发送天线传输的符号长度。每个天线传输的符号独立同分布于 2^{P_2} 阶 PAM 星座，其平均能量为 $E_2=(2^{P_2}-1)/2$。由于可见光通信将照明和通信相融合，信号调制不能引起光闪烁，这点很重要。在本节提出的 FTN 信号设计系统中，由于每个 LED 灯采用的是 OOK 或更高阶数的 PAM 调制，因此，那些克服光闪烁如线性编码等应用在可见光传输中的技术是可以应用到超奈奎斯特多用户多小区(faster-than-Nyquist multi-user multi-cell, FTNMM)系统中的，以保证传输中比特"1"和"0"的平衡。

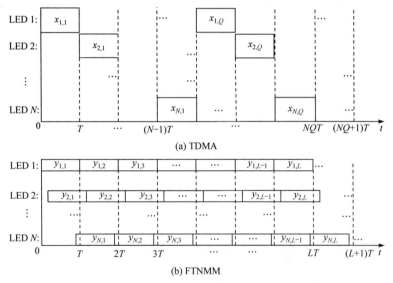

图 4-4 TDMA 和 FTNMM 传输系统中的信号结构

可以得知，两个连续符号之间的间隔为 T/N，是比最小的奈奎斯特时间间隔 T 要小的，因此提出的信号模型可以看作一种 FTN 传输信号设计。

可以计算得到，TDMA 的频谱利用率为

$$\eta_1=\rho_1 \tag{4-48}$$

同时，可以得到提出的 FTNMM 传输系统的频谱利用率为

$$\eta_2 = \frac{LN\rho_2}{\dfrac{LN+N-1}{N}} \tag{4-49}$$

当 L 足够大的时候，η_2 近似等于 $N\rho_2$。

4.3.3　多址系统性能分析

在 FTNMM 系统中，接收端得到的信号是 N 个 LED 发送端发送的信号的混合，并在接收端进行 T/N 的采样，则在接收端第 k 个接收用户在第 i 个采样时刻接收到的信号可以表示为

$$r_i^{(k)} = \frac{P}{E} \sum_{j=1}^{N} h_j^{(k)} s_{j,i} + n_i^{(k)} \tag{4-50}$$

其中，$s_{j,i} = \begin{cases} 0, j>i \ \text{或} \ i>j+LN-1 \\ y_{j,\left\lceil \frac{i+1-j}{N}\right\rceil}, \ \text{其他} \end{cases}$，$i=1,2,\cdots,LN+N-1$，且 $\lceil \cdot \rceil$ 为上界函数。

在第 i 个采样时刻接收到的信号与 N 个相邻的传输符号有关。因此，符号间干扰不可避免。处理符号间干扰最优的检测方式是最大似然序列检测(maximum likelihood sequence estimation，MLSE)。对于第 k 个用户的接收信号向量，其平方欧氏距离可以表示为

$$d_{\text{free}}^2 = \left(\frac{P_2}{E_2}\right)^2 \sum_{i=1}^{LN+N-1} \left| \sum_{j=1}^{N} h_j^{(k)} s_{j,i} - \sum_{j=1}^{N} h_j^{(k)} \hat{s}_{j,i} \right|^2 \tag{4-51}$$

为标记方便，我们定义最小平方欧氏距离如下：

$$\mathcal{M} = \min_{\boldsymbol{y} \neq \hat{\boldsymbol{y}}} \sum_{i=1}^{LN+N-1} \left(\frac{P_2}{E_2}\right)^2 \left| \sum_{j=1}^{N} h_j^{(k)} s_{j,i} - \sum_{j=1}^{N} h_j^{(k)} \hat{s}_{j,i} \right|^2 \tag{4-52}$$

定理 4-3　给定信道 $h_1^{(k)} = h_2^{(k)} = \cdots = h_N^{(k)}$，在 OOK 调制下，$\mathcal{M}$ 不随 N 和 L 的增大而改变，即 $\mathcal{M} = 2\left(\dfrac{P_2 h_1^{(k)}}{E_2}\right)^2$。特别地，当 $h_j^{(k)}=1$，$j=1,2,\cdots,N$ 时，$\mathcal{M} = 2\left(\dfrac{P_2}{E_2}\right)^2$。

证明　给定信道 $h_1^{(k)} = h_2^{(k)} = \cdots = h_N^{(k)}$，则可以得到

$$\mathcal{M} = \left(\frac{P_2 h_1^{(k)}}{E_2}\right)^2 \min_{\boldsymbol{y} \neq \hat{\boldsymbol{y}}} \sum_{i=1}^{LN+N-1} \left| \sum_{j=1}^{N} s_{j,i} - \sum_{j=1}^{N} \hat{s}_{j,i} \right|^2 \tag{4-53}$$

令 $\bar{\mathcal{M}} = \sum_{i=1}^{LN+N-1} \left| \sum_{j=1}^{N} s_{j,i} - \sum_{j=1}^{N} \hat{s}_{j,i} \right|^2$，则可以得到 $\bar{\mathcal{M}}$ 的展开式：

$$\bar{M} = \sum_{i=1}^{N} \left(\sum_{j=1}^{i} e_{j,\left\lceil \frac{i+1-j}{N} \right\rceil} \right)^2 + \sum_{i=N+1}^{2N} \left(\sum_{j=1}^{N} e_{j,\left\lceil \frac{i+1-j}{N} \right\rceil} \right)^2 + \sum_{i=2N+1}^{3N} \left(\sum_{j=1}^{N} e_{j,\left\lceil \frac{i+1-j}{N} \right\rceil} \right)^2 + \cdots$$

$$+ \sum_{i=LN-N+1}^{LN} \left(\sum_{j=1}^{N} e_{j,\left\lceil \frac{i+1-j}{N} \right\rceil} \right)^2 + \sum_{i=LN+1}^{LN+N-1} \left(\sum_{j=2}^{N} e_{j,\left\lceil \frac{i+1-j}{N} \right\rceil} \right)^2 \tag{4-54}$$

其中，$e_{j,l} \in \{0, \pm 1\}$，$1 \leqslant j \leqslant N$，$1 \leqslant l = \left\lceil \dfrac{i+1-j}{N} \right\rceil \leqslant L$，$\lceil \cdot \rceil$ 为上界函数。$e = [e_{1,1}, \cdots, e_{N,1}, e_{1,2}, \cdots, e_{N,2}, \cdots, e_{1,L}, \cdots, e_{N,L}] \neq \mathbf{0}$。然后可以将 e 所有可能的取值范围划分成 $L+1$ 部分：

$$\mathcal{M}_1 = \sum_{i=1}^{N} \left(\sum_{j=1}^{i} e_{j,\left\lceil \frac{i+1-j}{N} \right\rceil} \right)^2$$

$$\mathcal{M}_2 = \sum_{i=N+1}^{2N} \left(\sum_{j=1}^{N} e_{j,\left\lceil \frac{i+1-j}{N} \right\rceil} \right)^2$$

$$= (e_{1,2} + e_{2,1} + \cdots + e_{N-1,1} + e_{N,1})^2 + (e_{1,2} + e_{2,2} + \cdots + e_{N-1,1} + e_{N,1})^2$$

$$+ \cdots + (e_{1,2} + e_{2,2} + \cdots + e_{N,2})^2$$

$$\cdots$$

$$\mathcal{M}_L = \sum_{i=LN-N+1}^{LN} \left(\sum_{j=1}^{N} e_{j,\left\lceil \frac{i+1-j}{N} \right\rceil} \right)^2$$

$$= (e_{1,L} + e_{2,L-1} + \cdots + e_{N-1,L-1} + e_{N,L-1})^2 + (e_{1,L} + e_{2,L} + \cdots + e_{N-1,L-1} + e_{N,L-1})^2 + \cdots$$

$$+ (e_{1,L} + e_{2,L} + \cdots + e_{N-1,L} + e_{N,L})^2$$

$$\mathcal{M}_{L+1} = \sum_{i=LN+1}^{LN+N-1} \left(\sum_{j=2}^{N} e_{j,\left\lceil \frac{i+1-j}{N} \right\rceil} \right)^2$$

$$\tag{4-55}$$

可以从中间部分发现，其结构形式一样。因此可以将分析分为以下三种情况。

(1) 当 $\mathcal{M}_2 = \mathcal{M}_3 = \cdots = \mathcal{M}_L = 0$ 时，即中间的 $L-1$ 部分全为 0。

① 如果 $e_{1,2} = \cdots = e_{1,L} = e_{2,1} = \cdots = e_{2,L} = e_{N,1} = \cdots = e_{N,L} = 0$，又 $e \neq \mathbf{0}$，则 $e_{1,1} = \pm 1$，因此得到 $\bar{M} = \mathcal{M}_1 = e_{1,1}^2 + (e_{1,1} + e_{2,1})^2 + \cdots + (e_{1,1} + e_{2,1} + \cdots + e_{N,1})^2 = N \geqslant 2$。

② 如果至少有一个错误出现在 $e_{1,2}, \cdots, e_{1,L}, e_{2,1}, \cdots, e_{2,L}, e_{N,1}, \cdots, e_{N,L}$ 中，则由于错误序列的周期性变化，有偶数个非零数(−1 或 1)出现在 $(e_{1,2}, e_{2,1}, e_{3,1}, \cdots, e_{N,1})$ 来保

证 $\mathcal{M}_2 = 0$。由于 $\mathcal{M}_1 = e_{1,1}^2 + (e_{1,1} + e_{2,1})^2 + \cdots + (e_{1,1} + e_{2,1} + \cdots + e_{N,1})^2$ 的结构是阶梯性的，所以 $\mathcal{M}_1$ 的 N 项中至少有一项有奇数个非零数，则 $\mathcal{M}_1 \geqslant 1$，同理，可以得知在 $(e_{1,L}, e_{2,L}, e_{3,L}, \cdots, e_{N,L})$ 中有偶数个非零数来保证 $\mathcal{M}_L = 0$ 成立，则 $\mathcal{M}_{L+1} = (e_{2,L} + e_{3,L} + \cdots + e_{N,L})^2 + (e_{3,L} + e_{4,L} + \cdots + e_{N,L})^2 + \cdots + e_{N,L}^2 \geqslant 1$。因此，可以得到 $\bar{\mathcal{M}} \geqslant \mathcal{M}_1 + \mathcal{M}_{L+1} \geqslant 1 + 1 = 2$。

(2) 有且仅有一个非零部分在中间 $L-1$ 部分中。

假设 $\mathcal{M}_{k_1} > 0$，$2 \leqslant k_1 \leqslant L$。如果 $\mathcal{M}_{k_1} \geqslant 2$，则 $\bar{\mathcal{M}} \geqslant 2$。如果 $\mathcal{M}_{k_1} = 1$，则在 $\mathcal{M}_{k_1}$ 中只有一项是为 1 的，其余 $N-1$ 项是等于 0 的。不失一般性，假设 $(e_{1,k_1} + e_{2,k_1-1} + \cdots + e_{N,k_1-1})^2 = 1$，由于 $\mathcal{M}_2 = \mathcal{M}_3 = \cdots = \mathcal{M}_{k_1-1} = 0$ 和 $\mathcal{M}_{k_1+1} = \cdots = \mathcal{M}_L = 0$，其中两部分的错误类型也存在周期性变化且周期是 N，即 $e_{1,2} = e_{1,3} = \cdots = e_{1,k_1-1}$，$e_{1,k_1} = e_{1,k_1+1} = \cdots = e_{1,L}$，$e_{2,1} = e_{2,2} = \cdots = e_{2,k_1-1}$，$e_{2,k_1} = e_{2,k_1+1} = \cdots = e_{2,L}$，$e_{3,1} = e_{3,2} = \cdots = e_{3,L}$，$\cdots$，$e_{N,1} = e_{N,2} = \cdots = e_{N,L}$。因此，可以得到有奇数个非零数($-1$ 或 1)在 $(e_{1,k_1}, e_{2,k_1-1}, \cdots, e_{N,k_1-1})$ 中来保证 $(e_{1,k_1} + e_{2,k_1-1} + \cdots + e_{N,k_1-1})^2 = 1$ 成立。

① 如果 $e_{1,k_1} = 0$，$e_{2,k_1-1} = 0$，则有奇数个非零数在 $(e_{3,k_1-1}, e_{4,k_1-1}, \cdots, e_{N,k_1-1})$ 中。由于错误序列周期性地变化，可以知道有奇数个非零数在 $(e_{3,1}, e_{4,1}, \cdots, e_{N,1})$ 中和 $e_{2,1} = 0$。由于 $\mathcal{M}_1 = e_{1,1}^2 + (e_{1,1} + e_{2,1})^2 + \cdots + (e_{1,1} + e_{2,1} + \cdots + e_{N,1})^2$，在 $\mathcal{M}_1$ 的 N 项中至少有一项有奇数个非零数，则 $\mathcal{M}_1 \geqslant 1$。同理可知 $\mathcal{M}_{L+1} \geqslant 1$。因此，可以得到 $\bar{\mathcal{M}} \geqslant \mathcal{M}_1 + \mathcal{M}_{k_1} + \mathcal{M}_{L+1} \geqslant 1 + 1 + 1 = 3$。

② 如果 $e_{1,k_1} = 1$ 或者 $e_{1,k_1} = -1$，$e_{2,k_1-1} = 0$，有偶数个非零数在 $(e_{3,k_1-1}, e_{4,k_1-1}, \cdots, e_{N,k_1-1})$ 中。由于在 $\mathcal{M}_{k_1}$ 中有 $N-1$ 项等于 0，则必有 $e_{2,k_1} = -e_{1,k_1}$ 来确保 $(e_{1,k_1} + e_{2,k_1} + e_{3,k_1-1} + \cdots + e_{N,k_1-1})^2 = 0$ 成立。由于错误序列周期性地变化，有偶数个非零数在 $(e_{2,L}, e_{3,L}, \cdots, e_{N,L})$ 中。由 $\mathcal{M}_{L+1} = (e_{2,L} + e_{3,L} + \cdots + e_{N,L})^2 + (e_{3,L} + e_{4,L} + \cdots + e_{N,L})^2 + \cdots + e_{N,L}^2$ 阶梯形的结构，可以得知 $\mathcal{M}_{L+1} \geqslant 1$，则 $\bar{\mathcal{M}} \geqslant \mathcal{M}_{k_1} + \mathcal{M}_{L+1} \geqslant 1 + 1 = 2$。

③ 如果 $e_{1,k_1} = 0$，$e_{2,k_1-1} = 1$ 或者 $e_{2,k_1-1} = -1$，则有偶数个非零数在 $(e_{3,k_1-1}, e_{4,k_1-1}, \cdots, e_{N,k_1-1})$ 中。同理可知 $\mathcal{M}_1 \geqslant 1$。因此，可以得到 $\bar{\mathcal{M}} \geqslant \mathcal{M}_1 + \mathcal{M}_{k_1} \geqslant 1 + 1 = 2$。

(3) 在中间的 $L-1$ 部分中至少有两部分是非零的。

不失一般性，假设 $\mathcal{M}_{k_2} > 0$，$\mathcal{M}_{k_3} > 0$，$2 \leqslant k_2, k_3 \leqslant L$，则可以得到 $\bar{\mathcal{M}} \geqslant \mathcal{M}_{k_2} + \mathcal{M}_{k_3} \geqslant 1 + 1 = 2$。

由此，定理 4-3 得到证明。

从定理 4-3 可以得出以下结论。

(1) 在 FTNMM 系统中全部的发送端发送的信号是相互独立的，信号之间不再正交，而最小平方欧氏距离不会随着传输天线数量的改变而改变，也就是说，全部的发送端发送信号可以看作独立的，当传输的数据长度足够长时，频谱利用率是单支路传输的 N 倍。

(2) 由于接收端采样率为 T/N，同样地，也可以得到 TDMA 传输系统的最小平方欧氏距离为 $N\left(\dfrac{P_1}{E_1}\right)^2$。

(3) 当传输的信道是非对称的或信号的调制阶数大于 2 时，对于 $\mathcal{M}$ 的闭式解的证明是很困难的，但是在这些情况下，FTNMM 传输系统也可以获得相似的性能，这点将通过仿真得到证明。

通过定理 4-3，对 FTNMM 传输系统和 TDMA 系统在相同的平均功率和频谱利用率下进行了比较。为了获得相同的频谱利用率，可以令

$$\rho_1 = N\rho_2 \tag{4-56}$$

由于在 TDMA 系统中 N 个传输天线在每个时刻只有一个传输信息，为获得相同的平均功率，令

$$P_1 = NP_2 \tag{4-57}$$

因此，FTNMM 系统相比于 TDMA 传输系统来说，通过计算可以获得其增益：

$$G = 10\lg\left(\frac{2P_2^2/E_2^2}{NP_1^2/E_1^2}\right) = 10\lg\frac{2\left(2^{N\rho_2}-1\right)^2}{N^3\left(2^{\rho_2}-1\right)^2} \tag{4-58}$$

表 4-1 给出了式(4-58)中的计算结果。从表 4-1 可以看出在不同的传输天线数和不同的调制阶数下 FTNMM 传输系统获得的增益，由此可知提出的信号设计随着传输天线数的增大或者调制阶数的增大获得更高的增益。然而，传输天线数、调制阶数或传输符号长度的增大，都会使最大似然序列检测算法复杂度呈指数增长，因此，有必要设计相应的快速迭代检测算法。

表 4-1　FTNMM 系统相比于 TDMA 系统的增益

传输天线数	FTNMM 调制方式	TDMA 调制方式	增益/dB
3	OOK	8-PAM	5.60
4	OOK	16-PAM	8.47
5	OOK	32-PAM	11.87
3	4-PAM	64-PAM	15.14
4	4-PAM	256-PAM	23.53
5	4-PAM	1024-PAM	32.69

4.3.4　多址系统快速检测

我们可以得到 $r_i^{(k)}$ 的第一部分可以由一个类似卷积编码的结构产生。卷积编码结构可以利用一个线性的 N 级移位寄存器通过 N 个相邻的传输符号获得。相比于第 i 个采样时刻来说，在第 $i+1$ 个采样时刻，这 N 个相邻的传输信号中只有一个符号发生了改变。同时可以发现，改变的符号是从第 1 个 LED 到第 N 个 LED发送的符号周期性地变化的。相比于传统的卷积编码来说，本节提出的信号设计系统的不同在于每一个传输符号需要乘以一定的权重，也就是相应的信道系数。同时，信道系数移位寄存器和符号传输移位寄存器移位是同步的，所以，FTNMM信号设计可以看作一个动态权重的卷积编码过程。

我们构造了一个网格图表，如图 4-5 所示，其由 N 级移位寄存器组成。初始状态下，所有的移位寄存器的状态是 0。例如，在第 i 个采样时刻时，$i=lN\ (1\leqslant l\leqslant L)$，在移位寄存器中是 N 个连续的传输符号 $[s_{N,lN},s_{N-1,lN-1},\cdots,s_{1,lN-N+1}]$，相应的信道系数寄存器中对应的是 $[h_N^{(k)},h_{N-1}^{(k)},\cdots,h_2^{(k)},h_1^{(k)}]$。则在第 $i+1$ 个采样时刻，输入符号是 $s_{1,lN+1}$，同时移位寄存器最右边的传输符号 $s_{1,lN-N+1}$ 被移出寄存器。然而，信道系数寄存器也进行循环移位，在第 $i+1$ 个采样时刻，其状态变成 $[h_1^{(k)},h_N^{(k)},h_{N-1}^{(k)},\cdots,h_2^{(k)}]$。因此在给定的信道 $\boldsymbol{h}$ 下，有 N 种不同的解码网格结构需要调用。

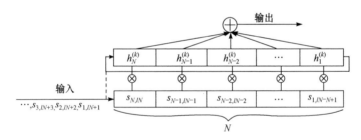

图 4-5　等效的动态卷积编码结构

在这种修改的维特比算法中，网格结构中各路径的度量选择的是最小欧氏距离。

下面比较最大似然序列检测算法和本节提出的算法的复杂度。当信号采用的是 2^{ρ_2} 阶 PAM 时，同时传输天线数为 N，每一路传输序列长度为 L，则通过最大似然序列检测算法需要 $2^{NL\rho_2}$ 次比较。然而，本节提出的图 4-5 所示的求解过程，由于提出的传输结构与卷积编码类似，所以 N 级移位寄存器可以生成一个网格图。在网格图中一共有 $LN+N-1$ 级，且每一级中有 $2^{(N-1)\rho_2}$ 个状态，因此，解码需要记录 $2^{(N-1)\rho_2}$ 条幸存路径和 $2^{(N-1)\rho_2}$ 个度量。在网格图中，每一级的每个状态都有 2^{ρ_2} 条路径进入且只保留一条路径。因此，每一级需要比较的次数是 $2^{\rho_2}\cdot 2^{(N-1)\rho_2}$，

总共需要 $(LN+N-1)2^{N\rho_2}$ 次比较。由此可知，相比于最大似然序列检测算法来说，图 4-5 的解码复杂度降低了很多。

虽然 FTNMM 传输系统可以很好地消除用户单元之间的干扰问题，但引入了更多的计算复杂度，本节提出的快速迭代算法的复杂度随着传输天线数 N 呈指数增长，但与传输序列长度呈线性增长。由于实际中室内用户终端的硬件约束，当 N 足够大时，FTNMM 传输系统较高的复杂度是无法接受的。

4.4 乘性唯一可分解星座组

本节主要阐述本章建立的唯一可分解星座组(uniquely factorable constellation group, UFCG)理论。

定义 4-2 对于一组星座对 $\mathcal{X}$ 和 $\mathcal{Y}$，若为唯一可分解星座对，则记作 $\mathcal{Y} \sim \mathcal{X}$，需要满足以下条件：如果 $\forall x, \tilde{x} \in \mathcal{X}$ 和 $\forall y, \tilde{y} \in \mathcal{Y}$，同时 $x\tilde{y} = \tilde{x}y$，则有 $x = \tilde{x}, \tilde{y} = y$。

为了便于理解这个定义，我们给出以下例子。

例 4-4 对于任意集合 $\mathcal{Y}$，如果给出 $\mathcal{X} = \{1\}$，则 $\mathcal{X}$ 和 $\mathcal{Y}$ 组成一个唯一可分解星座对。

为了方便进一步讨论，介绍以下关于唯一可分解星座对的两个性质。

性质 4-2 令 $\mathcal{X}$ 和 $\mathcal{Y}$ 组成一个唯一可分解星座对。若 $|\mathcal{Y}| \geqslant 2$($|\cdot|$ 代表集合元素个数)，则 $0 \notin \mathcal{X}$。

性质 4-3 对于给定的一对星座 $\mathcal{X}$ 和 $\mathcal{Y}$，$\mathcal{X}$ 和 $\mathcal{Y}$ 分别有有限个元素且 $0 \notin \mathcal{X}$，一个新的星座 $\mathcal{Z}$ 可以如下定义：

$$\mathcal{Z} = \left\{ z : z = \frac{y}{x}, x \in \mathcal{X}, y \in \mathcal{Y} \right\} \tag{4-59}$$

$\mathcal{X}$ 和 $\mathcal{Y}$ 是一个唯一可分解星座对当且仅当

$$|\mathcal{Z}| = |\mathcal{X}| \times |\mathcal{Y}| \tag{4-60}$$

性质 4-3 说明一个唯一可分解星座对 $\mathcal{X} \sim \mathcal{Y}$ 可以由分解一个星座 $\mathcal{Z}$ 得到。为了表述方便，将该分解表示为 $\mathcal{Z} = \mathcal{Y}/\mathcal{X}$。首先，假设 $\mathcal{Z}$ 是一个 pq 阶的 PSK 星座，其中 p 和 q 互为素数。可以将 $\mathcal{Z}$ 分解为一对唯一可分解星座对 $\mathcal{X} \sim \mathcal{Y}$，其中 $\mathcal{X}$ 和 $\mathcal{Y}$ 分别是 p 阶和 q 阶的相移键控(phase shift keying, PSK)星座。

例 4-5 若 $p = 3$，$q = 4$ 且

$$\begin{aligned} \mathcal{X} &= \left\{ 1, e^{j2\pi/3}, e^{j4\pi/3} \right\} \\ \mathcal{Y} &= \left\{ 1, e^{j\pi/2}, e^{j\pi}, e^{j3\pi/2} \right\} \end{aligned} \tag{4-61}$$

则该两个星座组成一组唯一可分解星座对 $\mathcal{X} \sim \mathcal{Y}$。

定义 4-3 若一个星座满足如下条件:对于星座中的任何一个元素,它乘以 $\mathrm{e}^{\mathrm{j}\theta}$ 的结果仍然属于该星座,我们就将这个星座称为对 $\mathrm{e}^{\mathrm{j}\theta}$ 具有旋转不变性。

例 4-6 方形 QAM(square QAM)星座是对 $\mathrm{e}^{\mathrm{j}\theta}$ 具有旋转不变性的, θ 可以取值为 $\pi/2$、π 和 $3\pi/2$。

性质 4-4 令 $\mathcal{Z}$ 是对 $\mathrm{e}^{\mathrm{j}\pi/2}$、$\mathrm{e}^{\mathrm{j}\pi}$、$\mathrm{e}^{\mathrm{j}3\pi/2}$ 具有旋转不变性的且 $0, r, r\mathrm{j} \notin \mathcal{Z}$,其中 r 是实数。根据以上条件,以下命题是正确的。

(1) 若令

$$\mathcal{X} = \{1, \mathrm{j}\}$$
$$\mathcal{Y} = \{z : z = z_{\mathrm{re}} + \mathrm{j}z_{\mathrm{im}} \in \mathcal{Z}, z_{\mathrm{re}}, z_{\mathrm{im}} > 0\} \bigcup \{z : z = z_{\mathrm{re}} + \mathrm{j}z_{\mathrm{im}} \in \mathcal{Z}, z_{\mathrm{re}}, z_{\mathrm{im}} < 0\} \tag{4-62}$$

则星座对 $\mathcal{X}$ 和 $\mathcal{Y}$ 是唯一可分解星座对,且 $\mathcal{Z} = \mathcal{Y}/\mathcal{X}$。

(2) 若令

$$\mathcal{X} = \{1, -1, \mathrm{j}, -\mathrm{j}\}$$
$$\mathcal{Y} = \{z : z = z_{\mathrm{re}} + \mathrm{j}z_{\mathrm{im}} \in \mathcal{Z}, z_{\mathrm{re}}, z_{\mathrm{im}} > 0\} \tag{4-63}$$

则星座对 $\mathcal{X}$ 和 $\mathcal{Y}$ 是唯一可分解星座对,且 $\mathcal{Z} = \mathcal{Y}/\mathcal{X}$。

接下来,通过两个例子说明如何通过分解 16 阶 QAM 星座得到唯一可分解星座对。

例 4-7 令 $\mathcal{Z}$ 为 16 阶 QAM 星座。根据性质 4-4,通过分解 $\mathcal{Z}$ 可以得到一个唯一可分解星座对:

$$\mathcal{X} = \{1, \mathrm{j}\}$$
$$\mathcal{Y} = \{3 + 3\mathrm{j}, 3 + \mathrm{j}, 1 + 3\mathrm{j}, 1 + \mathrm{j}, -3 - 3\mathrm{j}, -3 - \mathrm{j}, -1 - 3\mathrm{j}, -1 - \mathrm{j}\} \tag{4-64}$$

例 4-8 同样,令 $\mathcal{Z}$ 为 16 阶 QAM 星座。根据性质 4-4,通过分解 $\mathcal{Z}$ 可以得到一个唯一可分解星座对:

$$\mathcal{X} = \{1, -1, \mathrm{j}, -\mathrm{j}\}$$
$$\mathcal{Y} = \{3 + 3\mathrm{j}, 3 + \mathrm{j}, 1 + 3\mathrm{j}, 1 + \mathrm{j}\} \tag{4-65}$$

另外,对于一个给定的唯一可分解星座对 $\mathcal{X} \sim \mathcal{Y}$,当符号 x 固定时,随着 $y \in \mathcal{Y}$ 变化,$z = y/x$ 只在 $\mathcal{Z}$ 的一个子集中变化。为此,给出以下定义。

定义 4-4 对于一个给定的唯一可分解星座对 $\mathcal{X} \sim \mathcal{Y}$ 和一个固定的元素 x,定义由 x 产生的一个集合 $\mathcal{Z}_x$ 为

$$\mathcal{Z}_x = \left\{z : z = \frac{y}{x}, y \in \mathcal{Y}\right\} \tag{4-66}$$

我们称它为 x 组。

这种组具有以下特性。

性质 4-5 令 $\mathcal{Z} = \mathcal{Y}/\mathcal{X}$ ，则以下三组命题为真。

(1) 无交集性：对于 $\forall x_1, x_2 \in \mathcal{X}, x_1 \neq x_2$ ， x_1 组和 x_2 组没有交集，即

$$\mathcal{Z}_{x_1} \bigcap \mathcal{Z}_{x_2} = \varnothing \tag{4-67}$$

其中， $\varnothing$ 代表空集。

(2) 可分解性：所有的组的集合与原星座 $\mathcal{Z}$ 相等，即

$$\bigcup_{x \in \mathcal{X}} \mathcal{Z}_x = \mathcal{Z} \tag{4-68}$$

(3) 组的个数的总和与 $\mathcal{X}$ 的元素个数相等，组的元素个数与 $\mathcal{Y}$ 的个数相等。

例 4-9 令 $\mathcal{Z}$ 为 16 阶 QAM 星座。若

$$\begin{aligned} \mathcal{X} &= \{1, -1, j, -j\} \\ \mathcal{Y} &= \{3 + 3j, 3 - j, -1 + 3j, -1 - j\} \end{aligned} \tag{4-69}$$

可以看出， $\mathcal{X}$ 和 $\mathcal{Y}$ 组成的星座对和例 4-8 不同，但仍然满足唯一可分解的性质。通过例 4-8 和例 4-9 可以看出，对于一个给定的星座，可以有不止一种分解方式。接下来考虑对于一个给定的星座，如何得到最佳的分解方式。由于传统的 8 阶 QAM 不满足旋转不变特性，需要对传统的 8 阶 QAM 进行改进，从而保证对 $e^{j\pi/2}$ 、 $e^{j\pi}$ 、 $e^{j3\pi/2}$ 具有旋转不变性。为了表述方便，首先给出 2^K 阶修改 QAM 星座的一个定义。

定义 4-5 我们将满足如下条件的星座称为 2^K 阶 QAM 星座 $\mathcal{Q}$ 。

(1) 若 K 是偶数， $\mathcal{Q}$ 是一个标准的方形 2^K 阶 QAM 星座，即

$$\mathcal{Q} = \left\{ (2m-1) + (2n-1)j : -2^{\frac{K-2}{2}} + 1 \leqslant m, n \leqslant 2^{\frac{K-2}{2}} \right\} \tag{4-70}$$

(2) 若 $K = 3$ ， $\mathcal{Q}$ 是一个经原标准的方形 8 阶 QAM 星座修改后的 QAM 星座，即

$$\mathcal{Q} = \{1 + 3j, 1 + j, 3 - j, 1 - j, -1 - 3j, -1 - j, -3 + j, -1 + j\} \tag{4-71}$$

(3) 若 K 是一个大于 3 的奇数， $\mathcal{Q}$ 是一个垂直方形 QAM 星座和一个水平方形 QAM 星座的组合，即

$$\begin{aligned} \mathcal{Q} = &\left\{ (2m-1) + (2n-1)j : -3 \times 2^{\frac{K-5}{2}} + 1 \leqslant m \leqslant 3 \times 2^{\frac{K-5}{2}}, -2^{\frac{K-3}{2}} + 1 \leqslant n \leqslant 2^{\frac{K-3}{2}} \right\} \\ &\bigcup \left\{ (2m-1) + (2n-1)j : -2^{\frac{K-3}{2}} + 1 \leqslant m \leqslant 2^{\frac{K-3}{2}}, -3 \times 2^{\frac{K-5}{2}} + 1 \leqslant n \leqslant 3 \times 2^{\frac{K-5}{2}} \right\} \end{aligned}$$

$$\tag{4-72}$$

基于修订后的 2^K 阶 QAM 星座 $\mathcal{Q}$ 的概念，最佳分解方式的求解问题可转化为

以下优化问题：

$$\mathcal{Y}_{\mathrm{opt}} = \arg\max_{\frac{\mathcal{Y}}{\mathcal{X}}=\mathcal{Z}} \min_{y_1 \neq y_2 \in \mathcal{Y}} |y_1 - y_2| \tag{4-73}$$

假设 $\mathcal{X} = \{1, \mathrm{j}\}$，以下为针对该优化问题的一种最佳解决方案。

(1) 对于 $K = 3$，有

$$\mathcal{Y}_{\mathrm{opt}} = \{1+3\mathrm{j}, -1-3\mathrm{j}, -1+\mathrm{j}, 1-\mathrm{j}\} \tag{4-74}$$

(2) 对于 $K = 5$，有

$$\begin{aligned}
\mathcal{Y}_{\mathrm{opt}} = \{ &-1+5\mathrm{j}, 3+5\mathrm{j}, -3+3\mathrm{j}, 1+3\mathrm{j}, 5+3\mathrm{j}, -5+\mathrm{j}, -1+\mathrm{j}, 3+\mathrm{j}, \\
& -3-\mathrm{j}, 1-\mathrm{j}, 5-\mathrm{j}, -5-3\mathrm{j}, -1-3\mathrm{j}, 3-3\mathrm{j}, -3-5\mathrm{j}, 1-5\mathrm{j}\}
\end{aligned} \tag{4-75}$$

(3) 对于 $K \geqslant 4$，当 K 是偶数时，有

$$\begin{aligned}
\mathcal{Y}_{\mathrm{opt}} = &\left\{ \left(2^{\frac{K}{2}}-1-4m\right) + \left(2^{\frac{K}{2}}-1-4n\right)\mathrm{j} : 0 \leqslant m, n \leqslant 2^{\frac{K-2}{2}}-1 \right\} \\
& \cup \left\{ \left(2^{\frac{K}{2}}-3-4m\right) + \left(2^{\frac{K}{2}}-3-4n\right)\mathrm{j} : 0 \leqslant m, n \leqslant 2^{\frac{K-2}{2}}-1 \right\}
\end{aligned} \tag{4-76}$$

当 K 是奇数时，有

$$\begin{aligned}
\mathcal{Y}_{\mathrm{opt}} = &\left\{ \left(3\times 2^{\frac{K-3}{2}}-1-4m\right) + \left(2^{\frac{K-1}{2}}-1-4n\right)\mathrm{j} \right\}_{m=0, n=0}^{m=2^{\frac{K-3}{2}}-1, n=3\times 2^{\frac{K-5}{2}}-1} \\
& \cup \left\{ \left(2^{\frac{K-1}{2}}-1-4m\right) + \left(3\times 2^{\frac{K-3}{2}}-1-4n\right)\mathrm{j} \right\}_{m=0, n=0}^{m=3\times 2^{\frac{K-5}{2}}-1, n=2^{\frac{K-3}{2}}-1} \\
& \cup \left\{ \left(3\times 2^{\frac{K-3}{2}}-3-4m\right) + \left(2^{\frac{K-1}{2}}-3-4n\right)\mathrm{j} \right\}_{m=0, n=0}^{m=2^{\frac{K-3}{2}}-1, n=3\times 2^{\frac{K-5}{2}}-1} \\
& \cup \left\{ \left(2^{\frac{K-1}{2}}-3-4m\right) + \left(3\times 2^{\frac{K-3}{2}}-3-4n\right)\mathrm{j} \right\}_{m=0, n=0}^{m=3\times 2^{\frac{K-5}{2}}-1, n=2^{\frac{K-3}{2}}-1}
\end{aligned} \tag{4-77}$$

图 4-6 为典型 QAM 星座的一种 UFCG 分解示意图，其中实心球对应一个子星座组，空心球对应另外一个子星座组；在同一个子星座组内，星座点之间的距离增加为原来的 1.41 倍。

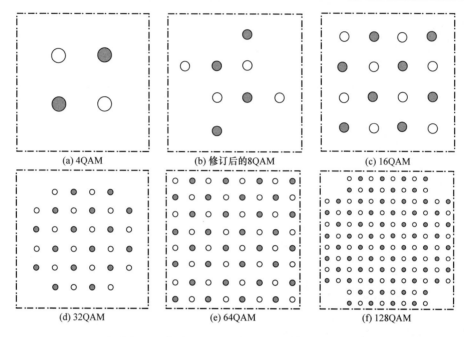

图 4-6　典型 QAM 星座的 UFCG 分解示意图

4.5　小　　结

为了解决多用户信号设计和低复杂度接收的问题，本章提出了加性和乘性的概念，并基于和信号星座最小欧氏距离最大化准则在所有非负星座中求解了一维最优的星座设计。对于该最优设计，本章给出了低复杂度的检测算法。研究表明，该最优设计可以基于用户的不同优先级灵活分配星座大小和星座能量。仿真结果表明，最优多维星座设计的误码性能优于常用的 TDMA 方案。

参 考 文 献

[1] Tarokh V, Seshadri N, Calderbank A R. Space-time codes for high date rate wireless communication: Performance criterion and code construction. IEEE Transactions on Information Theory,1998, 44(2): 744-765.

[2] Liu J, Zhang J K, Wong K M. Full diversity codes for MISO systems equipped with linear or ML detectors. IEEE Transactions on Information Theory, 2008, 54(10): 4511-4527.

[3] Shang Y, Xia X G . Space-time block codes achieving full diversity with linear receivers. IEEE Transactions on Information Theory, 2008,54(10): 4528-4547.

[4] Zhang J K, Liu J, Wong K M. Trace-orthogonal full diversity cyclotomic space time codes. IEEE Transactions on Signal Processing, 2007,55(2): 618-630.

[5] Barry J R. Wireless Infrared Communications. Boston: Kluwer Academic Press, 1994.

[6] Wilson S G , Brandt-Pearce M, Cao Q, et al. Optical repetition MIMO transmission with multipulse PPM. IEEE Journal on Selected Areas in Communications, 2005,23(9): 1901-1909.

[7] Geramit A V, Seberr J. Orthogonal Design, Quadratic Forms and Hadamard Matrices. New York: Marcel Dekker Inc, 1979.

[8] Alamouti S M. A simple transmit diversity scheme for wireless communications. IEEE Journal on Selected Areas in Communications, 1998, 16(8):1451-1458.

[9] Tarokh V, Jafarkhani H, Calderbank A R. Space-time block codes from orthogonal designs. IEEE Transactions on Information Theory, 1999, 45(5): 1456-1467.

[10] Su W, Xia X G. Two generalized complex orthogonal space-time block codes of rates 7/11 and 3/5 for 5 and 6 transmit antennas// Proceedings of IEEE International Symposium on Information Theory, New York, 2001: 1-5.

[11] Ganesan G , Stoica P. Space-time block codes: A maximum SNR approach. IEEE Transactions on Information Theory, 2001, 47(4): 1650-1656.

[12] Tirkkonen O, Hottinen A. Square-matrix embeddable space-time codes for complex signal constellations. IEEE Transactions on Information Theory, 2002,48(3): 1122-1126.

[13] Liang X B. Orthogonal designs with maximal rates. IEEE Transactions on Information Theory, 2003,49(10): 2468-2503.

[14] Liu J, Zhang J K, Wong K M. Design of optimal linear codes for MIMO systems with MMSE receiver. IEEE Transactions on Signal Processing, 2006,54(8): 3147-3158.

[15] Cai T, Tellambura C. Efficient blind receiver design for orthogonal space-time block codes. IEEE Transactions on Wireless Communications, 2007,6(5): 1890-1899.

[16] Simon M K, Vilnrotter V A. Alamouti-type space-time coding for free-space optical communication with direct detection. IEEE Transactions on Wireless Communications, 2005, 4(1): 35-39.

[17] Wang H, Ke X, Zhao L. MIMO free space optical communication based on orthogonal space time block code. Science in China Series F: Information Sciences, 2009,52(8): 1483-1490.

[18] Ren T P, Yuen C, Guan Y, et al. High-order intensity modulations for OSTBC in free-space optical MIMO communications. IEEE Communications Letters, 2013,2(6): 607-610.

[19] Safari M, Uysal M. Do we really need OSTBCs for free-space optical communication with direct detection ?. IEEE Transactions on Wireless Communications, 2008,7(1):4445-4448.

[20] Bayak E I, Schober R. On space-time coding for free-space optical systems. IEEE Transactions on Communications, 2010,58(1): 58-62.

[21] Abaza M, Mesleh R, Mansour A, et al. Diversity techniques for a free-space optical communication system in correlated log-normal channels. Optical Engineering,2014, 53(1): 1-6.

第 5 章　可见光通信移相关联叠加编码传输技术

5.1　概　　述

可见光通信采用的发射器件是商用 LED，商用 LED 有限的调制带宽、较强的非线性限制了其传输速率。通常，实现高速传输的途径主要有两种：一是可见光 OFDM 技术，OFDM 技术成熟，较好地适应了 LED 低通频率选择特性，但是较高的峰均比限制了 OFDM 在非线性条件下的传输性能；二是 MIMO 技术，在无线电衰落信道中，MIMO 技术是成倍提升传输速率的有效途径。然而，可见光通信通常是视距通信，检测方式为强度检测，忽略了相位信息，使可见光通信中的 MIMO 信道矩阵通常是缺秩的。

当然，除了 LED 调制带宽十分有限、非线性等不利因素，可见光通信也有一些有利于实现高速通信的独特性质。首先，单个 LED 灯往往由多个 LED 灯芯组成，而这些灯芯为并行传输提供了条件，如图 5-1(a)所示。在正常的可见光通信系统中，不同的 LED 灯芯往往是在串联模式下工作的，如图 5-1(b)所示。如果将不同的灯芯如图 5-1(c)所示并联起来，系统的频谱利用率可以提升至 N 倍。采用这种方法，单个支路仅仅采用 OOK 就可能实现高速的数据传输。通常正常的照明要求保证了接收端的高信噪比，典型可见光通信信噪比可以达到 60dB。所以由并行传输造成一定程度的信噪比损失对于系统性能的影响是可以接受的。

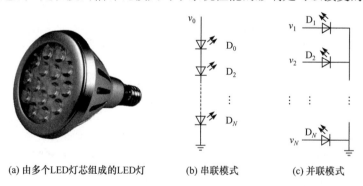

(a) 由多个LED灯芯组成的LED灯　　(b) 串联模式　　(c) 并联模式

图 5-1　由多个灯芯组成的 LED 灯和两种 LED 驱动电路的连接模式

本节面向高速可见光通信创新性地提出来多 LED 移相空时叠加的传输方案。采用 LED 内部的多个灯芯进行并行传输，通过相对移相后，利用光在空间的自然线性叠加特性,构造出一种等效的多输入、单输出传输系统。由于 LED 内部的每个灯芯传输不同的数据,采用这种方法可以成倍提升传输速率;同时对于每个灯芯而言,其调制阶数相对较低,甚至可以是 OOK 调制,显著降低了信号的峰均比。另外从驱动电路的调制深度来看,OFDM 的驱动通常采用三端耦合偏置 (Bias-Tee)方式,调制深度在 5%~15%;OOK 调制的驱动可以是开关方式,调制深度可做到 65%以上,较高的调制深度有利于提升能量效率,扩展传输距离[1-8]。

5.2　分块移相空时码

基于移相空时码的可见光通信系统模型如图 5-2 所示,其发射端是 LED 灯内部的 N 个灯芯,接收端是一路光电检测器。

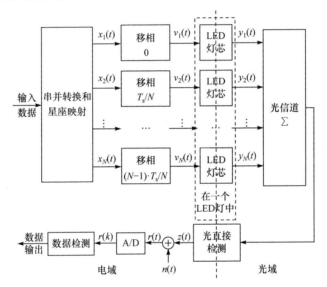

图 5-2　基于移相空时码的可见光通信系统模型

输入的高速数据流首先经过串并转换平均分配到 N 条支路,假设每条支路数据的符号周期为 T_s。各 0 支路数据在送入 LED 灯芯之前,需要进行 T_s/N 的相对移相,即第 i 条支路相对于第 $i-1$ 条支路有 T_s/N 的相移,$i=2,3,\cdots,N$。移相后的各支路数据将分别馈入对应的灯芯,记馈入第 i 个灯芯的基带信号为 $v_i(t)$,$i=1,2,\cdots,N$:

$$v_i(t) = x_i\left(t - \frac{i-1}{N}T_s\right) \tag{5-1}$$

在系统建模时,首先假设可以采用预失真等技术在一定的工作范围内消除

LED 灯芯非线性带来的影响，即预失真后 LED 的传输函数 $f(\cdot)$ 可以表示为

$$f(x) = \begin{cases} c_1, & x < c_1 \\ \beta \cdot x, & c_1 < x < c_u \\ c_u, & x > c_u \end{cases} \tag{5-2}$$

其中，(c_1, c_u) 为各 LED 灯芯的线性工作区间；β 表示电光转换效率。通过控制输入信号的幅度范围，使其处于线性工作区间之内，那么从第 i $(i = 1, 2, \cdots, N)$ 个 LED 灯芯，辐射出来的光强度信号可以表示为

$$y_i = \beta \cdot v_i(t) \tag{5-3}$$

随后，从 N 个不同 LED 灯芯辐射出来的光强信号在穿过 LED 灯罩的时候将自然叠加。通常光强信号的叠加近似是线性的，在接收端，光电检测后的接收信号可以表示为

$$r(t) = \sum_{i=1}^{N} h_i \cdot y_i(t) + n(t) \tag{5-4}$$

其中，h_i 表示从第 i 个灯芯到达接收端并经过光电检测后的电信号信道增益；$n(t)$ 表示加性高斯白噪声。这里的噪声主要来源于散射噪声和放大器的热噪声。

第 i 个发送端到接收端的直流增益可以表示为

$$H_i = \begin{cases} \dfrac{(m+1)A}{2\pi D_i^2} \cos^m(\phi) T(\psi) g(\psi) \cos(\psi), & 0 \leqslant \psi \leqslant \psi_c \\ 0, & \psi > \psi_c \end{cases} \tag{5-5}$$

其中，m 为 LED 的发光阶数，取决于 LED 的半功率角 $\Phi_{\frac{1}{2}}$，$m = -\ln 2 / \ln(\cos \Phi_{\frac{1}{2}})$；$A$ 为 PD 探测器的物理面积；D_i 为第 i 个发送端到接收端之间的距离；ϕ 为 LED 的发光角；ψ 为接收端光线入射角；$T(\psi)$ 为光学滤波器的增益；ψ_c 为接收器的视场角；$g(\psi)$ 为聚光器的增益。

$$g(\psi) = \begin{cases} \dfrac{n^2}{\sin^2 \psi_c}, & 0 \leqslant \psi \leqslant \psi_c \\ 0, & \psi > \psi_c \end{cases} \tag{5-6}$$

其中，n 表示聚光透镜的折射系数。

在典型的室内场景下，假设灯到接收机的垂直距离为 1.65m，同一个 LED 不同灯芯的中心相距 1cm。可以看出，不同灯芯到达接收机的直流增益近似相等。令各支路 EOE 信道的增益 $h_{eoe,i} = h_i \cdot \beta$，不失一般性记为 h_{eoe}，EOE 信道的增益向量可以表示为

$$\boldsymbol{h} = h_{eoe} \cdot [1, 1, \cdots, 1]_{N \times 1}^{T} \tag{5-7}$$

多 LED 移相空时叠加传输系统的等效模型可以表示为

$$r(t) = h_{\text{eoe}} \sum_{i=1}^{N} y_i(t) + n(t) \tag{5-8}$$

N 个不同 LED 灯芯发射出来的 N 路信号的叠加混合，必须提取各支路信号进行解调。

在接收端，将采样周期设置为 T_s/M。此时，从接收机的角度来看，发送端的各个支路将以 T_s/M 为一个时隙，重复发送 M 次相同的码字，如图 5-3 所示。第一个灯芯发送完成后，第二个灯芯等待 $M-1$ 个时隙之后再发送第二个符号，顺次进行。我们将这种发送模式称为分块移相空时码(multi-LED phase- shifted space time code，MP-SSC)。

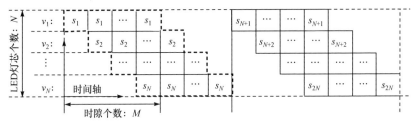

图 5-3　分块移相空时码

发送信号可以表示为

$$\mathcal{X}_F(s) = \tilde{\mathcal{T}}(s, M, N) F \tag{5-9}$$

其中

$$\tilde{\mathcal{T}}(s, M, N) = \begin{pmatrix} s_1 & 0 & \cdots & 0 \\ s_1 & s_2 & \cdots & 0 \\ \vdots & s_2 & \ddots & \vdots \\ s_1 & \ddots & \ddots & s_N \\ 0 & \ddots & \ddots & s_N \\ \vdots & \ddots & \ddots & \vdots \\ 0 & \cdots & 0 & s_N \end{pmatrix}_{(M+N-1) \times N} \tag{5-10}$$

$$s = \begin{bmatrix} s_1, s_2, \cdots, s_N \end{bmatrix}^{\text{T}} \tag{5-11}$$

在时隙 t，$\mathcal{X}_F(s)$ 的第 t 行以信号的形式馈入 N 个 LED 灯芯进行传输；F 是 $N \times N$ 的预编码矩阵。本节中，首先假设 $F = I$，I 为单位阵。在接收端，所有的信号抽样点可以表达成向量形式：

$$r=\mathcal{X}_F(s)h+n \tag{5-12}$$

其中，$r=\left[r_1,r_2,\cdots,r_{N+M-1}\right]^{\mathrm{T}}$；$n=\left[n_1,n_2,\cdots,n_{N+M-1}\right]^{\mathrm{T}}$ 为加性高斯白噪声，代入可得

$$r=\tilde{\mathcal{T}}(s,M,N)Fh+n \tag{5-13}$$

进一步推导，可以看出：

$$\mathcal{X}_F(s)h=\tilde{\mathcal{T}}(h,M,N)Fs=HFs \tag{5-14}$$

其中

$$H=\begin{pmatrix} h_1 & 0 & \cdots & 0 \\ h_1 & h_2 & \cdots & 0 \\ \vdots & h_2 & \ddots & \vdots \\ h_1 & \ddots & \ddots & h_N \\ 0 & \ddots & \ddots & h_N \\ \vdots & \ddots & \ddots & \vdots \\ 0 & \cdots & 0 & h_N \end{pmatrix}_{(M+N-1)\times N} \tag{5-15}$$

则

$$r=HFs+n \tag{5-16}$$

还可以表达成如下形式：

$$r=\tilde{\mathcal{T}}(e_N,M,N)\mathrm{diag}\left(h_1,h_2,\cdots,h_N\right)s+n, \quad e_N=[1,1,\cdots,1]^{\mathrm{T}}_{N\times1} \tag{5-17}$$

本节仿真中针对分块移相空时码在不同 LED 灯芯个数和不同调制阶数情况下的误比特率性能进行了对比。

仿真所采用的光源为 Seoul Semiconductor F50360，以红色灯芯为例，其传输函数为 4 阶多项式，工作范围为 1.8～2.7V。假设该 LED 芯片的频率特性可以用一个低通滤波器进行拟合，滤波器的带宽为 35MHz。仿真中，传输码速小于信道带宽，因此可以假设信道是平坦的。

仿真中，考虑噪声功率为 $P_n=-10\mathrm{dBm}$，信号总功率 P_s 范围为-10～30dBm，每条支路的信号功率被设置为 P_s/N，即信噪比的范围是 0～40dB，这和典型室内场景下的信噪比分布是吻合的。

在仿真对比中，选取 ASK 作为单路传输的调制方式。仿真中，每一幅图中固定 LED 灯芯个数不变，且令 $M=N$，将调制阶数分别设置为 4、8、16 并得到三条性能曲线，如图 5-4～图 5-6 所示。

通过仿真可以看出，在选用 16 阶 ASK 作为系统调制方式的时候，受到 LED 非线性的影响较大。在信噪比较低的时候，误比特率随着电平均信号功率的增加

而减小，此时，加性高斯白噪声是影响性能的主要噪声；而当电平均信号功率增大到一定程度以后，误比特率反而随着电平均信号功率的增大而增大，这是由于限幅噪声已经超越高斯白噪声，成为影响系统性能的主要因素了。在 $M=N=8$ 的情况下，无论如何增加信号的平均功率，误比特率都不可能低于 10^{-4}。

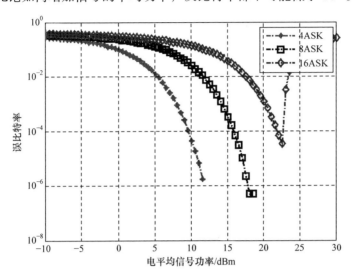

图 5-4　MP-SSC 性能仿真图（$M=N=2$）

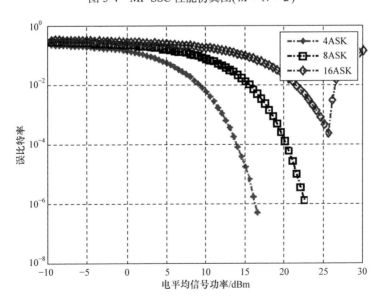

图 5-5　MP-SSC 性能仿真图（$M=N=4$）

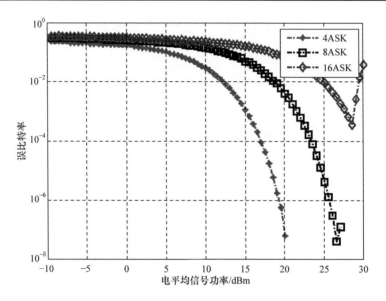

图 5-6　MP-SSC 性能仿真图($M = N = 8$)

5.3　块级联移相空时码

从图 5-3 分块移相空时码的模型可以看出，不同码块之间还存在一定的间隙，这在一定程度上降低了系统的频带利用率。如果将相邻码块之间的间隙去掉，并将接收端的采样速率固定为 N 倍码元速率，即 $M = N$，N 为 LED 的灯芯个数，将可以构造出一种新型结构的码字，如图 5-7 所示。

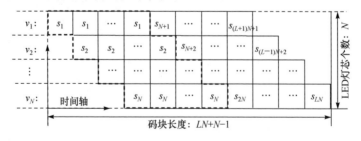

图 5-7　块级联移相空时码

图 5-7 中虚线线条包围的部分是一个分块移相空时码块，L 个分块移相空时码块相互级联而成一个大码块，其长度为 $LN + N - 1$，我们将其称为块级联移相空时码，记为 MP-SCTC(multi-LED phase-shifted cascade space time code)。假设 $s = \left[s_1, s_2, \cdots, s_{MN} \right]_{NM \times 1}^{\mathrm{T}}$，块级联移相空时码的信号矩阵可以如下表示：

$$\tilde{\mathcal{T}}_{\mathrm{c}}(s,M,N)=\left\{\tau_{i,j}\right\}_{(LN+N-1)\times N} \tag{5-18}$$

$$\tau_{i,j}=\begin{cases} 0, & j>i \ \text{或}\ i>j+(L-1)\cdot N \\ s_{j+\lfloor i/N\rfloor \cdot N}, & \text{否则} \end{cases} \tag{5-19}$$

接收端可以按照分块移相空时码检测的思路,从接收到的混合信号矩阵中抽取发送信号:

$$\tilde{\mathcal{T}}_{\mathrm{c}}(s,M,N)h=H_{\mathrm{c}}s \tag{5-20}$$

其中

$$H_{\mathrm{c}}=\left\{\eta_{i,j}\right\}_{(LN+N-1)\times LN} \tag{5-21}$$

$$\eta_{i,j}=\begin{cases} 0, & i<j \ \text{或}\ i>j+N-1 \\ h_{(j\%N)}, & \text{否则} \end{cases} \tag{5-22}$$

$$a\%b=a-\lfloor a/b\rfloor \tag{5-23}$$

将式(5-23)代入式(5-20)可以得到

$$r=H_{\mathrm{c}}s+n \tag{5-24}$$

信道矩阵 H_{c} 是列满秩的。因此,同样可以采用迫零检测等方法对多路信号进行解调。不仅如此,该信道还可以表示成卷积的形式:

$$r=e_N\otimes\left[\tilde{h}\odot s\right]+n \tag{5-25}$$

其 中 , $\tilde{h}=\left[h_1,h_2,\cdots,h_N,\cdots,h_1,h_2,\cdots,h_N\right]_{LN\times1}^{\mathrm{T}}$; $\tilde{h}\odot s=\left[h_1s_1,h_2s_2,\cdots,h_Ns_{LN}\right]_{LN\times1}^{\mathrm{T}}$; $e_N=\left[1,1,\cdots,1\right]_{N\times1}^{\mathrm{T}}$; $\otimes$ 表示卷积。

可以得到块级联移相空时码的谱利用率(单位: (bit/s)/Hz)为

$$\eta_{\mathrm{b,muli}}=\frac{L\cdot N}{N+L\cdot N-1}\cdot2\cdot N \tag{5-26}$$

如果 L 足够大,则该系统的频带利用率可近似为传统单路传输系统的 N 倍。此时,仅仅采用 OOK 调制就能实现高速的数据传输。

在本节的仿真中,我们将在相同传输功率、相同信道的条件下,对块级联移相空时码与 DCO-OFDM 的传输性能进行对比。

为了方便表述,将基于 OOK 调制的块级联移相空时码简称为多相 OOK (multi-phase OOK, MP-OOK)。仿真所采用的光源为 Seoul Semiconductor F50360,以红色灯芯为例,其工作范围为 1.8~2.7V,传输函数近似为 4 阶多项式。假设该 LED 芯片的频率特性可以用一个低通滤波器进行拟合,3dB 带宽为 35MHz。

在仿真对比中,LED 灯芯的个数 N 分别为 {2, 4, 8}。每个 LED 灯芯工作在 $V_{\mathrm{DC},i}=2.25\mathrm{V}$ 的偏置电压下。对于 DCO-OFDM, N 个 LED 灯芯串联起来,直流偏置之和为 $V_{\mathrm{DC},i}=2.25\times N(\mathrm{V})$ 。因此,对于 DCO-OFDM 系统来说,信号的有效线性工作范围为 $1.8\times N\sim2.7\times N(\mathrm{V})$ 。对于 MP-OOK 来说,每个支路信号的线性

工作范围是 1.8～2.7V。

仿真中，考虑 DCO-OFDM 信号功率 P_s 范围为–10～30dBm，对于 MP-OOK，每条支路的信号功率被设置为 P_s/N。假设信道的等效增益为 $h_{eoe}=1$。仿真中，噪声功率被设置为 $P_n=-10\text{dBm}$。从信噪比的角度来说，信噪比的范围是 0～40dB，这和典型室内场景下的信噪比分布是吻合的。

假设系统的码元速率为 R_s，不归零的方波 OOK 信号需要的电带宽大约为 $B_e^{OOK}\approx R_s$。对于 OFDM 信号来说，它拥有更紧凑的频谱。在相同的码元速率下，只需要 $B_e^{OFDM}\approx R_s/2$。为了得到一个更加全面的对比，我们在同一个仿真中，对比了相同码速下的两种技术的误比特率性能，两个仿真的码速分别设置为 20MB(兆波特)和 40MB。

对于 DCO-OFDM，快速傅里叶变换(fast Fourier transform, FFT)的大小为 $N_F=1024$，保护间隔的长度被设置为 $N_g=4$。对于 DCO-OFDM，独立的复元素最多只有 $N_F/2-1$ 个，因此仿真的数据速率(单位：Mbit/s)可以表示为

$$R_{b,\text{DCO-OFDM}}\approx R_s\cdot\frac{N_F/2-1}{N_F+N_g}\cdot\log_2 D \tag{5-27}$$

其中，D 表示 QAM 的阶数。对于 MP-OOK，取分块个数 $L=100$，仿真数据速率为

$$R_{b,\text{MP-OOK}}\approx N\cdot R_s \tag{5-28}$$

可以得出以下结论。

(1) 从图 5-8 可以看出，在相同的仿真速率和电平均信号功率下，MP-OOK 的性能

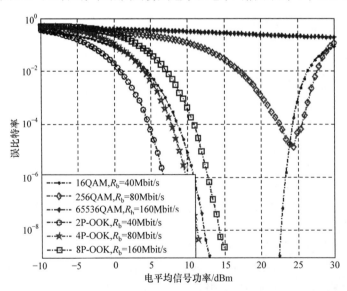

图 5-8 MP-OOK 与 DCO-OFDM 在相同信息速率下的性能对比图，码速为 20MB

要超过 DCO-OFDM。尤其是在仿真速率高于 40Mbit/s 之后，这种性能差异十分明显。在相同的码速下，DCO-OFDM 需要调制阶数为 65536 才能达到与 8P-OOK 相同的仿真速率，而这在实际的传输系统中是不可能实现的。

(2) 由于较高的峰均比(peak to average power ratio, PAPR)，DCO-OFDM 信号经常超越 LED 的线性工作区间，从而产生限幅噪声。因此，当电平均信号功率高于一定程度之后，限幅噪声会超越加性噪声，在总体噪声中起主导作用。此时，误比特率会随着电平均信号功率的增大而增大。然而，MP-OOK 信号受到 LED 非线性的影响相对较小。这是因为对于每个 LED 灯芯，经过的各支路信号就是 OOK 信号。如图 5-9 所示，当采用 4P-OOK 时，在电平均信号功率高于 13dBm 时，误比特率低于 10^{-3}。为了得到相同的传输速率，DCO-OFDM 需要 256 调制阶数。而此时，无论如何调节信号功率，都不可能将误比特率调整到 10^{-3} 以下。因此，MP-OOK 相对于 DCO-OFDM 具有更好的抗 LED 非线性性能。

(3) 对比不同符号速率时系统的性能表现，可以发现 MP-OOK 相对于 DCO-OFDM 有更好的抗信道衰落特性。因此，在相同的受限带宽下，MP-OOK 可以达到更高的传输速率。

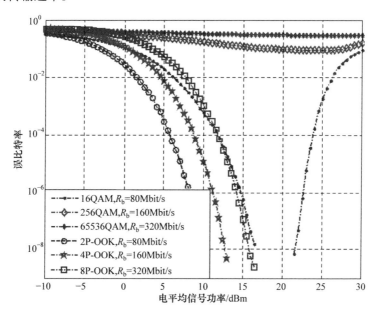

图 5-9　MP-OOK 与 DCO-OFDM 在相同信息速率下的性能对比图，码速为 40MB

5.4　星座关联的可见光编码调制技术

空时编码技术在无线通信领域得到了广泛的应用，无论是相干空时编码，还是非相干空时编码，已经取得了一系列优秀的研究成果，在获得分集与复用性能最优折中的同时，也尽可能降低了接收端的检测复杂度。然而，目前几乎所有的空时编码都是线性的，空时编码内部各符号之间是相互独立的。如果采用合适的方式，建立空时编码各符号之间的关联关系，将可以进一步提升其传输性能[9-15]。

为此，本节提出了一种基于唯一可分解星座对(uniquely factorable constellation pair, UFCP)的非线性空时编码方法，其基本思路是将一对 QAM 星座分解为两个子星座对 B_1、B_2，采用一个随机比特来控制空时码中的两个符号，使其要么同时映射到 B_1，要么同时映射到 B_2。这种设计的优点是：两个符号映射星座的关联使最小欧氏距离增加，提高了空时编码的编码增益。研究表明星座关联的空时码通常可以获得 1dB 左右的性能增益，且在频率选择性信道下可以获得更好的性能。可见光信道是典型的低通频率选择性信道。我们拟将 UFCP 技术引入可见光通信中。

在带宽受限的可见光通信系统中，一种提升传输速率的方案就是采用频谱利用率较高的 OFDM 技术。然而，由于可见光通信系统是由商用的 LED 组成的强度调制/直接检测系统，所以它要求信号取值必须是实数。另外，由于可见光通信系统是调制 LED 的光强进行通信的，所以发射信号必须是正的。所以，必须将原有的 OFDM 进行一定的改进，才能适应可见光通信系统的要求，如 DCO-OFDM 和 ACO-OFDM。

对于这两种 VLC-OFDM，快速傅里叶逆变换(inverse fast Fourier transform, IFFT)输入 A 的共轭对称性完成了系统对于实信号的要求，即 $A_{N_F-k} = A_k^*$，其中，$1 \leqslant k \leqslant N_F/2-1$，"*"代表取复共轭，$N_F$ 为 IFFT 点数。因此，该 IFFT 输入可以表示为

$$A = \begin{bmatrix} 0 & \{A_k\}_{k=1}^{N_F/2-1} & 0 & \{A_k^*\}_{k=N_F/2-1}^{1} \end{bmatrix} \tag{5-29}$$

其中，$A_k \in \mathcal{W}_k$，$\mathcal{W}_k$ 是 2^{L_k} 阶 QAM 星座，该星座的平均能量为 E_k。

为了保证发射端的信号是正的，DCO-OFDM 通过添加直流偏置达到双极性到单极性的转换。因此，在 DCO-OFDM 的 IFFT 输入中，独立的复变量个数最多只可以达到 $N_F/2-1$ 个。对于 ACO-OFDM，没有单独的直流偏置，其 IFFT 输入中偶子载波被设置为零，即 $A_0, A_2, \cdots, A_{N-2} = 0$，只有奇子载波承载信息，因此独立的复变量个数最多只可以达到 $N_F/4$ 个，ACO-OFDM 的 IFFT 输入可以表示为

$$A_{\mathrm{ACO}} = \begin{bmatrix} 0 & \left\{ A_k & 0 \right\}_{k=1}^{N_{\mathrm{F}}/4-1} & A_{N_{\mathrm{F}}/4} & 0 & A_{N_{\mathrm{F}}/4}^* & \left\{ 0 & A_k^* \right\}_{k=N_{\mathrm{F}}/4-1}^{1} \end{bmatrix} \tag{5-30}$$

基于 DCO-OFDM 和 ACO-OFDM，本章提出在不同的子载波之间引入相关性，进而构造星座关联的 VLC-OFDM。

对于星座关联的 ACO-OFDM，IFFT 输入可以表示为

$$\boldsymbol{B}_{\mathrm{ACO}} = \begin{bmatrix} 0 & \left\{ B_k^1 & 0 & B_k^2 & 0 \right\}_{k=1}^{N_{\mathrm{F}}/8-1} & B_{N_{\mathrm{F}}/8}^1 & 0 & B_{N_{\mathrm{F}}/8}^2 & \left\{ 0 & B_k^{2*} & 0 & B_k^{1*} \right\}_{k=N_{\mathrm{F}}/8-1}^{1} \end{bmatrix} \tag{5-31}$$

其中，B_k^1 和 B_k^2 为一对子载波。接下来对子载波对上的符号是如何产生的进行介绍。

令 $\mathcal{Z}_k^1$ 和 $\mathcal{Z}_k^2$ 分别为 $2^{L_k^1}$ 和 $2^{L_k^2}$ 阶交叉 QAM 星座，星座的平均能量分别为 E_k^1 和 E_k^2。对 $\mathcal{Z}_k^1$ 和 $\mathcal{Z}_k^2$ 分别进行分解，可以得到两个唯一可分解星座对：$\mathcal{X} \sim \mathcal{Y}_k^1$ 和 $\mathcal{X} \sim \mathcal{Y}_k^2$。该分解过程可以表示为

$$\begin{aligned} \mathcal{Z}_k^1 &= \left\{ z_k^1 : z_k^1 = \frac{y_k^1}{x_k}, x_k \in \mathcal{X}_k, y_k^1 \in \mathcal{Y}_k^1 \right\} \\ \mathcal{Z}_k^2 &= \left\{ z_k^2 : z_k^2 = \frac{y_k^2}{x_k}, x_k \in \mathcal{X}_k, y_k^2 \in \mathcal{Y}_k^2 \right\} \end{aligned} \tag{5-32}$$

通过以上分解，我们将用于一对子载波的一个星座关联的码块定义为

$$\begin{aligned} \boldsymbol{C}_k &= \left(\frac{y_k^1}{x_k} / \widetilde{E}_k, \frac{y_k^2}{x_k} / \widetilde{E}_k \right) \\ &= \left(C_k^1, C_k^2 \right) \end{aligned} \tag{5-33}$$

其中，$\widetilde{E}_k = \left(E_k^1 + E_k^2 \right)/2$。将该码字的元素 C_k^1, C_k^2 放置到子载波对 B_k^1, B_k^2 上，即可得到星座关联的 ACO-OFDM。对于星座关联的 DCO-OFDM，同样可以得到 IFFT 的输入为

$$\boldsymbol{B}_{\mathrm{DCO}} = \left\{ 0 \quad \left\{ B_k^1 \quad B_k^2 \right\}_{k=1}^{N_{\mathrm{F}}/4} \quad B_{N_{\mathrm{F}}/2-1} \quad 0 \quad B_{N_{\mathrm{F}}/2-1}^* \quad \left\{ B_k^{1*} \quad B_k^{2*} \right\}_{N_{\mathrm{F}}/4}^{k=1} \right\} \tag{5-34}$$

其中，$B_{N_{\mathrm{F}}/2-1} \in \mathcal{W}_{N_{\mathrm{F}}/2-1}$，$\mathcal{W}_{N_{\mathrm{F}}/2-1}$ 是一个 $2^{L_{N_{\mathrm{F}}/2-1}}$ 阶 QAM 星座，该星座和其他星座是相对独立的，平均能量为 $E_{q(N_{\mathrm{F}}/2-1)}$。

在本节仿真中，我们针对星座关联的(collaborative)VLC-OFDM 与非关联 VLC-OFDM 进行了性能对比。

仿真所采用的光源为 Seoul Semiconductor F50360，以红色灯芯为例，该 LED 芯片的频率特性可以用一个低通滤波器进行拟合，3dB 带宽为 35MHz。为了观察引入星座关联技术后得到的信噪比增益，仿真中假设 LED 的直流非线性可以通过预失真技术进行补偿。

仿真中，假设两类 OFDM 信号交流平均功率的变化范围均为−10～25dBm，

噪声功率为−10dBm。从信噪比的角度来说，信噪比的范围是 0～35dB。

图 5-10 为非关联 DCO-OFDM 和星座关联的 DCO-OFDM 在传输速率分别为 150Mbit/s、200Mbit/s、250Mbit/s、400Mbit/s 时的性能对比。图 5-11 为非关联 ACO-OFDM 和星座关联的 ACO-OFDM 在传输速率分别为 75Mbit/s、100Mbit/s、125Mbit/s、200Mbit/s 时的性能对比。通过图 5-10 和图 5-11 可以看出，将不同子载波上的符号关联起来可以得到 0.8～1.5dB 的信噪比增益。

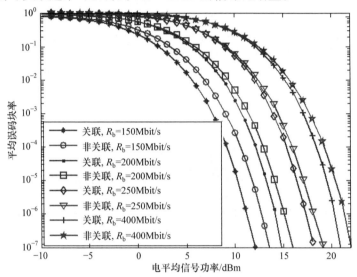

图 5-10　非关联 DCO-OFDM 与星座关联的 DCO-OFDM 的性能对比

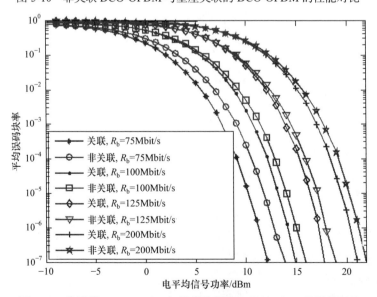

图 5-11　非关联 ACO-OFDM 与星座关联的 ACO-OFDM 的性能对比

5.5 星座关联的多 LED 移相空时码

为了进一步提升多 LED 移相空时码的误码率性能，本节提出星座关联的多 LED 移相空时码。

由于可见光信道要求信号是实数，所以将 QAM 信号的实部和虚部分两次进行传输，即每次发射的信号是一个 ASK 信号。在接收端，再将对应的实部和虚部组合起来，实现 QAM 信号的解调。

根据式(5-34)，可以得到嵌入唯一可分解星座对的多 LED 移相空时码：

$$\tilde{\mathcal{T}}_{\mathrm{c}}\left(\boldsymbol{\alpha},L,K\right)=\begin{pmatrix} \alpha_1^1 & 0 & \cdots & 0 \\ \alpha_1^1 & \alpha_2^1 & \cdots & 0 \\ \vdots & \alpha_2^1 & \cdots & \vdots \\ \alpha_1^1 & \ddots & \ddots & \alpha_K^1 \\ \alpha_1^2 & \alpha_2^1 & \ddots & \alpha_K^1 \\ \vdots & \alpha_2^2 & \ddots & \vdots \\ \alpha_{(L/4-1)K+1}^4 & \ddots & \ddots & \alpha_K^1 \\ 0 & \alpha_{(L/4-1)K+2}^4 & \ddots & \alpha_K^2 \\ \vdots & \ddots & \ddots & \vdots \\ 0 & 0 & \cdots & \alpha_{LK/4}^4 \end{pmatrix}_{(LK+K-1)\times K} \tag{5-35}$$

其中，$\boldsymbol{a}_k=\left(\alpha_k^1,\alpha_k^2,\alpha_k^3,\alpha_k^4\right)$ 是一个星座关联的码块的拆分；L 为 4 的整数倍。首先，令 $\mathcal{Z}_k^1$ 和 $\mathcal{Z}_k^2$ 分别为 $2^{L_k^1}$ 和 $2^{L_k^2}$ 阶交叉 QAM 星座，星座的平均能量分别为 E_k^1 和 E_k^2。对 $\mathcal{Z}_k^1$ 和 $\mathcal{Z}_k^2$ 分别进行分解，可以得到两个唯一可分解星座对：$\mathcal{X} \sim \mathcal{Y}_k^1$ 和 $\mathcal{X} \sim \mathcal{Y}_k^2$。该分解过程可以表示为

$$\begin{aligned} \mathcal{Z}_k^1 &= \left\{ z_k^1 : z_k^1 = \frac{y_k^1}{x_k}, x_k \in \mathcal{X}_k, y_k^1 \in \mathcal{Y}_k^1 \right\} \\ \mathcal{Z}_k^2 &= \left\{ z_k^2 : z_k^2 = \frac{y_k^2}{x_k}, x_k \in \mathcal{X}_k, y_k^2 \in \mathcal{Y}_k^2 \right\} \end{aligned} \tag{5-36}$$

通过以上分解，将一个星座关联的码块定义为

$$\boldsymbol{\alpha}_k = \left(\left[\frac{y_k^1}{x_k}\right]_{\mathrm{real}}, \left[\frac{y_k^1}{x_k}\right]_{\mathrm{imag}}, \left[\frac{y_k^2}{x_k}\right]_{\mathrm{real}}, \left[\frac{y_k^2}{x_k}\right]_{\mathrm{imag}}\right)$$

$$= \left(\alpha_k^1, \alpha_k^2, \alpha_k^3, \alpha_k^4\right) \tag{5-37}$$

其中，$[\cdot]_{\mathrm{real}}$ 和 $[\cdot]_{\mathrm{imag}}$ 分别代表取实部和取虚部。

在解调时，先采用迫零等线性检测方法对块级联移相空时码进行解调，得到估计值：$\hat{\alpha}_k^1, \hat{\alpha}_k^2, \hat{\alpha}_k^3, \hat{\alpha}_k^4$。

仿真针对星座关联的块级联移相空时码与非关联块级联移相空时码进行了性能对比，如图 5-12 所示。

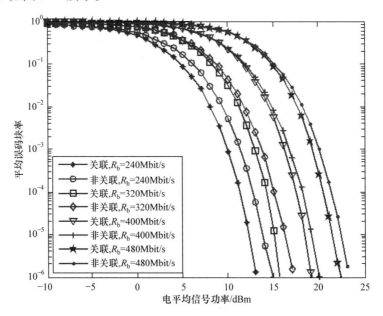

图 5-12　星座关联的块级联移相空时码与非关联块级联移相空时码性能对比

仿真所采用的光源为 Seoul Semiconductor F50360，以红色灯芯为例，该 LED 芯片的频率特性可以用一个低通滤波器进行拟合，3dB 带宽为 35MHz。为了观察引入星座关联技术后得到的信噪比增益，仿真中假设 LED 的直流非线性可以通过预失真技术进行补偿。

在仿真中，我们选择 LED 灯芯数目 $N=4$，$L=4$。假设发射的码速为 40MB，码字平均速率为 3bpcu[①]、4bpcu、5bpcu、6pbcu。假设交流信号功率的变化范围均为 $-10\sim25$dBm，噪声功率为-10dBm。从信噪比的角度来说，信噪比的范围是 $0\sim35$dB。

---

① bpcu 为比特每次信道实现(bit per channel use)。

通过仿真可以看出，采用星座关联的编码技术获得了 1～1.5dB 的信噪比增益，验证了星座关联的编码调制技术的通用性。

5.6　小　　结

面向高速可见光通信，本章创新性地提出多 LED 移相空时叠加的传输方案，将 LED 内部的多个灯芯并行传输，通过相对移相后，利用光在空间的自然线性叠加特性，构造出了一种等效的多输入、单输出传输系统。由于 LED 内部的每个灯芯传输不同的数据，采用这种方法可以成倍提升传输速率，显著增加了系统的抗 LED 非线性性能。本章构建了分块移相空时码，给出了其检测方法，理论分析表明其频谱利用率与 LED 灯芯的数目成正比，且在衰落信道条件下可以达到满分集。在分块移相空时码的基础上，构建了块级联移相空时码，给出了检测方法，设计了预编码方法，分析了其误比特性能。在相同速率、相同功率的条件下，对块级联移相空时码与 DCO-OFDM 的传输性能进行了数值仿真。仿真表明，多路并行的 MP-OOK 传输方式可以实现传输速率的有效倍增，且其传输性能优于 DCO-OFDM，尤其是在仿真速率高于 40Mbit/s 之后，性能差距十分明显。由于较高的峰均比，DCO-OFDM 信号经常超越 LED 的线性工作区间，从而产生限幅噪声。当信噪比高于一定程度之后，限幅噪声成为主要的噪声，此时误比特率会随着信噪比的增加而增加。而 MP-OOK 各支路信号是 OOK 调制，信号受到 LED 非线性的影响相对较小。因此 MP-OOK 相对于 DCO-OFDM 具有更好的抗 LED 非线性性能。

参 考 文 献

[1] Cisco. Cisco visual networking index: Global mobile data traffic forecast update, 2010-2015. [2018-10-01]. http: // newsroom.cisco.com/ekits/Cisco, VNI Global Mobile Data Traffic Forecast 2013-2018.pdf.

[2] Tanaka Y, Haruyama S, Nakagawa M. Wireless optical transmissions with white colored LED for wireless home links// Proceedings of the 11th IEEE International Symposium on the Personal, Indoor and Mobile Radio Communications (PIMRC), London, 2000, 2: 1325-1329.

[3] Vučić J, Kottke C, Nerreter S, et al. 513 Mbit/s visible light communications link based on DMT-modulation of a white LED. IEEE Journal of Lightwave Technology, 2010, 28(24): 3512-3518.

[4] Minh H L, O'Brien D, Faulkner G, et al. High-speed visible light communications using multiple- resonant equalization. IEEE Photonics Technology Letters, 2008, 20(15): 1243-1245.

[5] Minh H L, O'Brien D, Faulkner G, et al. 100-Mb/s NRZ visible light communications using a post equalized white LED. IEEE Photonics Technology Letters, 2009, 21(15): 1063-1065.

[6] Binh P H, Renucci P, Truong V G, et al. Schottky-capacitance pulse-shaping circuit for

high-speed light emitting diode operation. Electronics Letters, 2012, 48(12): 721-723.

[7] Zhang M X, Zhang Z C. Fractionally spaced equalization in visible light communication// Proceedings of IEEE Wireless Communications and Networking Conference (WCNC), Shanghai, 2013: 4282-4287.

[8] Li H L, Chen X B, Huang B, et al. High bandwidth visible light communications based on a post-equalization circuit. IEEE Photonics Technology Letters, 2014,26(2):110-122.

[9] Inan B, Lee S C J, Randel S, et al. Impact of LED nonlinearity on discrete multitone modulation. Journal of Optical Communications and Networking, 2009, 1(5): 439-451.

[10] Elgala H, Mesleh R, Haas H. An LED model for intensity-modulated optical communication systems. IEEE Photonics Technology Letters, 2010, 22(11):835-837.

[11] Elgala H, Mesleh R, Haas H. Modeling for predistortion of LEDs in optical wireless transmission using OFDM // Proceedings of the IEEE 10th International Conferences on Hybrid Intelligent Systems (HIS), Atlanta, 2009: 12-14.

[12] Mesleh R, Elgala H, Haas H. On the performance of different OFDM based optical wireless communication systems. Journal of Optical Communications and Networking, 2011, 3(8):620-628.

[13] Vijay A, Green R J. Distortion correction in radio on visible light (RoVL) communication system for mobile applications// Proceedings of the 23th Conference Radioelektronika, Pardubice, 2013: 16-17.

[14] Tsonev D, Sinanovic S, Haas H. Complete modeling of nonlinear distortion in OFDM-based optical wireless communication. Journal of Lightwave Technology, 2013, 31(18): 3064-3076.

[15] Tsonev D, Sinanovic S, Haas H. A novel analytical framework for modeling nonlinear distortions in OFDM-based optical wireless communication// Proceedings of the 2nd IEEE/CIC International Conference on Communications in China (ICCC): Optical Communication Systems (OCS), Xi'an, 2013: 147-152.

第6章　可见光通信多维空时协作传输技术

6.1　概　　述

由于多输入多输出光无线通信(multi-input multi-output optical wireless communications, MIMO-OWC)信号要求为非负实数，人们通过对 MIMO-RF 中的 Alamouti 码[1-5]及其推广方案[6-10]添加直流，得到修正的 Alamouti 码。然而，与 MIMO-RF 中性能优异的 Alamouti 方案相比，RC(各终端发射相同的 PAM 符号)的性能显著优于修正后的 Alamouti 码[11-17]。基于这一结果，学者在 *Do we really need OSTBCs for free-space optical communication with direct detection* 中，提出了一个长期以来未有明确答案的问题：鉴于 RC 的优异性能，在 MIMO-OWC 中，多维空时星座设计是否有用武之地？针对这一问题，本章将通过构造最优的线性多维空时星座和能量高效的非线性多维空时星座，给出肯定的答案。本章研究表明，基于超长方体覆盖准则设计的多维空时星座在 MIMO-OWC 系统中与 RC 相比具有较大的性能增益。

本章重点研究块衰落信道下 MIMO-OWC 系统中的高效空时传输方案，各节内容介绍如下：6.2 节基于大尺度分集增益和小尺度分集增益准则，给出最优的线性多维星座；6.3 节证明大尺度和小尺度分集增益准则下非线性多维空时星座的最优结构为，空间维度上进行最优功率分配，时间维度上设计 AWGN 信道中基于最小欧氏距离最大化的最优多维星座；6.4 节在 6.3 节基础之上，基于丢番图方程理论，在整数域给出基于最小欧氏距离最大化准则下最优的非线性多维星座设计；6.5 节对最优线性设计和丢番图整数空时星座进行性能仿真，并与已有方案进行对比分析；6.6 节进行小结。

6.2　可见光通信多输入多输出系统线性最优空时编码设计

本节主要基于超长方体覆盖准则设计最优的线性空时星座。

6.2.1　线性最优空时传输方案

对于线性空时星座，其码字矩阵如下：

$$X(\boldsymbol{p}) = \sum_{l=1}^{L} \boldsymbol{A}_l p_l, \quad p_l \in \mathcal{P} \tag{6-1}$$

其中，$\boldsymbol{A}_l$ 为 $L \times N$ 的矩阵，且其所有元素均为非负实数，即 $\boldsymbol{A}_l \in \mathbb{R}_+^{L \times N}$；$\mathcal{P}$ 为非负标量星座，即 $\mathcal{P} \subseteq \mathbb{R}_+$，且星座大小满足 $|\mathcal{P}| = 2^K$。

下面，我们基于超长方体覆盖准则，设计最优的线性空时星座。

定理 6-1 令 $\boldsymbol{X}(\boldsymbol{p})$ 为式(6-1)定义的矩阵，且 $\boldsymbol{X}(\boldsymbol{p}-\tilde{\boldsymbol{p}})$ 为全覆盖矩阵，则在发端平均光功率约束

$$\frac{\sum\limits_{p \in \mathcal{P}} \boldsymbol{p}}{2^K} \times \sum_{l=1}^{L} \mathbf{1}^{\mathrm{T}} \boldsymbol{A}_l \mathbf{1} = L \tag{6-2}$$

时，最大似然接收机的小尺度分集增益满足如下关系式：

$$\max_{\boldsymbol{p} \neq \tilde{\boldsymbol{p}}} \prod_{i=1}^{N} c_i^{\Omega_i} \geqslant \left(\frac{2^K-1}{2}\right)^{\Omega} \prod_{i=1}^{N} \left(\frac{\Omega}{\Omega_i}\right)^{\Omega_i} \tag{6-3}$$

其中，式(6-3)中的等号在 $\boldsymbol{X}(\boldsymbol{p})$ 如下所示时成立：

$$\boldsymbol{X}(\boldsymbol{p}) = \frac{2}{\Omega(2^K-1)} \begin{pmatrix} \Omega_1 p_1 & \cdots & \Omega_N p_1 \\ \vdots & & \vdots \\ \Omega_1 p_L & \cdots & \Omega_N p_L \end{pmatrix} \tag{6-4}$$

其中，$p_1, p_2, \cdots, p_L \in \{0, 1, \cdots, 2^K-1\}$。

证明 首先，定义最小欧氏距离为 $d_{\min}(\mathcal{P}) = \min_{\boldsymbol{p} \neq \tilde{\boldsymbol{p}}, \boldsymbol{p}, \tilde{\boldsymbol{p}} \in \mathcal{P}} |\boldsymbol{p}-\tilde{\boldsymbol{p}}|$。另外，定义 $P_{\mathcal{P}} = \sum\limits_{\boldsymbol{p} \in \mathcal{P}} \boldsymbol{p}^{\mathrm{T}} \mathbf{1}/2^K$ 和 $\boldsymbol{X}(\boldsymbol{e}) = \boldsymbol{X}(\boldsymbol{p}-\tilde{\boldsymbol{p}}), \boldsymbol{p} \neq \tilde{\boldsymbol{p}}$。$\boldsymbol{X}^{\mathrm{T}}(\boldsymbol{e})\boldsymbol{X}(\boldsymbol{e})$ 的第 i 个覆盖长度下界为

$$c_i \geqslant \frac{1}{\sqrt{\left[\boldsymbol{X}^{\mathrm{T}}(\boldsymbol{e})\boldsymbol{X}(\boldsymbol{e})\right]_{ii}}}$$

$$\geqslant \frac{1}{\sqrt{\left[\sum\limits_{l=1}^{L} \boldsymbol{A}_l(|e_l|)^{\mathrm{T}} \sum\limits_{l=1}^{L} \boldsymbol{A}_l(|e_l|)\right]_{ii}}} \tag{6-5}$$

当矩阵 $\boldsymbol{X}^{\mathrm{T}}(\boldsymbol{e})\boldsymbol{X}(\boldsymbol{e})$ 为全覆盖时，对角线元素 $\left[\boldsymbol{X}^{\mathrm{T}}(\boldsymbol{e})\boldsymbol{X}(\boldsymbol{e})\right]_{ii}$ 非零。然后，有

$$\max_{\boldsymbol{p} \neq \tilde{\boldsymbol{p}}} \prod_{i=1}^{N} c_i^{\Omega_i} \geqslant \max_{\boldsymbol{p} \neq \tilde{\boldsymbol{p}}} \prod_{i=1}^{N} \left(\left[\boldsymbol{X}^{\mathrm{T}}(\boldsymbol{e})\boldsymbol{X}(\boldsymbol{e})\right]_{ii}\right)^{-\frac{\Omega_i}{2}} \tag{6-6}$$

另外，有

$$\max_{\boldsymbol{p} \neq \tilde{\boldsymbol{p}}} \prod_{i=1}^{N} \left(\left[\boldsymbol{X}^{\mathrm{T}}(\boldsymbol{e}) \boldsymbol{X}(\boldsymbol{e}) \right]_{ii} \right)^{-\frac{\Omega_i}{2}}$$

$$\geqslant \max_{e_l \neq 0, e_{l'}=0, l' \neq l} \prod_{i=1}^{N} \left(\left[\boldsymbol{X}^{\mathrm{T}}(\boldsymbol{e}) \boldsymbol{X}(\boldsymbol{e}) \right]_{ii} \right)^{-\frac{\Omega_i}{2}}$$

$$\geqslant \max_{e_l^2 = d_{\min}^2(\mathcal{P})} \prod_{i=1}^{N} \left(d_{\min}^2(\mathcal{P}) \left[\boldsymbol{A}_l^{\mathrm{T}} \boldsymbol{A}_l \right]_{ii} \right)^{-\frac{\Omega_i}{2}}$$

$$\geqslant \sqrt[L]{\prod_{l=1}^{L} \prod_{i=1}^{N} \left(d_{\min}^2(\mathcal{P}) \left[\boldsymbol{A}_l^{\mathrm{T}} \boldsymbol{A}_l \right]_{ii} \right)^{-\frac{\Omega_i}{2}}} \tag{6-7}$$

为了叙述方便，定义 $a_{ki}^{(l)}$ 为矩阵 $\boldsymbol{A}_l$ 的第 k 行和第 i 列的元素。然后，有

$$\prod_{l=1}^{L} \prod_{i=1}^{N} \left(\left[\boldsymbol{A}_l^{\mathrm{T}} \boldsymbol{A}_l \right]_{ii} \right)^{\Omega_i}$$

$$= \prod_{l=1}^{L} \prod_{i=1}^{N} \left(\sum_{k=1}^{L} \left(a_{ki}^{(l)} \right)^2 \right)^{\Omega_i}$$

$$\leqslant \prod_{l=1}^{L} \prod_{i=1}^{N} \left(\sum_{k=1}^{L} a_{ki}^{(l)} \right)^{2\Omega_i}$$

$$\leqslant \prod_{l=1}^{L} \prod_{i=1}^{N} \Omega_i^{2\Omega_i} \left(\sum_{i=1}^{N} \sum_{k=1}^{L} \frac{a_{ki}^{(l)}}{\Omega} \right)^{2\Omega}$$

$$= \prod_{i=1}^{N} \Omega_i^{2L\Omega_i} \left(\prod_{l=1}^{L} \frac{\mathbf{1}^{\mathrm{T}} \boldsymbol{A}_l \mathbf{1}}{\Omega} \right)^{2\Omega} \tag{6-8}$$

进一步地，从算术平均-几何平均不等式可得

$$\prod_{l=1}^{L} \mathbf{1}^{\mathrm{T}} \boldsymbol{A}_l \mathbf{1} \leqslant \left(\sum_{l=1}^{L} \frac{\mathbf{1}^{\mathrm{T}} \boldsymbol{A}_l \mathbf{1}}{L} \right)^L$$

$$= \left(\frac{L}{L P_{\mathcal{P}}} \right)^L = 1 / P_{\mathcal{P}}^L \tag{6-9}$$

然后，把式(6-9)代入式(6-8)可得 $\max_{\boldsymbol{p} \neq \hat{\boldsymbol{p}}} \prod_{i=1}^{N} c_i^{\Omega_i}$ 的如下下界：

$$\max_{\boldsymbol{p} \neq \tilde{\boldsymbol{p}}} \prod_{i=1}^{N} c_i^{-\Omega_i} \geqslant \left(\frac{d_{\min}(\mathcal{P})}{P_{\mathcal{P}} \Omega} \right)^{-\Omega} \prod_{i=1}^{N} \Omega_i^{-\Omega_i} \tag{6-10}$$

下面最小化 $\dfrac{d_{\min}(\mathcal{P})}{P_{\mathcal{P}}}$。不失一般性，假设 $\mathcal{P}$ 的 2^K 元素满足如下关系：

$$0 \leqslant p_0 < p_1 \cdots < p_{2^K-1} \tag{6-11}$$

由于 $d_{\min}(\mathcal{P})=1$，有 $p_{i+1}-p_i \geqslant 1$，其中，$0 \leqslant i \leqslant 2^K-2$，则

$$\sum_{i=0}^{2^K-1} p_i \geqslant \sum_{i=0}^{2^K-1} i + p_0 + p_0 \sum_{i=0}^{2^K-1} i$$
$$\geqslant \frac{2^K\left(2^K-1\right)}{2} \tag{6-12}$$

从而

$$\frac{d_{\min}(\mathcal{P})}{P_{\mathcal{P}}} \leqslant \frac{2^{K+1}}{2^K\left(2^K-1\right)}$$
$$= \frac{2}{2^K-1} \tag{6-13}$$

当且仅当 $\mathcal{P}=\left\{0,1,\cdots,2^K-1\right\}$ 时不等式成立。因此，式(6-10)可以进一步转化为

$$\max_{p \neq \tilde{p}} \prod_{i=1}^{N} c_i^{\Omega_i} \geqslant \prod_{i=1}^{N} \Omega_i^{-\Omega_i} \left(\frac{2}{\Omega\left(2^K-1\right)}\right)^{-\Omega}$$
$$= \left(\frac{2^K-1}{2}\right)^{\Omega} \prod_{i=1}^{N} \left(\frac{\Omega}{\Omega_i}\right)^{\Omega_i} \tag{6-14}$$

下面来证明式(6-14)中下界的可达性。考虑式(6-4)中给出的线性空时星座，有

$$\boldsymbol{X}^{\mathrm{T}}(\boldsymbol{e})\boldsymbol{X}(\boldsymbol{e}) = \frac{4\sum_{i=1}^{L} e_i^2}{\Omega^2\left(2^K-1\right)^2} \begin{pmatrix} \Omega_1^2 & \cdots & \Omega_1\Omega_N \\ \vdots & & \vdots \\ \Omega_1\Omega_N & \cdots & \Omega_N^2 \end{pmatrix}_{N \times N} \tag{6-15}$$

另外，对于非零 $\sum_{i=1}^{L} e_i^2$，矩阵 $\boldsymbol{X}^{\mathrm{T}}(\boldsymbol{e})\boldsymbol{X}(\boldsymbol{e})$ 的所有元素都为正数，因此，矩阵 $\boldsymbol{X}^{\mathrm{T}}(\boldsymbol{e})\boldsymbol{X}(\boldsymbol{e})$ 为全覆盖矩阵。式(6-15)中的矩阵 $\boldsymbol{X}^{\mathrm{T}}(\boldsymbol{e})\boldsymbol{X}(\boldsymbol{e})$ 覆盖长度满足如下关系：

$$c_i = \frac{1}{\sqrt{\left[\boldsymbol{X}^{\mathrm{T}}(\boldsymbol{e})\boldsymbol{X}(\boldsymbol{e})\right]_{ti}}}$$
$$= \frac{\Omega\left(2^K-1\right)}{2\Omega_i\sqrt{\sum_{i=1}^{L} e_i^2}} \tag{6-16}$$

其中，$i=1,2,\cdots,N$。通过计算，可得

$$\max_{\boldsymbol{p} \neq \tilde{\boldsymbol{p}}} \prod_{i=1}^{N} c_i^{\Omega_i} = \max_{\boldsymbol{p} \neq \tilde{\boldsymbol{p}}} \left(\frac{2\sqrt{\displaystyle\sum_{i=1}^{L} e_i^2}}{\Omega\left(2^K - 1\right)} \right)^{-\Omega} \prod_{i=1}^{N} \Omega_i^{\Omega_i}$$

$$= \left(\frac{2\sqrt{\displaystyle\min_{\boldsymbol{p} \neq \tilde{\boldsymbol{p}}} \sum_{i=1}^{L} e_i^2}}{\Omega\left(2^K - 1\right)} \right)^{-\Omega} \prod_{i=1}^{N} \Omega_i^{-\Omega_i}$$

$$= \prod_{i=1}^{N} \Omega_i^{-\Omega_i} \left(\frac{2}{\Omega\left(2^K - 1\right)} \right)^{-\Omega}$$

$$= \left(\frac{2^K - 1}{2} \right)^{\Omega} \prod_{i=1}^{N} \left(\frac{\Omega}{\Omega_i} \right)^{\Omega_i} \tag{6-17}$$

式(6-17)整体成立。因此,式(6-4)中定义的线性空时星座可以实现最优的小尺度分集增益,所以在大尺度分集增益和小尺度分集增益条件下为最优的。

定理 6-1 证明完毕。

6.2.2　线性最优空时分组码的性质

关于定理 6-1 中的最优线性设计,有以下几点说明。

(1) 最优线性空时星座。定理 6-1 中的结果表明:基于小尺度分集增益准则,设计最优的线性空时星座等价于分别设计最优的一维星座和最优的功率分配。我们知道最优的一维星座为 PAM 星座,因此,最优的线性空时星座为空间上对 PAM 符号进行最优的功率分配。

(2) RC 的最优性证明。由定理 6-1 可知,当 $\Omega_1 = \Omega_2 = \cdots = \Omega_N$ 时,最优的线性 STBC 如下:

$$\boldsymbol{X}(\boldsymbol{p}) = \frac{2}{N\left(2^K - 1\right)} \begin{pmatrix} p_1 & p_1 & \cdots & p_1 \\ p_2 & p_2 & \cdots & p_2 \\ \vdots & \vdots & & \vdots \\ p_L & p_L & \cdots & p_L \end{pmatrix}_{L \times N} \tag{6-18}$$

其中, $p_1, p_2, \cdots, p_L \in \left\{0, 1, \cdots, 2^K - 1\right\}$。因此,定理 6-1 事实上给出了 RC 是在 $\Omega_1 = \Omega_2 = \cdots = \Omega_N$ 时 MIMO-OWC 系统的最优 STBC。这是首次对 RC 作为线性 STBC 最优性给出的证明,且推广了有关空间多维星座的理论结果。

(3) 快速最大似然检测。注意到，对于式(6-4)中的最优线性设计，其等效的
MIMO 信道模型如下：

$$y_l = Hx^{(l)} + n_l, \quad l = 1, 2, \cdots, L \tag{6-19}$$

其中，$x^{(l)} = \left[\Omega_1, \cdots, \Omega_N \right]^{\mathrm{T}} k$，且 $k \in \left\{ 0, 1, \cdots, 2^{K_l} - 1 \right\}$。对于式(6-19)中的信道，线性
迫零接收机等价于最优的最大似然接收机。因此，发射信号的最优估计可由式(6-20)
获得

$$\hat{x}^{(l)} = \begin{cases} \mathbf{0}, & \dfrac{y_l Hw^{\mathrm{T}}}{\left\| Hw^{\mathrm{T}} \right\|_2^2} < 0 \\[4mm] \left\lfloor \dfrac{y_l Hw^{\mathrm{T}}}{\left\| Hw^{\mathrm{T}} \right\|_2^2} + \dfrac{1}{2} \right\rfloor w, & 0 \leqslant \dfrac{y_l Hw^{\mathrm{T}}}{\left\| Hw^{\mathrm{T}} \right\|_2^2} \leqslant 2^{K_l} - 1 \\[4mm] \left(2^{K_l} - 1 \right) w, & \dfrac{y_l Hw^{\mathrm{T}}}{\left\| Hw^{\mathrm{T}} \right\|_2^2} > 2^{K_l} - 1 \end{cases} \tag{6-20}$$

其中，$w = \dfrac{1}{\Omega} \left[\Omega_1, \cdots, \Omega_N \right]^{\mathrm{T}}$。

6.3　可见光通信多输入多输出系统最优非线性空时码结构

本节将给出可以实现全分集增益的最优非线性空时星座结构。

6.3.1　最优非线性空时结构

首先，给出与最优非线性空时星座紧密相关的两个优化问题。

优化问题 6-1　假设 $\tilde{d}_{\min}(\mathcal{X}) = \min_{X \neq \tilde{X}, X, \tilde{X} \in \mathcal{X}} \sum_{i=1}^{N} \left\| x_i - \tilde{x}_i \right\|_2$，其中，$x_i$ 为矩阵 X
的第 i 列向量，则在

$$\tilde{d}_{\min}(\mathcal{X}) = 1$$

条件下，对于任意给定的正整数 K、L 和发射终端数目 N，设计一个大小为 $|\mathcal{X}| = 2^K$
的多维星座 $\mathcal{X} \subseteq \mathbb{R}_+^{L \times N}$，使得：①最小化 $\max_{X \neq \tilde{X}, X, \tilde{X} \in \mathcal{X}} \prod_{i=1}^{N} c_i^{\Omega_i}$；②在①的条件下，
最小化平均发射光功率 $\sum_{X \in \mathcal{X}} \dfrac{\mathbf{1}^{\mathrm{T}} X \mathbf{1}}{2^K}$。

优化问题 6-2　给定正整数 L 和 K，寻找一个大小为 $|\mathcal{S}|=2^K$ 的星座 $\mathcal{S} \subseteq \mathbb{R}_+^L$，在最小欧氏距离假定为 1，即 $\min_{s \neq \tilde{s}, s, \tilde{s} \in \mathcal{S}} \|s - \tilde{s}\|_2 = 1$ 时，最小化平均发射光功率 $\sum_{s \in \mathcal{S}} \dfrac{\mathbf{1}^\mathrm{T} s}{2^K}$。

定理 6-2　优化问题 6-1 的最优解如下：

$$\mathcal{X} = \left\{ \begin{pmatrix} \Omega_1 s_1 & \Omega_2 s_1 & \cdots & \Omega_N s_1 \\ \Omega_1 s_2 & \Omega_2 s_2 & \cdots & \Omega_N s_2 \\ \vdots & \vdots & & \vdots \\ \Omega_1 s_L & \Omega_2 s_L & \cdots & \Omega_N s_L \end{pmatrix}, \quad s = (s_1, \cdots, s_L)^\mathrm{T} \in \mathcal{S}_{\mathrm{opt}} \right\} \tag{6-21}$$

其中，$\mathcal{S}_{\mathrm{opt}}$ 为优化问题 6-2 的最优解。

证明　优化问题 6-1 的最优解可以通过逐次求解如下两个子问题得到

$$\min_{\tilde{d}_{\min}(\mathcal{X})=1, \mathcal{X} \subseteq \mathbb{R}_+^{L \times N}} \max_{X \neq \tilde{X}, X, \tilde{X} \in \mathcal{X}} \prod_{i=1}^N c_i^{\Omega_i} \tag{6-22}$$

$$\min_{\tilde{d}_{\min}(\mathcal{X})=1, \mathcal{X} \subseteq \mathbb{R}_+^{L \times N}} \sum_{X \in \mathcal{X}} \mathbf{1}^\mathrm{T} X \mathbf{1} \tag{6-23}$$

由定理 6-1 可知，$\Delta X^\mathrm{T} \Delta X$ 的第 i 个覆盖长度满足如下关系：

$$\begin{aligned} c_i &\geqslant \frac{1}{\sqrt{\left[\Delta X^\mathrm{T} \Delta X\right]_{ii}}} = \frac{1}{\|x_i - \tilde{x}_i\|} \\ &\geqslant \frac{1}{\sqrt{\left[\sum_{l=1}^L A_l(|e_l|)^\mathrm{T} \sum_{l=1}^L A_l(|e_l|)\right]_{ii}}} \end{aligned} \tag{6-24}$$

其中，$\left[\Delta X^\mathrm{T} \Delta X\right]_{ii}$ 为正数。由此可得

$$\max_{X \neq \tilde{X}} \prod_{i=1}^N c_i^{\Omega_i} \geqslant \max_{X \neq \tilde{X}} \prod_{i=1}^N \left(\|x_i - \tilde{x}_i\|\right)^{-\Omega_i} \tag{6-25}$$

注意到，在集合 $\mathcal{X}$ 中存在矩阵元素 $X^{(0)}$ 和 $\tilde{X}^{(0)}$ 满足 $\sum_{i=1}^N \|x_i^{(0)} - \tilde{x}_i^{(0)}\| = \tilde{d}_{\min}(\mathcal{X})$，其中，$x_i^{(0)}$ 为 $X^{(0)}$ 矩阵中的第 i 列。从而，有

$$\max_{X \neq \tilde{X}} \prod_{i=1}^N \left(\|x_i^{(0)} - \tilde{x}_i^{(0)}\|\right)^{-\Omega_i} \geqslant \prod_{i=1}^N \left(\|x_i^{(0)} - \tilde{x}_i^{(0)}\|\right)^{-\Omega_i} \tag{6-26}$$

另外

$$\prod_{i=1}^{N}\left(\left\|\boldsymbol{x}_i^{(0)}-\tilde{\boldsymbol{x}}_i^{(0)}\right\|\right)^{\Omega_i} \leqslant \prod_{i=1}^{N}\Omega_i^{\Omega_i}\left(\sum_{i=1}^{N}\frac{\left\|\boldsymbol{x}_i^{(0)}-\tilde{\boldsymbol{x}}_i^{(0)}\right\|}{\Omega}\right)^{\Omega}$$

$$=\prod_{i=1}^{N}\Omega_i^{\Omega_i}\left(\frac{d_{\min}(\mathcal{X})}{\Omega}\right)^{\Omega}$$

$$=\frac{1}{\Omega^{\Omega}}\prod_{i=1}^{N}\Omega_i^{\Omega_i} \tag{6-27}$$

进而可得如下不等式：

$$\max_{X\neq\tilde{X}}\prod_{i=1}^{N}c_i^{\Omega_i} \geqslant \Omega^{\Omega}\prod_{i=1}^{N}\Omega_i^{-\Omega_i}$$

$$=\prod_{i=1}^{N}\left(\frac{\Omega}{\Omega_i}\right)^{\Omega_i} \tag{6-28}$$

现在考虑星座集合 $\check{\mathcal{X}}$ ，其中 $\tilde{d}_{\min}(\check{\mathcal{X}})=1$ ，且矩阵元素结构如下：

$$\overline{\boldsymbol{X}}=\begin{pmatrix} s_1 & s_1 & \cdots & s_1 \\ s_2 & s_2 & \cdots & s_2 \\ \vdots & \vdots & & \vdots \\ s_L & s_L & \cdots & s_L \end{pmatrix}_{L\times N}\begin{pmatrix} \Omega_1 & 0 & \cdots & 0 \\ 0 & \Omega_2 & \cdots & 0 \\ \vdots & \vdots & & \vdots \\ 0 & 0 & \cdots & \Omega_N \end{pmatrix}_{N\times N} \tag{6-29}$$

然后，可得相应差分矩阵为

$$\Delta\overline{\boldsymbol{X}}^{\mathrm{T}}\Delta\overline{\boldsymbol{X}}=\|\boldsymbol{e}\|^2\begin{pmatrix} \Omega_1^2 & \Omega_1\Omega_2 & \cdots & \Omega_1\Omega_N \\ \Omega_1\Omega_2 & \Omega_2^2 & \cdots & \Omega_2\Omega_N \\ \vdots & \vdots & & \vdots \\ \Omega_1\Omega_N & \Omega_2\Omega_N & \cdots & \Omega_N^2 \end{pmatrix}_{N\times N} \tag{6-30}$$

由式(6-30)可知，对于非零 $\|\boldsymbol{e}\|$ ，矩阵 $\Delta\overline{\boldsymbol{X}}^{\mathrm{T}}\Delta\overline{\boldsymbol{X}}$ 秩为 1，且所有元素为正。矩阵 $\Delta\overline{\boldsymbol{X}}^{\mathrm{T}}\Delta\overline{\boldsymbol{X}}$ 的覆盖长度等于 $\overline{c}_i=\dfrac{1}{\Omega_i\|\boldsymbol{e}\|}$ 。因此，有

$$\max_{X\neq\tilde{X}}\prod_{i=1}^{N}\overline{c}_i^{\Omega_i}=\max_{X\neq\tilde{X}}\prod_{i=1}^{N}\left(\Omega_i\|\boldsymbol{e}\|\right)^{-\Omega_i}$$

$$=\prod_{i=1}^{N}\left(\frac{1}{\Omega_i}\right)^{\Omega_i}\left(\min\|\boldsymbol{e}\|\right)^{-\Omega} \tag{6-31}$$

另外，假设 $d_{\min}(\overline{\mathcal{X}})=\min\Omega\|\boldsymbol{e}\|=1$ 告诉我们 $\min\|\boldsymbol{e}\|=1/\Omega$ 。然后，把 $\min\|\boldsymbol{e}\|=1/\Omega$ 代入式(6-31)，可得

$$\max\nolimits_{X \neq \tilde{X}} \prod_{i=1}^{N} \overline{c}_i^{\,\Omega_i} = \prod_{i=1}^{N} \left(\frac{\Omega}{\Omega_i} \right)^{\Omega_i} \tag{6-32}$$

因此,式(6-29)中的矩阵结构为式(6-22)的最优解。若 $\mathcal{X}$ 的矩阵元素满足式(6-29)中的结构,那么式(6-23)等价于在 $\min \Omega\|e\|=1$ 时,最小化平均光功率 $\sum\limits_{X \in \mathcal{X}} \mathbf{1}^{\mathrm{T}} X \mathbf{1}$。这一问题等价于优化问题 6-2。证明完毕。

我们称此类空时结构为空间分配功率时间关联的分组码(spatial-repetitional time-collaborative block code, SRTCM)。

6.3.2　正交化等效多输入多输出信道

对于 SRTCM,通过把接收信号矩阵 Y、噪声矩阵 N 以及 XH 写为矢量形式:

$$\begin{cases} \boldsymbol{s} = \left(s_1, \cdots, s_L\right)^{\mathrm{T}} \\ \boldsymbol{y} = \begin{bmatrix} y_{11} & \cdots & y_{1L} & \cdots & y_{M1} & \cdots & y_{ML} \end{bmatrix}^{\mathrm{T}} \\ \boldsymbol{n} = \begin{bmatrix} n_{11} & \cdots & n_{1L} & \cdots & n_{M1} & \cdots & n_{ML} \end{bmatrix}^{\mathrm{T}} \\ \mathcal{H} = \left(\sum\limits_{i=1}^{N} \Omega_i h_{i1} \boldsymbol{I}_{L \times L}, \cdots, \sum\limits_{i=1}^{N} \Omega_i h_{iM} \boldsymbol{I}_{L \times L} \right)^{\mathrm{T}} \end{cases} \tag{6-33}$$

我们可以把信道模型 $Y = XH + N$ 等效转化为如下形式:

$$\boldsymbol{y} = \mathcal{H}\boldsymbol{s} + \boldsymbol{n} \tag{6-34}$$

其中

$$\mathcal{H}^{\mathrm{T}}\mathcal{H} = \sum_{j=1}^{M} \left(\sum_{i=1}^{N} \Omega_i h_{ij} \right)^2 \boldsymbol{I}_{L \times L} \tag{6-35}$$

由式(6-35)可知,等效的信道矩阵为正交矩阵。因此,如果多维星座 $\mathcal{S}$ 具有快速最大似然检测算法,那么经过 MIMO 信道后的接收机仍具有同样的复杂度。SRTCM 的这一性质与 MIMO-RF 中著名的 Alamouti 码类似。

6.3.3　最优多维星座设计

由定理 6-2 可知,对于 MIMO-OWC 系统,信道中出现对数高斯衰落时,最优的非线性 STBC 的设计等价于在 AWGN 信道中设计高维最优星座。很遗憾的是,现代 RF 无线通信中,设计 AWGN 信道中的最优多维星座是一个经典而悬而未决的公开问题。AWGN 信道中 RF 的最优多维星座设计对应的优化问题为难度较大的离散优化问题,至今未见有相关成果报道。

6.4   基于丢番图方程理论的整数最优多维星座设计

由于设计 AWGN 信道中的最优多维星座难度较大，我们主要集中于设计具有较高能量利用率的多维星座，这一方向将是我们未来长期的研究课题。本章尝试在整数域内基于丢番图方程理论给出最优的 SRTCM。

优化问题 6-3   对于任意给定的正整数 L 和 K，设计一个大小为 2^K 的正数星座 $\mathcal{S} \subseteq \mathbb{Z}_+^L$，使得在最小欧氏距离等于 1，即 $\min_{s \neq \hat{s}, s, \hat{s} \in \mathcal{S}} \|s - \hat{s}\|_2 = 1$ 的条件下，最小化平均发射光功率 $\sum_{s \in \mathcal{S}} \mathbf{1}^T s$，其中，$\mathbf{1} = (1,1,\cdots,1)^T$。

定理 6-3   优化问题 6-3 的最优解为

$$\mathcal{S} = \bigcup_{z=0}^{Z-1} \mathcal{S}_z \cup \overline{\mathcal{S}}_Z \tag{6-36}$$

其中

$$\mathcal{S}_z = \left\{ s \in \mathbb{Z}_+^L : \mathbf{1}^T s = z \right\}, \quad z = 0,1,\cdots,Z-1 \tag{6-37}$$

且

$$\overline{\mathcal{S}}_Z = \left\{ s_z \in \mathbb{Z}_+^L : \mathbf{1}^T s_z = Z, z = 1,2,\cdots,2^K - \frac{(L+Z-1)!}{(Z-1)!L!} \right\} \tag{6-38}$$

证明   为了求解优化问题 6-3，首先应注意到，对于任意给定非负整数 z，丢番图方程 $\mathbf{1}^T s = z, s \in \mathbb{Z}_+^L$ 的所有正整数解的数目等于 $\dfrac{(z+L-1)!}{z!(L-1)!}$。因此，当 z 从 $z=0$ 到 $z=\overline{Z}$ 变化时，共有 $\sum_{z=0}^{\overline{Z}} \dfrac{(z+L-1)!}{z!(L-1)!}$ 个正整数解。另外，有

$$\sum_{z=0}^{\overline{Z}} \frac{(z+L-1)!}{z!(L-1)!} = \frac{L!}{0!L!} + \frac{L!}{1!(L-1)!} + \cdots + \frac{(\overline{Z}+L-1)!}{\overline{Z}!(L-1)!}$$

$$= \frac{(L+1)!}{L!} + \frac{(L+1)!}{2!(L-1)!} + \cdots + \frac{(\overline{Z}+L-1)!}{\overline{Z}!(L-1)!}$$

$$= \frac{(L+\overline{Z}-1)!}{(\overline{Z}-1)!T!} + \frac{(L+\overline{Z}-1)!}{\overline{Z}!(L-1)!} = \frac{(L+\overline{Z})!}{\overline{Z}!L!} \tag{6-39}$$

令 Z 为满足如下关系式的最小正整数：

$$\frac{(L+Z)!}{Z!L!} \geqslant 2^K \tag{6-40}$$

我们定义

$$\mathcal{S}_z = \left\{ \boldsymbol{s} \in \mathbb{Z}_+^L : \mathbf{1}^T \boldsymbol{s} = z \right\}, \quad z = 0, 1, \cdots, Z-1 \tag{6-41}$$

和

$$\bar{\mathcal{S}}_Z = \left\{ \boldsymbol{s}_z \in \mathbb{Z}_+^L : \mathbf{1}^T \boldsymbol{s}_z = Z, z = 1, 2, \cdots, 2^K - \frac{(L+Z-1)!}{(Z-1)!L!} \right\} \tag{6-42}$$

则 对 于 $z = 0, 1, \cdots, Z-1$ ，星座 $\mathcal{S}_z$ 和 $\bar{\mathcal{S}}_Z$ 的元素个数分别为 $\dfrac{(z+L-1)!}{z!(L-1)!}$ 和

$2^K - \dfrac{(L+T-1)!}{L!(T-1)!}$ 。

现在考虑整数星座 $\tilde{\mathcal{S}} \subseteq \mathbb{Z}_+^L$ ，其中，$\tilde{\mathcal{S}}$ 的元素数目为 2^K ，且其最小欧氏距离等于 1，即 $\min_{\boldsymbol{s} \neq \tilde{\boldsymbol{s}}, \boldsymbol{s}, \tilde{\boldsymbol{s}} \in \tilde{\mathcal{S}}} \|\boldsymbol{s} - \tilde{\boldsymbol{s}}\|_2 = 1$ 。接下来，可以把 $\tilde{\mathcal{S}}$ 分解为 $Z+1$ 个不相交的子集，即 $\tilde{\mathcal{S}} = \bigcup\limits_{z=0}^Z \tilde{\mathcal{S}}_z$ ，其中

$$\tilde{\mathcal{S}}_l = \left\{ \tilde{\boldsymbol{s}}_{z,1}, \cdots, \tilde{\boldsymbol{s}}_{z,\frac{(z+L-1)!}{z!(L-1)!}} \right\}, \quad \mathbf{1}^T \tilde{\boldsymbol{s}}_{z,i} \leqslant \mathbf{1}^T \tilde{\boldsymbol{s}}_{z,i+1}, \quad i = 1, 2, \cdots, \frac{(z+L-1)!}{z!(L-1)!} - 1 \tag{6-43}$$

$$\mathbf{1}^T \tilde{\boldsymbol{s}}_{z,\frac{(z+L-1)!}{z!(L-1)!}} \leqslant \mathbf{1}^T \tilde{\boldsymbol{s}}_{z+1,1}, \quad z = 1, 2, \cdots, 2^K - \frac{(L+Z-1)!}{(Z-1)!L!} - 1 \tag{6-44}$$

下面利用数学归纳法来证明式(6-45)成立：

$$\mathbf{1}^T \tilde{\boldsymbol{s}}_{z,1} \geqslant z, \quad 0 \leqslant z \leqslant Z \tag{6-45}$$

当 $z = 0$ 时，式(6-45)的确成立。现在假设：当 $z = J$ ，且 $1 \leqslant J \leqslant Z-1$ 时，$\mathbf{1}^T \tilde{\boldsymbol{s}}_{z,1} \geqslant z$ 成立。当 $z = J+1$ 时，如果 $\mathbf{1}^T \tilde{\boldsymbol{s}}_{z,1} \geqslant z$ 不成立，那么，由 $\tilde{\mathcal{S}} \subseteq \mathbb{Z}_+^L$ 以及式(6-43)和式(6-44)的假设可知：

$$\mathbf{1}^T \tilde{\boldsymbol{s}}_{J,1} = \mathbf{1}^T \tilde{\boldsymbol{s}}_{J,2} = \cdots = \mathbf{1}^T \tilde{\boldsymbol{s}}_{J,\frac{(J+L-1)!}{J!(L-1)!}} = \mathbf{1}^T \tilde{\boldsymbol{s}}_{J+1,1} = J \tag{6-46}$$

因此，丢番图方程 $\mathbf{1}^T \boldsymbol{s} = J$ 至少有 $\dfrac{(Z+L-1)!}{Z!(L-1)!} + 1$ 个非负整数根。这与丢番图方程

$\mathbf{1}^T \boldsymbol{s} = J, \boldsymbol{s} \in \mathbb{Z}_+^L$ 最多有 $\dfrac{(Z+L-1)!}{Z!(L-1)!}$ 个非负整数根相矛盾。因此，对于 $z = J+1$ ，

$\mathbf{1}^T \tilde{\boldsymbol{s}}_{z,1} \geqslant z$ 也成立。另外，由式(6-43)和式(6-44)的假设可知：

$$\sum_{\tilde{\boldsymbol{s}} \in \tilde{\mathcal{S}}} \mathbf{1}^T \tilde{\boldsymbol{s}} \geqslant \sum_{\boldsymbol{s} \in \mathcal{S}} \mathbf{1}^T \boldsymbol{s} \tag{6-47}$$

因此，在最小欧氏距离给定时，式(6-36)的方案为所有非负整数星座中能量效率最高的。

证明完毕。

下面给出式(6-36)中对应多维星座的两个特例。

例 6-1　当 $L=2$ 和 $K=4$ 时，$\mathcal{S}$ 的元素如下：

$$\mathcal{S}=\left\{\begin{pmatrix}0\\0\end{pmatrix},\begin{pmatrix}1\\0\end{pmatrix},\begin{pmatrix}0\\1\end{pmatrix},\begin{pmatrix}1\\1\end{pmatrix},\begin{pmatrix}2\\0\end{pmatrix},\begin{pmatrix}0\\2\end{pmatrix},\begin{pmatrix}3\\0\end{pmatrix},\begin{pmatrix}0\\3\end{pmatrix},\begin{pmatrix}1\\2\end{pmatrix},\begin{pmatrix}2\\1\end{pmatrix},\begin{pmatrix}4\\0\end{pmatrix},\begin{pmatrix}0\\4\end{pmatrix},\begin{pmatrix}1\\3\end{pmatrix},\begin{pmatrix}3\\1\end{pmatrix},\begin{pmatrix}2\\2\end{pmatrix},\begin{pmatrix}5\\0\end{pmatrix}\right\} \tag{6-48}$$

例 6-2　当 $L=3$ 和 $K=5$ 时，$\mathcal{S}$ 表示为

$$\mathcal{S}=\left\{\begin{array}{ccccccc}\begin{pmatrix}0\\0\\0\end{pmatrix},&\begin{pmatrix}1\\0\\0\end{pmatrix},&\begin{pmatrix}0\\1\\0\end{pmatrix},&\begin{pmatrix}0\\0\\1\end{pmatrix},&\begin{pmatrix}2\\0\\0\end{pmatrix},&\begin{pmatrix}0\\2\\0\end{pmatrix},&\begin{pmatrix}1\\1\\0\end{pmatrix},\\[18pt]\begin{pmatrix}1\\0\\1\end{pmatrix},&\begin{pmatrix}3\\1\\1\end{pmatrix},&\begin{pmatrix}0\\0\\0\end{pmatrix},&\begin{pmatrix}0\\3\\0\end{pmatrix},&\begin{pmatrix}0\\0\\3\end{pmatrix},&\begin{pmatrix}1\\2\\0\end{pmatrix},&\begin{pmatrix}1\\1\\2\end{pmatrix},\\[18pt]\begin{pmatrix}0\\2\\1\end{pmatrix},&\begin{pmatrix}2\\1\\0\end{pmatrix},&\begin{pmatrix}0\\0\\1\end{pmatrix},&\begin{pmatrix}4\\1\\0\end{pmatrix},&\begin{pmatrix}0\\4\\0\end{pmatrix},&\begin{pmatrix}0\\1\\4\end{pmatrix},&\begin{pmatrix}3\\1\\0\end{pmatrix},\\[18pt]\begin{pmatrix}3\\0\\1\end{pmatrix},&\begin{pmatrix}1\\3\\0\end{pmatrix},&\begin{pmatrix}0\\0\\3\end{pmatrix},&\begin{pmatrix}0\\1\\1\end{pmatrix},&\begin{pmatrix}2\\3\\0\end{pmatrix},&\begin{pmatrix}2\\2\\2\end{pmatrix},&\begin{pmatrix}0\\2\\2\end{pmatrix}\end{array}\right\} \tag{6-49}$$

关于式(6-36)中的整数最优设计，我们评述如下。

(1) 是否有必要设计 STBC？我们知道，在 MIMO-RF 中，空时星座作为一种改善多天线系统频谱效率的重要方法，受到了广泛关注。然而，对于 MIMO-OWC 系统，由于其信道的非负性，RC 具有较好的性能，远远超过从 MIMO-RF 中 STBC 添加直流分量得到的方案。基于超长方体覆盖准则的最优线性设计表明，在线性设计时，RC 的确是最优的空时星座。另外，在非线性设计时，RC 不再是最优的。因此，本章提出的基于丢番图方程的整数最优 SRTCM 解决了这一难题，并给出了肯定的答案，空时星座仍然可以有效改善 MIMO-OWC 系统的性能，然而，其中的研究方法和传输方案具有显著的差异。

(2) 新型编码调制(coded modulation)。SRTCM 等价于设计 AWGN 信道中的高效多维星座，其实质是允许多个时间维度上的信号分量关联起来，以改善系统传输的可靠性。就此而论，式(6-36)中的多维星座设计可以看作一种新型的编码调制方式。与 Ungerboeck 的做法不同之处是，先在多维空间中设计能量高效的星座，然后寻求合适的比特映射方式。而 Ungerboeck 则是针对 QAM、PAM 以及 PSK 等

RF 中常见的星座进行集合分割，从所有可能的符号序列中选取欧氏距离较大的若干序列。

（3）较大功率增益。为了对比本章提出的 SRTCM 和 RC 之间的性能，将 SRTCM 相对于 RC 的性能增益定义为：给定最小欧氏距离时，RC 消耗功率与 SRTCM 所消耗功率之比，即

$$G_{\text{SRTCM-over-RC}} = 20\lg\left(\frac{\sum\limits_{s\in\mathcal{P}}\mathbf{1}^{\mathrm{T}}s}{\sum\limits_{s\in\mathcal{S}}\mathbf{1}^{\mathrm{T}}s}\right) \tag{6-50}$$

其中，$\mathcal{P}$ 为 RC，其空间分量为 PAM。如图 6-1 所示，可以看到，当关联的时间长度变大时，SRTCM 相对于 RC 获得的性能增益会显著增加。然而，对于给定的时间长度，不同的比特速率对应的性能增益会出现某种波动。

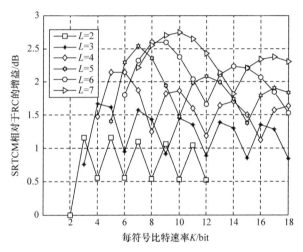

图 6-1　整数最优 SRTCM 相对于 RC 的性能增益

6.5　性能仿真与对比分析

本节主要对本章设计的线性最优 STBC 以及整数最优的 SRTCM 误码性能进行仿真分析。事实上，在设计线性最优 STBC 时，我们已经证明了 RC 是 $\Omega_1 = \Omega_2 = \cdots = \Omega_N$ 时，线性最优的线性空时星座，且为现有文献中性能最佳的传输方案。基于以上考虑我们把 RC 作为参考方案。

6.5.1　仿真参数设置

仿真对比的几种方案的信号格式以及参数设置，详细介绍如下。

（1）RC[14]。RC 作为 $\Omega_1 = \Omega_2 = \cdots = \Omega_N$ 时最优的线性空时星座，其码字矩阵如下：

$$X_{RC}(p) = \frac{2L}{N\sum\limits_{l=1}^{L}\left(2^{K_l}-1\right)}\begin{pmatrix} p_1 & \cdots & p_1 \\ \vdots & & \vdots \\ p_L & \cdots & p_L \end{pmatrix} \qquad (6\text{-}51)$$

其中，$p \in \mathcal{P} = \mathcal{P}^{(1,K_1)} \times \cdots \times \mathcal{P}^{(1,K_L)}$，$\mathcal{P}^{(1,K_l)} = \left\{0,1,\cdots,2^{K_l}-1\right\}$。另外，对于 RC，$\mathcal{P} = \{m\}_{m=0}^{m=2^{K_1}-1} \times \cdots \times \{m\}_{m=0}^{m=2^{K_L}-1}$ 中的参数 K_i 的选取准则是：选择正整数 K_i，使对应的光功率 $\sum\limits_{p\in\mathcal{P}} \mathbf{1}^T p$ 最小。

(2) 线性最优 STBC。线性最优 STBC 如式(6-4)所示，其码字矩阵为

$$X(p) = \frac{2L}{\Omega\sum\limits_{l=1}^{L}\left(2^{K_l}-1\right)}\begin{pmatrix} \Omega_1 p_1 & \cdots & \Omega_N p_1 \\ \vdots & & \vdots \\ \Omega_1 p_L & \cdots & \Omega_N p_L \end{pmatrix} \qquad (6\text{-}52)$$

其中，$p \in \mathcal{P} = \mathcal{P}^{(1,K_1)} \times \cdots \times \mathcal{P}^{(1,K_L)}$ 与式(6-51)中相同。

(3) 整数最优的 SRTCM。相应地，整数最优的 SRTCM 的码字矩阵如下：

$$X(s) = \frac{L2^K}{\Omega\sum\limits_{s\in\mathcal{S}} \mathbf{1}^T s}\begin{pmatrix} \Omega_1 s_1 & \cdots & \Omega_N s_1 \\ \vdots & & \vdots \\ \Omega_1 s_L & \cdots & \Omega_N s_L \end{pmatrix} \qquad (6\text{-}53)$$

其中，$s \in \mathcal{S}$，$\mathcal{S}$ 为式(6-36)中设计的基于丢番图方程的整数最优多维星座。

现在可以看到，以上三种方案的平均光功率均进行了归一化，信噪比定义为 $1/\sigma_N^2$。为了确保对比公平，上述三种方案均采用最大似然接收机对信号进行检测。

6.5.2 仿真结果分析

1. 线性最优 STBC 与 RC 性能对比分析

现在通过仿真实验，对比式(6-4)中给出的最优线性空时星座和 RC 在 Ω_i 不同时的传输性能。从图 6-2 可知，给定发射和接收端数目时，线性最优空时星座相对于 RC 的增益随着信噪比的增加而变大。这是由于小尺度分集增益决定了误码曲线的多项式下降速度，而我们给出的线性最优设计的小尺度分集增益优于 RC。例如，在图 6-2 中，当 $N = 2$ 且 $M = 1$，目标错误概率为 10^{-4} 时，线性最优空时星座相对于 RC 获得的信噪比增益为 2dB。在同样条件下，当目标错误概率为 10^{-6} 时，所提出的最优线性空时星座获得增益约为 3dB。然而，如图 6-3 所示，当接收端数目增加，在相同目标错误概率时，最优线性空时星座相对于 RC 获得的信噪比增益逐渐减小。主要原因是，小尺度增益是定义在高信噪比区域的概念，因此，当接收端数目较大时，最优线性空时星座相对于 RC 的增益需要在更高的信噪比区域才能显现出来。

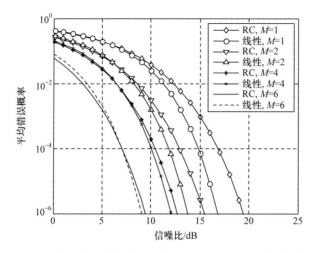

图 6-2　两个发射多个接收时最优线性空时星座与 RC 误码性能对比

$(N = L = 2, K_1 = K_2 = 1, \sigma_{i1}^2 = 0.3, \sigma_{i2}^2 = 0.0001)$

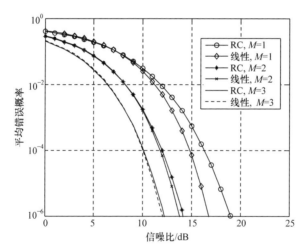

图 6-3　三个发射多个接收时最优线性空时星座与 RC 误码性能对比

$(N = 3, L = 2, K_1 = K_2 = 1, \sigma_{i1}^2 = 0.3, \sigma_{i2}^2 = 0.1, \sigma_{i3}^2 = 0.0001)$

2. 整数最优 SRTCM 与 RC 性能对比分析

为了对比 SRTCM 与 RC 的误码性能，本节给出的仿真结果如图 6-4~图 6-7 所示。从图 6-4~图 6-7 可以看出，本章设计的 SRTCM 传输性能优于 RC，这是由 SRTCM 的高能量效率决定的。一方面，从图 6-4 和图 6-5 可以看出，在收发终端数目固定时，SRTCM 相对于 RC 获得的性能增益与比特速率有关，且相关增益大小与图 6-1 中计算的能量效率增益基本一致。从几何上来说，多维星座的能量效率由其星座点在欧氏空间中分布的几何结构决定，因此，本章设计的 SRTCM 的性能增益与关联的时间维度以及比特速率都紧密相关。例如，当 $L=4$ ， $K=4$ 或 $K=5$ 时，在错误概率为 10^{-4} 时，所提出的 SRTCM 相对于 RC 获得的信噪比增益约为 2dB。另一方面，可以从图 6-4、图 6-5 和图 6-6 看到，SRTCM 在 $\Omega_1=\Omega_2=\cdots=\Omega_N$ 时获得的性能增益与收发终端数目无关，因此可以得到，空间上通过功率分配获得的性能增益与通过时间关联获得的性能增益由不同因素决定，且相互独立。这一特点与 MIMO-RF 中的结果截然不同，在 MIMO-RF 中，空时星座对应的差分矩阵需要满足列满秩的条件，即空间和时间上的设计不能分开。

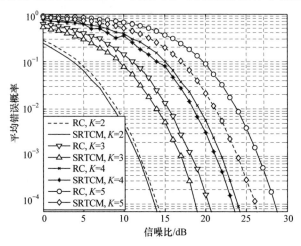

图 6-4　双时隙关联不同比特速率时 SRTCM 与 RC 误码性能对比

(MISO-OWC, $N=L=2, M=1, \sigma_i^2=0.1$)

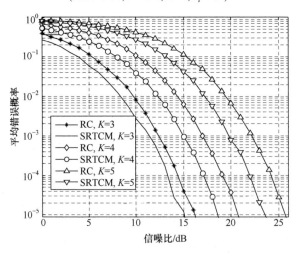

图 6-5　三时隙关联不同比特速率时 SRTCM 与 RC 误码性能对比

(MISO-OWC, $N=2, M=1, L=3, \sigma_1^2=\sigma_2^2=0.1$)

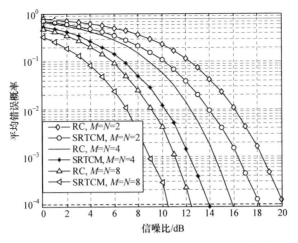

图 6-6　收发数目不同时 SRTCM 与 RC 误码性能对比

(MISO-OWC, $K = 5, L = 3, \sigma_{ij}^2 = 0.1$)

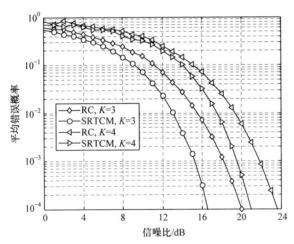

图 6-7　信道统计参数不同时 SRTCM 与 RC 误码性能对比

(MISO-OWC, $N = L = 2, M = 1, \sigma_1^2 = 0.3, \sigma_2^2 = 0.0001$)

接下来,我们仿真了方差不同时,SRTCM 与 RC 的性能对比,如图 6-7 所示。从图 6-7 可以看到,空间和时间上的双重增益使 SRTCM 相对于 RC 的增益更大。例如,当错误概率为 10^{-4} 时,SRTCM 在 $K = 3$ 时获得的性能增益将近 4dB。这一增益值远远大于空间和时间上独立获取的性能增益。

6.6　小　　结

本章主要设计 MIMO-OWC 系统中的空时传输方案,揭示了 MIMO-OWC 系统中设计非线性空时星座应采取的最优结构。通过理论分析，得到了如下几个结果。

(1) 最优的线性空时星座为 RC 进行功率分配，且具有快速最大似然检测算法。

(2) 最优的非线性空时星座为在空间上进行最优功率分配，在时间上关联多个维度设计最优星座，对应的迫零检测与最大似然检测严格等价。

(3) 基于丢番图方程理论，设计了整数域最优的任意维星座。仿真结果显示，与已有的性能最佳方案 RC 相比，所提出的最优线性空时星座以及能量高效的 SRTCM 具有较大性能增益。

本章所得结果表明，所提出的大尺度分集增益和小尺度分集增益准则可以有效指导 MIMO-OWC 系统中的信号设计，且 MIMO-OWC 中的信号设计显著区别于 MIMO-RF。

参 考 文 献

[1] Wang J Y, Wang J B, Chen M, et al. Outage analysis for relay-aided free-space optical communications over turbulence channels with nonzero boresight pointing errors. IEEE Photonics Journal, 2014, 6(4): 1-15.

[2] Roth M. Review of atmospheric turbulence over cities. Quarterly Journal of the Royal Meteorological Society, 2000,126(564): 941-990.

[3] Haas S M, Shapiro J H, Tarokh V. Space-time codes for wireless optical communications. EURASIP Journal on Advances in Signal Processing, 2002,(3): 211-220.

[4] Beaulieu N C, Xie Q. An optimal lognormal approximation to lognormal sum distributions. IEEE Transactions on Communications Technology, 2004,53(2): 479-489.

[5] Filho J S, Cardieri P, Yacoub M. Simple accurate lognormal approximation to lognormal sums. Electronics Letters, 2005, 41(18): 1016-1017.

[6] Navidpour S M, Uysal M, Kavehrad M. BER performance of free-space optical transmission with spatial diversity. IEEE Transactions on Wireless Communications, 2007, 6(8): 2813-2819.

[7] Laourine A, Stephenne A, Affes S. On the capacity of log-normal fading channels. IEEE Transactions on Communications, 2009,57(6): 1603-1607.

[8] Giggenbach D, Henniger H. Fading-loss assessment in atmospheric free-space optical communication links with on-off keying. Optical Engineering, 2008, 47(4): 046001.

[9] Tarokh V, Seshadri N, Calderbank A R. Space-time codes for high date rate wireless communication: Performance criterion and code construction. IEEE Transactions on Information Theory, 1998, 44(2): 744-765.

[10] Liu J, Zhang J K, Wong K M. Full diversity codes for MISO systems equipped with linear or ML detectors. IEEE Transactions on Information Theory, 2008, 54(10): 4511-4527.

[11] Shang Y, Xia X G. Space-time block codes achieving full diversity with linear receivers. IEEE Transactions on Information Theory, 2008, 54(10): 4528-4547.

[12] Zhang J K, Liu J, Wong K M. Trace-orthogonal full diversity cyclotomic space time codes. IEEE Transactions on Signal Processing, 2007, 55(2): 618-630.

[13] Barry J R. Wireless Infrared Communications. Boston: Kluwer Academic Press, 1994.

[14] Wilson S G, Brandt-Pearce M, Cao Q, et al. Optical repetition MIMO transmission with multipulse PPM. IEEE Journal on Selected Areas in Communications, 2005, 23(9): 1901-1909.

[15] Geramita A V, Seberry J. Orthogonal Design, Quadratic Forms and Hadamard Matrices. New York: Marcel Dekker Inc, 1979.

[16] Alamouti S M. A simple transmit diversity scheme for wireless communications. IEEE Journal on Selected Areas in Communications, 1998, 16:1451-1458.

[17] Tarokh V, Jafarkhani H, Calderbank A R. Space-time block codes from orthogonal designs. IEEE Transactions on Information Theory, 1999, 45(5): 1456-1467.

第7章 可见光通信融合照明约束的高效传输技术

本章对多色可见光通信照明联合优化设计问题进行研究。首先介绍 LED 色度学相关理论，考虑多色信道串扰，建立多色 MIMO 模型，以多色 MIMO 模型为基础，在通信和照明限制下，研究多色 MIMO 可见光系统的通信照明参数联合优化问题，提出一种基于四色 LED 的照明自适应收发机设计算法，设计一种照明限制下的信道自适应多色星座。

7.1 概　　述

可见光通信自提出以来就一直是国内外研究的热点，在短短十几年内得到了迅速发展。可见光通信技术取得了一定程度的突破，高速传输的纪录不断被刷新。但是单一灯芯的传输速率与可见光通信 300THz 的潜在频谱资源依然存在很大差距。由于 LED 设计的初衷是用于照明，而非通信，所以商用 LED 的调制带宽较窄，通常为几兆赫兹到数十兆赫兹，即使通过高阶调制格式、蓝光滤波和均衡技术，也无法进一步大幅度提高单一灯芯的传输速率[1-7]。

可见光通信中使用的光源是白光 LED，宽带高光效光源是绿色照明与高速通信的基础。当前白光的实现方式主要有两种：一是采用蓝光 LED 芯片激发黄色荧光粉转换成白光；二是采用多基色 LED(蓝光、绿光、黄光、青光、红光)合成白光。蓝光 LED 芯片激发黄色荧光粉光源的优势是成本较低、市场占有率高且调制复杂度较低，而多基色合成白光光源具有高显色指数、对人眼安全、等效带宽大等优点。因此，基于多色 LED 的可见光多色传输可以在实现高速通信的同时兼顾高品质的照明，非常具有研究价值。

由于单个 LED 的传输特性限制了可见光通信的传输速率，而多色可见光通信系统是一种天然的多输入通信系统，为 MIMO 的实现提供了物理基础，采用多个 LED 灯芯从而实现颜色复用是一种提高传输速率的可行方法，这也符合照明和通信的双重理念，因此多色传输对于未来的高速信号传输具有重要的意义[8-11]。为了促进通信与照明的深度融合，进一步促进可见光通信的发展，基于对可见光通信"通照一体"的本质认识，本章通过对可见光通信多色传输技术进行研究，以期在实现高速通信的同时兼顾高品质的照明。

7.2　LED 色度学相关理论

CIE1931 色度空间如图 7-1 所示, 这是个二维平面空间图, 由 x-y 直角坐标系统构成的平面。用 (x_i, y_i) 的坐标值来表示颜色。图中的颜色, 包括了自然所能得到的颜色。在舌形曲线的中部, 跨过白色区, 有一条向下弯的曲线, 这就是黑体色温轨迹线。这条曲线表示黑体在不同温度下发光颜色的变化轨迹。

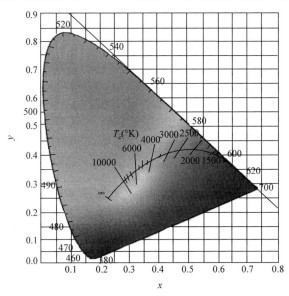

图 7-1　CIE1931 色度空间示意图

假设第 i 个 LED 芯片的光通量是 L_i, 所对应单色光的色坐标是 (x_i, y_i), 根据格拉斯曼定律, 混合后白光的色坐标可以通过下式来计算：

$$\hat{x} = \frac{\boldsymbol{a}^{\mathrm{T}} \boldsymbol{L}}{\boldsymbol{b}^{\mathrm{T}} \boldsymbol{L}} = \frac{\sum\limits_{i=1}^{N} \dfrac{x_i}{y_i} L_i}{\sum\limits_{i=1}^{N} \dfrac{1}{y_i} L_i}, \quad \hat{y} = \frac{\boldsymbol{1}^{\mathrm{T}} \boldsymbol{L}}{\boldsymbol{b}^{\mathrm{T}} \boldsymbol{L}} = \frac{\sum\limits_{i=1}^{N} L_i}{\sum\limits_{i=1}^{N} \dfrac{1}{y_i} L_i}$$

其中, $\boldsymbol{L} = [L_1, L_2, L_3, L_4]^{\mathrm{T}}$ 为光通量向量; $\boldsymbol{a} = \left[\dfrac{x_1}{y_1}, \dfrac{x_2}{y_2}, \dfrac{x_3}{y_3}, \dfrac{x_4}{y_4}\right]^{\mathrm{T}}$ 和 $\boldsymbol{b} = \left[\dfrac{1}{y_1}, \dfrac{1}{y_2}, \dfrac{1}{y_3}, \dfrac{1}{y_4}\right]^{\mathrm{T}}$ 为系数向量; N 为 LED 芯片的数量。

在 CIE1931 色度坐标图上, 每一点都代表一种确定的颜色。任何一个点和周围相邻点的颜色应该是不相同的。但是点之间若靠得比较近，人的眼睛是不能分辨的。只有当两点之间的距离足够大时，我们才能感觉到它们的差别。人眼感觉不出颜色变化的最大范围，称为颜色宽容量。麦克亚当椭圆是用来描述颜色宽容量的一种统计测量工具，如图 7-2 所示，当两种颜色在同一个椭圆内时，人眼无法区分两种颜色间的差别。

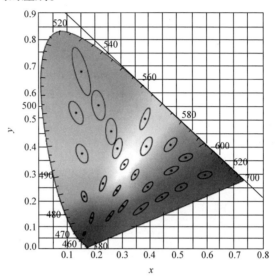

图 7-2　麦克亚当椭圆示意图

实际中，经常使用的是 ξ 步麦克亚当椭圆，即其长轴和短轴都为原始麦克亚当椭圆的 ξ 倍。ξ 步麦克亚当椭圆可以用如下公式表示：

$$g_{11}(\hat{x}-x_0)^2 + 2g_{12}(\hat{x}-x_0)(\hat{y}-y_0) + g_{22}(\hat{y}-y_0)^2 = \xi^2$$

其中，g_{11}、g_{12} 和 g_{22} 为用来描述椭圆方向和大小的恒定常数；(x_0, y_0) 为椭圆的中心点。另外，美国国家标准学会规定在固态照明中使用的是 7 步麦克亚当椭圆，因此 $\xi \in (1,7]$。

7.3　多色可见光通信系统模型

7.3.1　多色波分复用模型

在传统的波分复用可见光通信(wave division multiplexing visible light communications, WDM-VLC)系统中，一系列载有信息但波长不同的光经过自由空间传输，在接收端利用不同颜色的滤光片来分离出各种波长的光，经过光电接收器处理后得到所要的信息，如图 7-3 所示，滤光片被认为是理想的，混合光经过滤光片后只得到一种特定波长的光。考虑一个室内的多色传输可见光系统，含有

N 个芯片的多色 LED 作为发送机，N 个 PD 和相应的滤光片作为接收机。发送信号向量为 s，经过光信道传输后，接收信号向量 r 可以表示为

$$r = JHs + n$$

其中，n 为均值为 0 且方差为 $\sigma^2 I_N$ 的实数域的加性高斯白噪声；J 为多色串扰矩阵，考虑相邻颜色之间的干扰，可以表示如下：

$$J = \begin{bmatrix} 1-\varepsilon & \varepsilon & 0 & \cdots & 0 \\ \varepsilon & 1-2\varepsilon & \varepsilon & \ddots & \vdots \\ 0 & \ddots & \ddots & \ddots & 0 \\ \vdots & \ddots & \varepsilon & 1-2\varepsilon & \varepsilon \\ 0 & \cdots & 0 & \varepsilon & 1-\varepsilon \end{bmatrix}$$

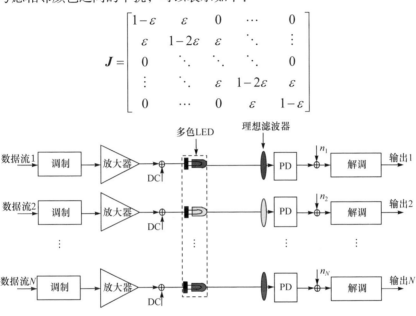

图 7-3　传统可见光通信 WDM 系统模型示意图

无线电通信中需要考虑多径效应，但是在室内点对点可见光通信中反射成分相对于直射成分可以忽略不计，因此被假设为视距传输，第 j 个 LED 芯片到第 i 个 PD 的信道增益为

$$h_{ij} = \begin{cases} \dfrac{\mu A_R (m_0+1)}{2\pi D_{ij}^2} \cos^{m_0}(\phi)\cos(\psi), & 0 \leqslant \psi \leqslant \psi_c \\ 0, & \psi > \psi_c \end{cases}$$

其中，ϕ 表示 LED 的发光角；ψ 表示接收器 PD 的入射角；D_{ij} 表示 LED 芯片和 PD 之间的距离；m_0 为朗伯阶数，$m_0 = \dfrac{-\ln 2}{\ln\left(\cos \Phi_{1/2}\right)}$，其中 $\Phi_{1/2}$ 为 LED 的半功率角；ψ_c 为接收端的视场角；μ 为接收器的灵敏度；A_R 为 PD 的有效接收面积，$A_R = \dfrac{\delta^2}{\sin^2\left(\psi_c\right)} A_{PD}$，其中 δ 表示的是聚光器的折射率，A_{PD} 是 PD 的物理面积。

　　然而，上述模型认为滤光片是理想的，忽略了由 LED 光谱重叠而产生的多色信道串扰。为了更加贴近实际情况，7.3.2 节提出了多色 MIMO 可见光模型。

7.3.2　多色多输入多输出可见光通信模型

　　首先对 LED 光谱进行建模。高斯 LED 光谱模型比较简单而且拟合度很高，因此采用这种 LED 光谱模型来进行分析。LED 光谱模型可以表示成如下形式：

$$\begin{cases} S(\lambda) = p \times \dfrac{g(\lambda, \lambda_0, \Delta\lambda_{0.5}) + 2g^5(\lambda, \lambda_0, \Delta\lambda_{0.5})}{3} \\[2mm] g(\lambda, \lambda_0, \Delta\lambda_{0.5}) = \exp\left(-\left(\dfrac{\lambda - \lambda_0}{\Delta\lambda_{0.5}}\right)^2\right) \\[2mm] \Delta\lambda_{0.5} = \dfrac{5.5 k_B T_j \lambda_0^2}{hc}, \quad \lambda_0 \leqslant 560\text{nm} \\[2mm] \Delta\lambda_{0.5} = \dfrac{2.5 k_B T_j \lambda_0^2}{hc}, \quad \lambda_0 > 560\text{nm} \end{cases}$$

其中，p 为峰值功率参数，且 $p = \dfrac{1 + 2/\sqrt{5}}{3}\sqrt{\pi} \times \Delta\lambda_{0.5}$；$\lambda_0$ 表示峰值波长；$\Delta\lambda_{0.5}$ 表示半峰宽；T_j 为活性层温度；c 代表光速；k_B 和 h 分别为玻尔兹曼常量和普朗克常量。

　　图 7-4 表示的是活性层温度等于 300K 时的一些 LED(红、黄、绿、蓝)高斯模型光谱，从图 7-4 中可以看出 LED 光谱具有一定的线宽，波长相近的 LED 光谱会出现重叠。另外实际中的滤光片不可能是理想的，即使接收端使用了滤光片，也无法对光谱重叠部分进行区分，此时将产生多色信道串扰。所以，在实际的多色可见光系统中，通过滤光片的光包含特定颜色的光和其他颜色的干扰光。

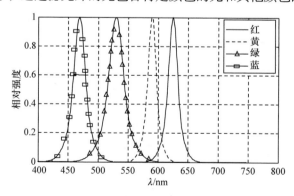

图 7-4　不同颜色的 LED 辐射光谱模型示意图

基于上述分析，可以得出传统的 WDM 模型在实际应用中存在一些缺陷。假如在接收端考虑实际存在的多色信道串扰，传统的波分复用可以得到显著的系统性能提升。

本节结合 LED 光谱和滤光片的特点，在考虑多色信道串扰的基础上，提出了多色 MIMO-VLC 系统模型。

7.4　多色可见光通信系统通照参数优化

7.4.1　通照参数优化系统描述

考虑一个室内的多色 MIMO-VLC 系统，如图 7-5 所示。调制信号经过放大加直流处理后进入 LED 发射，经过自由空间传输后，在接收端被检测器和相应滤光片接收并处理从而恢复原始信号。发送信号向量可以表示为 s。

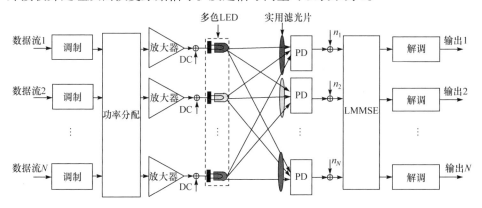

图 7-5　多色 MIMO-VLC 通照参数联合优化系统

经过信道传输后，接收端信号如下：

$$r = JHs + n$$
$$= JH\gamma d + JHp + n$$

由于直流项 JHp 不包含任何信息，所以在信号检测之前可以从接收信号中减去，得到

$$\bar{r} = JH\gamma d + n$$

LMMSE(linear minimum mean square error)检测器是 MIMO 系统中常用的一种检测器，其在消除信道干扰的同时对噪声的放大作用较小。因此，我们采用一个固定的 LMMSE 检测器来恢复原始发送信息，表达式如下：

$$W = (JH)^{\mathrm{T}} \left[(JH)^{\mathrm{T}} JH + \sigma^2 I \right]^{-1}$$

这里假设接收端是给定的，也就是说检测器和发送端没有任何关系。经过检测后的信号可以表示为

$$\hat{r} = W\bar{r} = W(JH\gamma d + n)$$

令 $K = WJ$，$\tilde{n} = Wn$，有

$$\hat{r} = W\bar{r} = KH\gamma d + \tilde{n}$$

由上式可以得到第 i 个 LED 芯片的检测信号为

$$\hat{r}_i = k_{ii}h_{ii}\gamma_i d_i + \sum_{j=1, j\neq i}^{N} k_{ij}h_{jj}\gamma_j d_j + \|w_i\|^2 \sigma^2$$

$$= k_{ii}h_{ii}\gamma_i d_i + v_i + \sigma_i^2$$

其中，w_i 表示的是矩阵 W 的第 i 行；v_i 表示的是颜色间干扰。

7.4.2　通照参数优化问题建模

在可见光系统中，LED 同时作为照明源和发射器，因此在进行系统优化设计时，除了通信限制，还应考虑实际的照明需求。本节对通照参数联合优化问题进行阐述，包括目标函数和一些通信照明限制。

1. 目标函数

我们的目标是通过对发射端进行功率分配优化设计来提高系统的性能。通信系统的性能主要由其服务的质量以及使用的资源数量来衡量。最常见的服务质量度量是误码率和容量，这两个系统指标都和输出信干噪比(signal-to-interference-noise ratio, SINR)高度相关，尤其是最差的 SINR。因此，最大化最小数据流的 SINR 可以保证系统总体性能的提升。在我们的系统中，第 i 个颜色的信道的输出 SINR 定义如下：

$$\mathrm{SINR}_i = \frac{E\left(k_{ii}^2 h_{ii}^2 \gamma_i^2 d_i^2\right)}{E\left(v_i^2\right) + \sigma_i^2} = \frac{k_{ii}^2 h_{ii}^2 E\left(\gamma_i^2 d_i^2\right)}{\sum\limits_{j\neq i} k_{ij}^2 h_{jj}^2 E\left(\gamma_j^2 d_j^2\right) + \sigma_i^2}$$

通过计算可以得到 $E\left(d_i^2\right) = \dfrac{M+1}{3(M-1)}$，其中 M 代表调制阶数。定义一个新的变量 χ，令 $\chi = \dfrac{M+1}{3(M-1)}$，可以得到

$$\text{SINR}_i = \frac{\chi k_{ii}{}^2 h_{ii}{}^2 \gamma_i^2}{\chi \sum_{j \neq i} k_{ij}^2 h_{jj}^2 \gamma_j^2 + \sigma_i^2} = \frac{k_{ii}{}^2 h_{ii}{}^2 \gamma_i^2}{\sum_{j \neq i} k_{ij}^2 h_{jj}^2 \gamma_j^2 + \frac{1}{\chi} \sigma_i^2}$$

所以目标函数为

$$\max \ \min_i \frac{k_{ii}{}^2 h_{ii}{}^2 \gamma_i^2}{\sum_{j \neq i} k_{ij}^2 h_{jj}^2 \gamma_j^2 + \frac{1}{\chi} \sigma_i^2}$$

2. 色度限制

人眼在颜色识别上有一定的局限性，根据麦克亚当椭圆理论，当两种不同的颜色位于同一个椭圆内时，人眼无法区分细微的颜色差别。麦克亚当椭圆色度限制可以表示为

$$g_{11} \left(\frac{\boldsymbol{a}^{\mathrm{T}} \boldsymbol{L}}{\boldsymbol{b}^{\mathrm{T}} \boldsymbol{L}} - x_0 \right)^2 + 2 g_{12} \left(\frac{\boldsymbol{a}^{\mathrm{T}} \boldsymbol{L}}{\boldsymbol{b}^{\mathrm{T}} \boldsymbol{L}} - x_0 \right) \left(\frac{\boldsymbol{1}^{\mathrm{T}} \boldsymbol{L}}{\boldsymbol{b}^{\mathrm{T}} \boldsymbol{L}} - y_0 \right) + g_{22} \left(\frac{\boldsymbol{1}^{\mathrm{T}} \boldsymbol{L}}{\boldsymbol{b}^{\mathrm{T}} \boldsymbol{L}} - y_0 \right)^2 \leqslant \xi^2$$

需要指出的是麦克亚当椭圆的系数和相关色温(correlated color temperature, CCT)的值有关，不同的 CCT 对应着不同的椭圆系数。

3. 亮度限制

为了使人眼接收到的光的亮度保持不变，LED 必须在通信过程中保持恒定的亮度，所以有

$$\boldsymbol{1}^{\mathrm{T}} \boldsymbol{L} = \sum_{i=1}^{N} L_i = L_{\mathrm{t}} \tag{7-1}$$

其中，L_{t} 为 LED 总的平均光通量。另外，因为人眼感受不到光亮度的快速变化，人眼接收到的光的强度取决于平均光通量，所以我们优化的是平均光通量而不是瞬时光通量。

4. 信号幅度限制

首先，在可见光通信中，信号必须非负。另外，LED 的线性动态范围是有限的，因此信号的幅度范围需要被限制以避免非线性失真。因此，每个颜色的 LED 芯片的信号幅度都需要满足如下限制：

$$0 \leqslant \gamma_i d_i + p_i \leqslant I_{\max}$$

其中，$I_{\max}$ 为 LED 允许的最大前向电流，由上式可以得到

$$\begin{cases} \gamma_i \leqslant p_i = \eta_i L_i \\ \gamma_i \leqslant I_{max} - p_i = I_{max} - \eta_i L_i \end{cases}$$

其中，η_i 为光通量到电流的转换系数，单位为 A/lm。因此，信号幅度限制为

$$0 \leqslant \gamma_i \leqslant \min(I_{max} - \eta_i L_i, \eta_i L_i), \quad i=1,2,\cdots,N$$

将目标函数和限制条件组合，得到如下优化问题：

$$\max_{\boldsymbol{L},\gamma} \min_{i} \frac{k_{ii}^{\,2} h_{ii}^{\,2} \gamma_i^2}{\displaystyle\sum_{j \neq i} k_{ij}^2 h_{jj}^2 \gamma_j^2 + \frac{1}{\chi}\sigma_i^2}$$

$$\text{s.t.} \quad g_{11}\left(\frac{\boldsymbol{a}^{\mathrm{T}}\boldsymbol{L}}{\boldsymbol{b}^{\mathrm{T}}\boldsymbol{L}} - x_0\right)^2 + 2g_{12}\left(\frac{\boldsymbol{a}^{\mathrm{T}}\boldsymbol{L}}{\boldsymbol{b}^{\mathrm{T}}\boldsymbol{L}} - x_0\right)\left(\frac{\boldsymbol{1}^{\mathrm{T}}\boldsymbol{L}}{\boldsymbol{b}^{\mathrm{T}}\boldsymbol{L}} - y_0\right) + g_{22}\left(\frac{\boldsymbol{1}^{\mathrm{T}}\boldsymbol{L}}{\boldsymbol{b}^{\mathrm{T}}\boldsymbol{L}} - y_0\right)^2 \leqslant \xi^2 \quad (7\text{-}2)$$

$$\boldsymbol{1}^{\mathrm{T}}\boldsymbol{L} = \sum_{i=1}^{N} L_i = L_{\mathrm{t}}$$

$$\boldsymbol{0} \leqslant \gamma \leqslant \min(\boldsymbol{I}_{max} - \boldsymbol{\eta} \circ \boldsymbol{L}, \boldsymbol{\eta} \circ \boldsymbol{L})$$

$$\boldsymbol{L} \geqslant \boldsymbol{0}$$

其中，$\gamma = [\gamma_1, \gamma_2, \cdots, \gamma_N]^{\mathrm{T}}$ 表示放大系数向量；$\boldsymbol{I}_{max} = \left[I_{max}^1, I_{max}^2, \cdots, I_{max}^N\right]^{\mathrm{T}}$ 表示最大前向电流向量；$\boldsymbol{\eta} = [\eta_1, \eta_2, \cdots, \eta_N]^{\mathrm{T}}$ 表示光通量到电流的转换系数向量，另外，"$\circ$" 表示阿达马乘积。

7.4.3　通照参数优化方法

式(7-2)的技术难点在于目标函数非凸，且色度限制是一个椭圆，也是非凸的，优化问题不是一个简单的凸优化问题，无法用凸优化理论和工具求解，通过数值模拟来寻找全局最优解的复杂度很高。为了使该非凸优化问题更加容易解决，下面通过数学运算将其近似转化为一个凸优化问题。

首先是目标函数的转化。利用一个实值的松弛变量 τ_0，将目标函数转化为如下形式：

$$\begin{cases} \max_{\boldsymbol{L},\gamma} \quad \tau_0 \\ \text{s.t.} \quad \dfrac{k_{ii}^{\,2} h_{ii}^{\,2} \gamma_i^2}{\displaystyle\sum_{j \neq i} k_{ij}^2 h_{jj}^2 \gamma_j^2 + \dfrac{1}{\chi}\sigma_i^2} \geqslant \tau_0 \end{cases}$$

为了表示方便，定义一个新的矩阵 $\boldsymbol{C}$，矩阵中的元素 $c_{ij} = k_{ij}^2 h_{jj}^2$。另外，定义新的矩阵 $\boldsymbol{F}$，$\boldsymbol{F}$ 中的元素可以通过下式计算：

$$f_{ij} = \begin{cases} 0, & j = i \\ c_{ij}, & j \neq i \end{cases}$$

定义向量 $\boldsymbol{\lambda}$，令

$$\boldsymbol{\lambda} = \left[\frac{1}{c_{11}}, \frac{1}{c_{22}}, \cdots, \frac{1}{c_{NN}} \right]^{\mathrm{T}}$$

此时目标函数可以等价地表示为

$$\begin{cases} \max & \tau_0 \\ \text{s.t.} & \dfrac{\gamma_i^2}{\left[\operatorname{diag}(\boldsymbol{\lambda}) \cdot \left(\boldsymbol{F}\gamma^2 + \dfrac{1}{\chi}\boldsymbol{\sigma}^2 \right) \right]_i} \geqslant \tau_0 \end{cases}$$

其中，$[\cdot]_i$ 表示函数向量的第 i 个元素；$\operatorname{diag}(\cdot)$ 表示对角矩阵。

在上式的不等式限制条件两边同时取自然对数后，进行变量替换，令 $\tau_0 = \mathrm{e}^q$，$\gamma_i^2 = \mathrm{e}^{o_i}$，可以得到目标函数的等价凸形式：

$$\begin{cases} \max & q \\ \text{s.t.} & \ln \dfrac{\mathrm{e}^q \cdot \left[\operatorname{diag}(\boldsymbol{\lambda}) \cdot \left(\boldsymbol{F}\mathrm{e}^o + \dfrac{1}{\chi}\boldsymbol{\sigma}^2 \right) \right]_i}{\left(\mathrm{e}^o \right)_i} \leqslant 0 \end{cases}$$

至此，我们将非凸的目标函数转化为了凸的形式。

下面是非凸椭圆色度限制的转化。上式转化为如下形式：

$$\begin{cases} m^2 + n^2 \leqslant t^2 \\ 0 \leqslant t \leqslant \xi \boldsymbol{b}^{\mathrm{T}} \boldsymbol{L} \\ m = \dfrac{1}{\alpha} \left[\left(\boldsymbol{a}^{\mathrm{T}} - x_0 \boldsymbol{b}^{\mathrm{T}} \right) \cos\theta + \left(\boldsymbol{1}^{\mathrm{T}} - y_0 \boldsymbol{b}^{\mathrm{T}} \right) \sin\theta \right] \boldsymbol{L} \\ n = \dfrac{1}{\beta} \left[\left(\boldsymbol{1}^{\mathrm{T}} - y_0 \boldsymbol{b}^{\mathrm{T}} \right) \cos\theta + \left(\boldsymbol{a}^{\mathrm{T}} - x_0 \boldsymbol{b}^{\mathrm{T}} \right) \sin\theta \right] \boldsymbol{L} \end{cases} \quad (7\text{-}3)$$

其中

$$\alpha = \frac{\sqrt{2}}{\sqrt{(g_{11} + g_{22}) - \sqrt{(g_{11} - g_{22})^2 + 4g_{12}^2}}}$$

$$\beta = \frac{\sqrt{2}}{\sqrt{(g_{11}+g_{22})+\sqrt{(g_{11}-g_{22})^2+4g_{12}^2}}}$$

$$\theta = \begin{cases} 0, & g_{12}=0 \ \& \ g_{11}<g_{22} \\[2mm] \dfrac{\pi}{2}, & g_{12}=0 \ \& \ g_{11}>g_{22} \\[3mm] \dfrac{1}{2}\operatorname{arccot}\left(\dfrac{g_{11}-g_{22}}{2g_{12}}\right), & g_{12}\neq0 \ \& \ g_{11}<g_{22} \\[3mm] \dfrac{\pi}{2}+\dfrac{1}{2}\operatorname{arccot}\left(\dfrac{g_{11}-g_{22}}{2g_{12}}\right), & g_{12}\neq0 \ \& \ g_{11}>g_{22} \end{cases}$$

可以看出,式(7-3)中的第一个不等式定义了一个二阶洛伦兹锥,根据凸优化理论,二阶锥是凸的。

经过上述对目标函数和椭圆色度限制的处理,优化问题转化成如下的形式:

$$\max_{L,o} \ q$$

$$\begin{aligned}
\text{s.t.} \quad & m^2+n^2 \leqslant t^2 \\
& 0 \leqslant t \leqslant \xi \boldsymbol{b}^{\mathrm{T}}\boldsymbol{L} \\
& \sqrt{\mathrm{e}^o} \leqslant \min(\boldsymbol{I}_{\max}-\boldsymbol{\eta}\circ\boldsymbol{L}, \boldsymbol{\eta}\circ\boldsymbol{L}) \\
& \boldsymbol{L} \geqslant \boldsymbol{0} \\
& \ln\frac{\mathrm{e}^q\cdot\left[\operatorname{diag}(\boldsymbol{\lambda})\cdot\left(\boldsymbol{F}\mathrm{e}^o+\dfrac{1}{\chi}\boldsymbol{\sigma}^2\right)\right]}{\mathrm{e}^o} \leqslant 0 \\
& \boldsymbol{1}^{\mathrm{T}}\boldsymbol{L}=\sum_{i=1}^{N}L_i=L_{\mathrm{t}} \\
& m=\frac{1}{\alpha}\Big[\big(\boldsymbol{a}^{\mathrm{T}}-x_0\boldsymbol{b}^{\mathrm{T}}\big)\cos\theta+\big(\boldsymbol{1}^{\mathrm{T}}-y_0\boldsymbol{b}^{\mathrm{T}}\big)\sin\theta\Big]\boldsymbol{L} \\
& n=\frac{1}{\beta}\Big[\big(\boldsymbol{1}^{\mathrm{T}}-y_0\boldsymbol{b}^{\mathrm{T}}\big)\cos\theta-\big(\boldsymbol{a}^{\mathrm{T}}-x_0\boldsymbol{b}^{\mathrm{T}}\big)\sin\theta\Big]\boldsymbol{L}
\end{aligned} \tag{7-4}$$

可以看出上述优化问题关于变量 $\boldsymbol{L}$ 和 o 是凸的。因此,专门的凸优化求解工具可以用来解决上述问题。这里,我们采用的是 MATLAB 中的 CVX 优化工具包。

7.4.4　数值仿真结果与分析

本节主要对基于室内多色 MIMO-VLC 模型的通照参数联合优化方法的性能进行仿真,通过仿真实验分析所提优化方法的准确性和有效性。仿真环境中,假设一个 RAGB-LED 作为信号发射机，四个颜色的平均色坐标分别为：红(0.69406, 0.30257)，黄(0.59785, 0.39951)，绿(0.22965, 0.70992)，蓝(0.12301, 0.09249)。光通量到电流的转换系数分别为 0.021A/lm、0.014A/lm、0.005A/lm 和 0.015A/lm。不失一般性，我们假设各个 LED 芯片的最大前向电流都是 0.7A，并且接收端的噪声方差也是相同的。噪声功率谱密度设置为 $1.2 \times 10^{-21} A^2/Hz$，所有 LED 芯片的调制带宽设置为 15MHz。另外 PD 采用的是硅光电二极管，且 PD 到 LED 的距离是相同的。相比于 PD 到 LED 的距离，LED 芯片的间距可以忽略不计。

首先对比传统 WDM 模型和多色 MIMO 模型的性能，选择 2PAM 作为单路传输的调制方式，将干扰系数分别设置为 0.1 和 0.15，得到四条性能曲线如图 7-6 所示。通过仿真可以看出，在接收端考虑多色串扰的多色 MIMO 模型性能优于传统的 WDM 模型。当 BER 为 10^{-4} 时，多色 MIMO 相比于传统 WDM 在干扰系数为 0.1 和 0.15 的信噪比增益分别为 2.3dB、3.5dB，这是因为 WDM 没有考虑信道间的干扰。另外，干扰系数越大，WDM 和多色 MIMO 的性能差异越大。

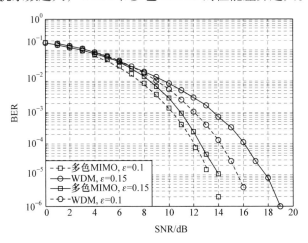

图 7-6　传统 WDM 和多色 MIMO 模型的误码率性能对比

在将非凸问题转化为凸形式的过程中，我们采用了变量松弛的方法，所以会有性能上的损失。为了证明所提优化方法的正确性和有限性，首先将本章所提优化方法和针对原始非凸问题的穷搜索方法的性能进行对比。干扰系数设置为 0.1，相关色温 CCT=6500K。麦克亚当椭圆步数设置为 7。图 7-7 是本章所提的优化方法和穷搜索方法的 SINR 性能对比图，图 7-8 是本章所提的优化方法和穷搜索方法的 BER 性能对比图。

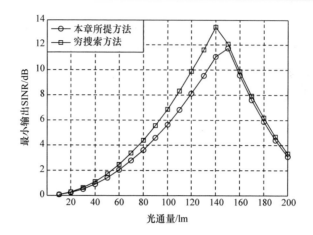

图 7-7　所提优化方法和穷搜索方法的 SINR 性能对比

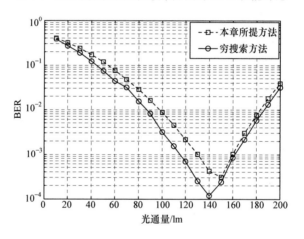

图 7-8　本章所提优化方法和穷搜索方法的 BER 性能对比

从仿真结果可以看出，在峰值点之前，由变量松弛导致的性能损失随着总光通量的增加而变大。在峰值点后，所提方法和穷搜索方法的性能差异不大。需要说明的是，本章所提方法虽然存在一定的性能损失，但相比于穷搜索方法，却极大地简化了运算的复杂度。另外，在无线通信系统中，发射器的功率越大，系统的性能就越好。从仿真结果可以看出，与无线通信不同，在可见光系统中，过高的光功率甚至会使系统的通信性能变差，这是因为 LED 动态范围窄，光功率是由直流偏置决定的，光功率过大，也就意味着直流偏置偏离 LED 动态范围的中点越来越远，所以信号被截断的部分就越多，截断失真导致了电功率的下降，从而系统性能变差。所以，在进行系统设计时，需要选择合适的通信和照明参数来避免截断失真。

图 7-9 和表 7-1 是不同总光通量下本章所提方法使系统性能最好的颜色混合比例仿真。干扰系数设置为 0.1,CCT 为 6500K,麦克亚当椭圆步数为 7。通过仿真可以看出,在光通量为 140lm 时混合比例发生了小范围的波动,从(0.082,0.241,0.562,0.115)变成了(0.135,0.198,0.554,0.113)。但变化范围是很小的,仍在相关色温为 6500K 的椭圆内。

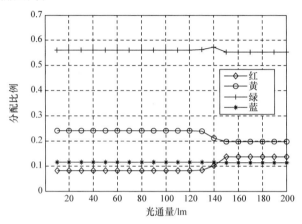

图 7-9　不同总光通量时使系统性能最优的单色光的混合比例

表 7-1　麦克亚当椭圆系数

CCT	中心点坐标	g_{11}	$2g_{12}$
2700K	(0.459,0.412)	40×10^4	-39×10^4
3500K	(0.411,0.393)	38×10^4	-40×10^4
4000K	(0.380,0.380)	39.5×10^4	-43×10^4
5000K	(0.346,0.359)	56×10^4	-50×10^4
5700K	(0.329,0.342)	76×10^4	-70×10^4
6500K	(0.313,0.337)	86×10^4	-80×10^4

由于不同的 CCT 值对应着不同的麦克亚当椭圆参数,所以接下来对比的是不同相关色温下的系统性能。这里对比的是三个照明色温:2700K、4000K 和 6500K。干扰系数为 0.1,椭圆步数为 7。从图 7-10 中可以看出,不同相关色温所对应的曲线具有相同的变化趋势,另外,相关色温越高,系统性能越好。

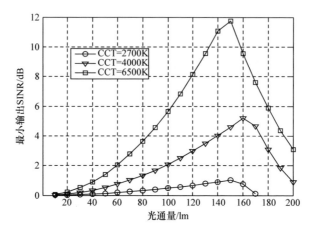

图 7-10 不同 CCT 时的系统性能对比

7.5 多色可见光通信系统自适应收发机设计

7.5.1 自适应收发机设计系统模型

传统的 WDM 模型在接收端认为滤光片是理想的,忽略了信道间的多色串扰。然而实际中滤光片不可能是理想的,因此在可见光多色传输中应考虑由光谱重叠引起的多色串扰,此时各个信道间不再是独立的。混合光通过特定颜色的滤光片后,并不能完全滤除其他颜色的干扰。

基于上述分析,我们考虑一个室内多色 MIMO-VLC 系统,如图 7-11 所示,QLED 作为发射器,四个 PD 和相应颜色的滤光片作为接收器。

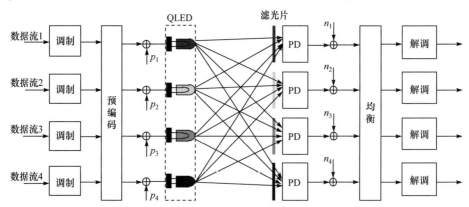

图 7-11 多色 MIMO-VLC 收发机设计系统模型

在发射端，输入数据流经过调制后得到调制信号向量 $\boldsymbol{s} = \left[s_1, s_2, s_3, s_4\right]^{\mathrm{T}}$，假设 s_i 的范围是 $\left[-\Delta, \Delta\right]$ 且均值为零，调制方式为 PAM。然后经过预编码矩阵 $\boldsymbol{F}$ 处理，得到预编码信号向量如下：

$$\boldsymbol{x} = \boldsymbol{Fs}$$

由于可见光通信系统采用强度调制/直接检测，所以传输的必须是正实值信号。预编码信号向量 $\boldsymbol{x} = \left[x_1, x_2, x_3, x_4\right]^{\mathrm{T}}$ 中可能包含负值，因此不能直接进行传输，需要添加直流偏置向量 $\boldsymbol{p} = \left[p_1, p_2, p_3, p_4\right]^{\mathrm{T}}$ 来保证传输信号的非负性，得到发送信号向量：

$$\boldsymbol{y} = \boldsymbol{x} + \boldsymbol{p} = \boldsymbol{Fs} + \boldsymbol{p}$$

发送信号经过光信道传输后，在接收端，滤光片和 PD 将接收到的光信号转换为电信号。接收信号可以表示为

$$\boldsymbol{r} = \boldsymbol{JHy} + \boldsymbol{n}$$
$$= \boldsymbol{JHFs} + \boldsymbol{JHp} + \boldsymbol{n}$$

其中，$\boldsymbol{J}$ 为多色串扰矩阵；$\boldsymbol{H}$ 为接收端是理想滤光片时的信道矩阵；$\boldsymbol{n}$ 为均值为 0，方差为 $\sigma^2 \boldsymbol{I}$ 的加性高斯白噪声。

在信号检测之前首先移除不含信息的直流项，可以得到

$$\bar{\boldsymbol{r}} = \boldsymbol{JHFs} + \boldsymbol{n}$$

许多检测方法可以用来恢复原始信息。众所周知，最大似然(maximum likelihood, ML)检测是差错率最小的最优检测方法，然而高的性能带来了高的复杂度，这里采用的是一个线性均衡检测器，用矩阵 $\boldsymbol{W}$ 来表示。检测得到的信号向量可以表示为

$$\boldsymbol{d} = \boldsymbol{W}\bar{\boldsymbol{r}}$$
$$= \boldsymbol{WJHFs} + \boldsymbol{Wn}$$

7.5.2　自适应收发机设计问题建模

1. 目标函数

为了从接收信号中恢复原始信号，需要选择合适的优化准则。这里选择最小化所有数据流的总均方误差(mean squared error, MSE)来作为我们的目标函数，即

$$\min_{\boldsymbol{F}, \boldsymbol{W}} \quad \mathrm{MSE}(\boldsymbol{d}, \boldsymbol{s}, \boldsymbol{F}, \boldsymbol{W})$$

假设信号 s 和噪声 n 是相互独立的,可以得到

$$
\begin{aligned}
& \text{MSE}(\boldsymbol{d}, \boldsymbol{s}, \boldsymbol{F}, \boldsymbol{W}) \\
&= E\left\{\|\boldsymbol{d} - \boldsymbol{s}\|^2\right\} \\
&= E\left[(\boldsymbol{d} - \boldsymbol{s})^{\mathrm{T}}(\boldsymbol{d} - \boldsymbol{s})\right] \\
&= \text{Tr}\left\{E\left[(\boldsymbol{d} - \boldsymbol{s})(\boldsymbol{d} - \boldsymbol{s})^{\mathrm{T}}\right]\right\} \\
&= \text{Tr}\left\{E\left\{[(\boldsymbol{WJHF} - \boldsymbol{I})\boldsymbol{s} + \boldsymbol{Wn}][(\boldsymbol{WJHF} - \boldsymbol{I})\boldsymbol{s} + \boldsymbol{Wn}]^{\mathrm{T}}\right\}\right\} \\
&= \text{Tr}\left[(\boldsymbol{WJHF} - \boldsymbol{I})\boldsymbol{R}_{\mathrm{s}}(\boldsymbol{WJHF} - \boldsymbol{I})^{\mathrm{T}}\right] + \text{Tr}\left(\boldsymbol{WR}_{\mathrm{n}}\boldsymbol{W}^{\mathrm{T}}\right) \\
&= \text{Tr}\left[\boldsymbol{WJHFR}_{\mathrm{s}}(\boldsymbol{WJHF})^{\mathrm{T}}\right] - \text{Tr}\left(\boldsymbol{WJHFR}_{\mathrm{s}}\right) - \text{Tr}\left[\boldsymbol{R}_{\mathrm{s}}(\boldsymbol{WJHF})^{\mathrm{T}}\right] \\
&\quad + \text{Tr}\left(\boldsymbol{R}_{\mathrm{s}}\right) + \text{Tr}\left(\boldsymbol{WR}_{\mathrm{n}}\boldsymbol{W}^{\mathrm{T}}\right)
\end{aligned}
$$

其中,$\boldsymbol{R}_{\mathrm{s}}$ 和 $\boldsymbol{R}_{\mathrm{n}}$ 分别表示信号和噪声的协方差矩阵。

2. 亮度限制

首先 LED 灯需要无闪烁,人眼感受到的照明亮度要保持恒定,也就是多色 LED 的总平均光通量要保持不变。所以各个 LED 芯片的光通量要满足下式:

$$
\mathbf{1}^{\mathrm{T}}\boldsymbol{L} = \sum_{i=1}^{4} L_i = L_{\mathrm{t}}
$$

其中,$\boldsymbol{L} = [L_1, L_2, L_3, L_4]^{\mathrm{T}}$ 为光通量向量;L_{t} 为总光通量。

3. 色度限制

为了满足实际照明的颜色要求,需要考虑照明的色温(color temperature, CT)。在 7.4 节中,我们考虑的是基于麦克亚当椭圆的色度限制。一个相关色温对应无穷多个色坐标,这些色坐标的范围是一个椭圆。不同于麦克亚当椭圆色度限制,为了简化优化问题,这里只考虑椭圆的中心点所对应的色坐标。也就是说各个颜色的光按照一定比例混合的光的色坐标要对应椭圆的中心点。

光的光谱功率分布可以用 CIE1931 色度图中的坐标 (x, y) 来表示。假设 $(x_{\mathrm{r}}, y_{\mathrm{r}})$、$(x_{\mathrm{a}}, y_{\mathrm{a}})$、$(x_{\mathrm{g}}, y_{\mathrm{g}})$、$(x_{\mathrm{b}}, y_{\mathrm{b}})$ 分别代表红光、黄光、绿光、蓝光的色坐标,$(x_{\mathrm{d}}, y_{\mathrm{d}})$ 是想要的 CT 所对应的色坐标,各个颜色相对的光通量混合比例 $\boldsymbol{\rho}$ 可以通过以下关系式来计算:

$$\begin{bmatrix} \dfrac{x_r}{y_r} & \dfrac{x_a}{y_a} & \dfrac{x_g}{y_g} & \dfrac{x_b}{y_b} \\ 1 & 1 & 1 & 1 \\ \dfrac{1-x_r-y_r}{y_r} & \dfrac{1-x_a-y_a}{y_a} & \dfrac{1-x_g-y_g}{y_g} & \dfrac{1-x_b-y_b}{y_b} \end{bmatrix} \boldsymbol{\rho} = \begin{bmatrix} \dfrac{x_d}{y_d} \\ 1 \\ \dfrac{1-x_d-y_d}{y_d} \end{bmatrix}$$

其中，$\boldsymbol{\rho}$ 中的元素的和为 1。

直流偏置和颜色混合比例的关系如下：

$$\boldsymbol{p} = L_t \boldsymbol{\rho} \circ \boldsymbol{\eta}$$

其中，$\boldsymbol{\eta} = \left[\eta_r, \eta_a, \eta_g, \eta_b\right]^{\mathrm{T}}$ 表示光通量到电流的转换系数向量，单位为 A/lm。

4. 信号幅度限制

由于可见光通信系统采用强度调制/直接检测，所以传输的必须是正实值信号。另外，为了避免截断失真，信号幅度不应该超过 LED 的最大幅度限制，所以有

$$0 \leqslant y_i = \sum_{k=1}^{4} f_{i,k} s_k + p_i \leqslant I_{\max}$$

由于 s_k 的取值范围是 $\left[-\Delta, \Delta\right]$，所以：

$$-\sum_{k=1}^{4} \left|f_{i,k}\right| \Delta \leqslant \sum_{k=1}^{4} f_{i,k} s_k \leqslant \sum_{k=1}^{4} \left|f_{i,k}\right| \Delta$$

对比上面两式，需要满足：

$$\sum_{k=1}^{4} \left|f_{i,k}\right| \Delta \leqslant p_i$$

$$\sum_{k=1}^{4} \left|f_{i,k}\right| \Delta \leqslant I_{\max} - p_i$$

将上面两式合并写成矩阵形式，得到信号幅度限制如下：

$$\mathrm{abs}(\boldsymbol{F}) \Delta \leqslant \min\left\{\boldsymbol{p}, I_{\max} - \boldsymbol{p}\right\}$$

基于上述分析，总结优化模型如下：

$$\min_{\boldsymbol{F}, \boldsymbol{W}, \boldsymbol{\rho}} \quad \mathrm{MSE}$$

$$\mathrm{s.t.} \quad \boldsymbol{1}^{\mathrm{T}} \boldsymbol{L} = \sum_{i=1}^{4} L_i = L_t$$

$$\boldsymbol{p} = L_t \boldsymbol{\rho} \circ \boldsymbol{\eta}$$

$$\mathrm{abs}(\boldsymbol{F}) \Delta \leqslant \min\left\{\boldsymbol{p}, I_{\max} - \boldsymbol{p}\right\}$$

给定一个想要的色度点，对应着无穷多个颜色混合比例。颜色混合比例又和直流偏置向量有直接关系，通过信号幅度限制可以影响到预编码矩阵 $\boldsymbol{F}$，从而间接影响目标函数。我们的目标是在任意给定的照明需求下，寻找最优的预编码矩阵 $\boldsymbol{F}$、均衡矩阵 $\boldsymbol{W}$ 和颜色混合比例 $\boldsymbol{\rho}$。然而，目标函数较为复杂，且该优化问题关于 $\boldsymbol{F}$、$\boldsymbol{W}$ 和 $\boldsymbol{\rho}$ 三个变量不是凸的，所以难以解决。为了解决上述优化问题，7.5.3 节提出了一种有效的迭代算法。

7.5.3 自适应收发机设计算法

本节提出一种迭代算法，根据给定的照明需求，可以自适应地得到最优的收发机设计和相应的颜色混合比例。首先给定优化变量的初始值，然后可以通过迭代的思想来进行优化。具体步骤如下。

(1) 初始化。根据所需的 CT 对应的色度点坐标，随机产生一个满足色度条件的颜色混合比例 $\boldsymbol{\rho}_0$，给定照明所需的亮度 L_t，初始化预编码矩阵 $\boldsymbol{F}$，满足信号幅度限制。

(2) 给定预编码矩阵 $\boldsymbol{F}$，优化均衡矩阵 $\boldsymbol{W}$。因为优化模型中的限制条件和 $\boldsymbol{W}$ 没有关系，所以此时的最优均衡矩阵需满足如下条件：

$$\partial \mathrm{MSE}(\boldsymbol{d},\boldsymbol{s},\boldsymbol{F},\boldsymbol{W})/\partial\boldsymbol{W}=0$$

通过计算可以得到

$$\frac{\partial \mathrm{MSE}(\boldsymbol{d},\boldsymbol{s},\boldsymbol{F},\boldsymbol{W})}{\partial\boldsymbol{W}}=2\boldsymbol{W}\boldsymbol{J}\boldsymbol{H}\boldsymbol{F}\boldsymbol{R}_s(\boldsymbol{J}\boldsymbol{H}\boldsymbol{F})^{\mathrm{T}}+2\boldsymbol{W}\boldsymbol{R}_n-2\boldsymbol{R}_s(\boldsymbol{J}\boldsymbol{H}\boldsymbol{F})^{\mathrm{T}}$$

结合上面两个公式，给定 $\boldsymbol{F}$，最优的 $\boldsymbol{W}$ 为

$$\boldsymbol{W}=\boldsymbol{R}_s(\boldsymbol{J}\boldsymbol{H}\boldsymbol{F})^{\mathrm{T}}\left(\boldsymbol{J}\boldsymbol{H}\boldsymbol{F}\boldsymbol{R}_s(\boldsymbol{J}\boldsymbol{H}\boldsymbol{F})^{\mathrm{T}}+\boldsymbol{R}_n\right)^{-1}$$

(3) 给定均衡矩阵 $\boldsymbol{W}$，优化预编码矩阵 $\boldsymbol{F}$ 和颜色混合比例 $\boldsymbol{\rho}$。因为 MSE 最小化优化模型中的限制条件含有绝对值运算，传统的松弛优化难以应用。然而，所有的限制条件形成的可行域是一个凸区域，因此考虑用凸优化理论和工具来求解。

首先给出凸的可行域的证明：优化模型中的第一个和第三个限制条件是线性的，第二个限制条件可以看作一系列范数不等式的集合，表示为

$$\|\boldsymbol{f}_i\|_1\,\Delta\leqslant\min\{p_i,\boldsymbol{I}_{\max}-p_i\},\quad\forall i\in\{1,2,3,4\}$$

其中，$\boldsymbol{f}_i$ 表示预编码矩阵 $\boldsymbol{F}$ 的第 i 行。我们知道，所有范数都是凸的。因此，限制条件形成的可行域是凸的。

接下来对优化目标函数进行转化和处理，根据矩阵迹的运算公式 $\mathrm{Tr}(\boldsymbol{A}\boldsymbol{B})=\mathrm{Tr}(\boldsymbol{B}\boldsymbol{A})$ 和 $\mathrm{Tr}\left(\boldsymbol{X}^{\mathrm{T}}\boldsymbol{Y}\boldsymbol{X}\boldsymbol{G}\right)=\mathrm{vec}(\boldsymbol{X})^{\mathrm{T}}\left(\boldsymbol{G}^{\mathrm{T}}\otimes\boldsymbol{Y}\right)\mathrm{vec}(\boldsymbol{X})$，对目标函数的第一项做如下

处理：

$$\mathrm{Tr}\left[\boldsymbol{WJHFR}_{\mathrm{s}}(\boldsymbol{WJHF})^{\mathrm{T}}\right]$$

$$=\mathrm{Tr}\left[\boldsymbol{FR}_{\mathrm{s}}\boldsymbol{F}^{\mathrm{T}}(\boldsymbol{JH})^{\mathrm{T}}\boldsymbol{W}^{\mathrm{T}}\boldsymbol{WJH}\right]$$

$$=\mathrm{vec}\left(\boldsymbol{F}^{\mathrm{T}}\right)^{\mathrm{T}}\left[\left(\boldsymbol{H}^{\mathrm{T}}\boldsymbol{J}^{\mathrm{T}}\boldsymbol{W}^{\mathrm{T}}\boldsymbol{WJH}\right)\otimes\boldsymbol{R}_{\mathrm{s}}\right]\mathrm{vec}\left(\boldsymbol{F}^{\mathrm{T}}\right)$$

可以看出，目标函数的第一项是二次的。另外，不难看出目标函数中的其他项都是线性的或者是常数项，所以目标函数也是凸的。

7.5.4　数值仿真结果与分析

本节通过仿真实验来对所提出的照明自适应收发机设计算法进行性能分析。

首先是算法收敛性的仿真验证。当 CT=6500K 时，不同光通量所对应的 MSE 曲线如图 7-12 所示。从仿真结果可以看出，在不同的光通量下，本章所提出的照明自适应收发机设计算法是收敛的。另外，可以看出大约 25 次迭代后，MSE 就趋于最小值且基本保持不变，因此在后面的仿真中可以将最大迭代次数设置为 50 次。

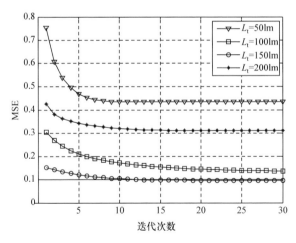

图 7-12　CT=6500K 时所提算法的收敛性

从仿真结果可以看出，多色 MIMO 接收模型的性能优于不考虑干扰的 WDM 模型，随着干扰系数的增大，两者之间的性能差异也越来越大。另外，我们可以看到，在可见光系统中，过高的光功率甚至会使系统的通信性能变差，这是因为 LED 动态范围窄，光功率是由直流偏置决定的，光功率过大，也就意味着直流偏置偏离 LED 动态范围的中点越来越远，所以信号被截断的部分就越多，截断失真导致了电功率的下降，从而系统性能变差。所以，在进行系统设计时，需要选择合适的光功率来避免截断失真。

接着，基于多色 MIMO 模型，主要比较了提出的照明自适应收发机设计和已有的两种设计方法的误码率性能。一种是在接收机固定时的发射端优化设计，在接收端采用一个固定的最小均方误差(minimum mean square error, MMSE)检测器，表达式如下：

$$W = R_{\mathrm{s}}(HF)^{\mathrm{T}}\left(HFR_{\mathrm{s}}(HF)^{\mathrm{T}} + R_{\mathrm{n}}\right)^{-1}$$

另外一种是传统的迫零预编码设计。迫零预编码设计是在 MIMO 系统中广泛使用的线性预编码方式之一，优点是简单易行且能有效提高系统性能，表达式如下：

$$F = \alpha(JH)^{-1}, \quad W = \frac{1}{\alpha}I$$

其中，α 为控制传输功率的增益系数，可以根据限制条件和传输功率来计算。当 CT=6500K 且 $\varepsilon = 0.10$ 时，三种方法的误码率性能对比如图 7-13 所示。

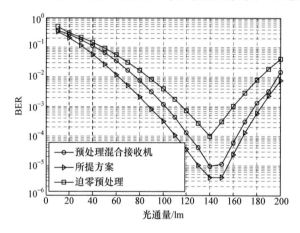

图 7-13　三种不同方法的误码率性能对比

从仿真结果可以看出，相比于其他两种方法，传统的迫零预编码方法在提升系统性能方面是表现最差的，主要原因是它的噪声放大特性。另外，本章提出的照明自适应收发机设计表现优于其他两种已有的方法，这是因为本章所提方法是对发射端的预编码矩阵和接收端均衡矩阵的联合优化，复杂度相对较高，高的复杂度带来了系统性能的提升。

最后，基于多色 MIMO 模型，对比了不同 CT 下本章所提照明自适应收发机设计的误码率性能。在仿真中对比了四个不同的 CT 值，干扰系数 $\varepsilon = 0.10$。仿真结果如图 7-14 所示。

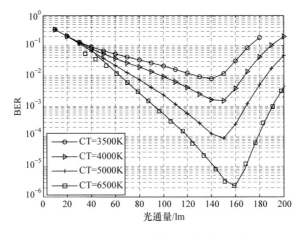

图 7-14　不同 CT 下本章所提方法的误码率性能对比

从仿真结果可以看出，不同 CT 所对应的曲线具有相同的变化趋势，另外，CT 越高，系统性能越好。当总光通量为 140lm 时，不同 CT 所对应的最优颜色混合比例如表 7-2 所示。

表 7-2　不同 CT 时的最优颜色混合比例

CT	红光	黄光	绿光	蓝光
3500K	0.1824	0.2637	0.5006	0.0533
4000K	0.1664	0.2381	0.5266	0.0688
5000K	0.1508	0.2144	0.5437	0.0911
6500K	0.1339	0.1911	0.5585	0.1165

7.6　小　　结

随着照明产业的发展，多色 LED 以其高显色指数、绿色健康、等效带宽大等优点代替了单色 LED，利用多色 LED 内的不同颜色灯芯进行多色并行传输是提高传输速率的一种有效方法。因此，本章的研究重点是基于多色 LED 的可见光多色传输，LED 在可见光通信中同时作为照明源和信号发射机，因此在高速通信的过程中还要满足实际的照明需求。本章重点研究了在联合考虑通信和照明约束下的通照一体化系统设计。考虑多色信道串扰，建立了多色 MIMO 模型，以多色 MIMO 模型为基础，在通信和照明限制下，研究了多色 MIMO 可见光系统的通照参数联合优化问题，提出了一种基于四色 LED 的照明自适应收发机设计算法，设计了一种照明限制下的信道自适应多色星座，在实现高速通信的同时兼顾高品质的照明。研究内容对于促进通信与照明的深度融合，进一步促进可见光通信的发展具有重要的意义。

参 考 文 献

[1] Grubor J, Lee S C J, Langer K D, et al. Wireless high-speed data transmission with phosphorescent white-light LEDs // Optical Communication-Post-Deadline Papers. VDE, Berlin, 2007: 1-2.

[2] Park S B, Jung D K, Shin H S, et al. Information Broadcasting System Based on Visible Light Signboard. Red Hook: Acta Press, 2007.

[3] Jr F W B. Color Science: Concepts and Methods, Quantitative Data and Formulae. 2nd ed. New York: John Wiley and Sons, 2010.

[4] Macadam D L. Visual sensitivities to color differences in daylight. Journal of the Optical Society of America B, 1942, 32: 247-274.

[5] Zhu Y J, Liang W F, Zhang J K, et al. Space-collaborative constellation designs for MIMO indoor visible light communications. IEEE Photonics Technology Letters, 2015, 27(15): 1667-1670.

[6] Zeng L, O' Brien D C, Minh H L, et al. High data rate multiple input multiple output (MIMO) optical wireless communications using white LED lighting. IEEE Journal on Selected Areas in Communications, 2009, 27(9): 1654-1662.

[7] Xu K, Yu H, Zhu Y J. Channel-adapted spatial modulation for massive MIMO visible light communications. IEEE Photonics Technology Letters, 2016, 28(23): 2693-2696.

[8] Ohno Y. Spectral design considerations for white LED color rendering. Optical Engineering, 2005, 44(11): 111302-1-111302-9.

[9] Cui L, Tang Y, Jia H, et al. Analysis of the multichannel WDM-VLC communication system. Journal of Lightwave Technology, 2016, 34(24): 5627-5634.

[10] Kong L, Xu W, Zhang H, et al. R-OFDM for RGBA-LED-based visible light communication with illumination constraints. Journal of Lightwave Technology, 2016, 34(23): 5412-5422.

[11] Wiesel A, Eldar Y C, Shamai S. Linear precoding via conic optimization for fixed MIMO receivers. IEEE Transactions on Signal Processing, 2005, 54(1): 161-176.

第8章 单光子可见光通信衰落信道联合检测技术

8.1 概　述

长距离水下通信是系统设计的首要目标，因此本章提出采用 SAPD 接收机，并利用一定时隙内的信道相关性，对接收到的多个光子计数信号进行联合检测，从而提升长距离系统的性能。本章首先提出纯泊松模型下的多个接收符号的最大似然联合检测(maximum likelihood union detection，MLUD)算法，然而该算法需要计算对数正态积分以及暴力穷搜索，导致算法复杂度为指数级。为了减小系统实现复杂度，本章接着提出了基于泊松的广义最大似然联合检测(generalized maximum likelihood union detection，GMLUD)算法。首先估计长距离信道，然后利用估计的信道状态信息代入判决准则中，避免了计算复杂的对数正态积分。此外，接着提出了基于 GMLUD 的快速搜索算法，通过对接收到的光子计数数据进行排序，然后进行 GMLUD。由于 P+G 混合噪声概率分布极其复杂，难以给出最大似然判别准则，接着本章采用了基于广义安斯科比平方根变换(generalized Anscombe root transform，GAT)模型，将 P+G 混合模型等效转换为一个高斯模型，进而系统的最大似然准则可由转变后的高斯模型得出。最后，提出了基于 P+G 混合模型的 GMLUD 算法和快速搜索算法。

8.2 基于弱湍流信道的水下单光子可见光通信
系统链路模型

图 8-1 所示为基于吸收、散射和弱湍流效应的基于 SPAD 接收机的水下长距离可见光通信系统模型。发送端为一个 LED 光源，发送数据中的一个帧结构中包含多个发送信息比特；驱动 LED 发光后，光子需要经过吸收、散射和弱湍流三个因素综合的水下长距离信道，然后通过聚光镜和滤光片组成的接收端光学系统后，由 SPAD 接收，光子计数信号受后续的高斯噪声影响转变为电流信号，经过一个 A/D(analog-to-digital converter)之后，由后续提出的接收机算法处理和判别。

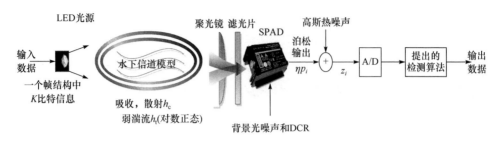

图 8-1　弱湍流信道的 UVLC-SPAD 接收机链路模型

　　一般而言，SPAD 分为数字型和模拟型。如果采用数字型 SPAD，即采用数字计数器来产生离散输出，接收机不受高斯热噪声的影响。但是，计数过程需要严格精准地收发同步，导致需要额外的接收机来处理和恢复时钟与数据信息，并且有可能会降低系统的性能，增加接收机的额外开销。如果采用模拟型 SPAD，接收端不需要数字计数过程，只需要电流驱动数模转换器(digital-to-analog converters，D/A)产生电流信号，并且采用跨导放大器可以提升带宽，因此接收端存在加性高斯热噪声。

　　数字型 SPAD 的输出一般建模为泊松分布，而模拟型 SPAD 除了受泊松噪声影响，还受高斯热噪声以及 D/A 转换的噪声影响。因此，在本章后续的研究中，我们将系统建模为等效的泊松+高斯(P+G)混合噪声模型。在等效高斯噪声为 0 时，P+G 混合噪声退化为一个纯泊松模型[1]。

　　经过 P+G 混合信道模型后，接收到的电信号表示为

$$\hat{z}_i = \eta p_i + \hat{n}_i, \quad i = 1, 2, \cdots, K \tag{8-1}$$

其中，η 为光电转换的系数；$\hat{n}_i$ 服从高斯分布 $\mathcal{N}(\mu, \hat{\sigma}^2)$。P+G 混合噪声定义为

$$\hat{n}_i = \hat{z}_i - \eta \lambda_i, \quad i = 1, 2, \cdots, K \tag{8-2}$$

p_i 是 SPAD 泊松输出后的光子，其接收前端的平均光子计数记为

$$\lambda_i = c_p n_s h s_i + c_p n_b + N_d T_b = \alpha s_i + \beta \tag{8-3}$$

c_p 是 SPAD 的光电转换效率(photon detection efficiency，PDE)，$n_s = P_s T_b / E_p$ 是发送端的输出光子数，$E_p = h_p \nu / \lambda$ 是单个光子的能量，h_p 是普朗克常量，ν 是光在水中的传输速率。n_b 是由背景光噪声引起的光子数 P_b，N_d 是暗计数(dark count rate，DCR)。为了方便和简化符号表示，记 α 为总的信道衰减系数，β 为总的噪声。因此，泊松分布后的 SPAD 输出光子计数值 p_i 为

$$\Pr(p_i \mid \lambda_i) = \frac{\lambda_i^{p_i}}{p_i!} \exp(-\lambda_i) \tag{8-4}$$

依据式(8-1)和式(8-3)，变量 $\hat{z}_i$ 的条件概率密度分布为

$$p(\hat{z}_i \mid \lambda_i, \hat{\sigma}) = \sum_{p_i=0}^{+\infty} \frac{\lambda_i^{p_i} \mathrm{e}^{-\lambda_i}}{p_i!} \times \frac{1}{\sqrt{2\pi}\hat{\sigma}} \exp\left(-\frac{(\hat{z}_i - p_i)^2}{2\hat{\sigma}^2}\right) \tag{8-5}$$

显然，在式(8-1)中，当高斯噪声 $\hat{n}_i = 0$ 时，P+G 混合接收机退化为一个纯泊松系统，可以用典型的泊松接收机理论来处理相应的问题。

8.3　安斯科比平方根变换及其推广

8.3.1　安斯科比平方根变换基础理论

泊松噪声一般用于图像处理中像素信号的处理，其数学模型为式(8-1)中高斯噪声 $\hat{n}_i = 0$，即

$$\hat{z}_i = p_i \tag{8-6}$$

离散的概率输出模型为式(8-3)。进一步地，为了处理泊松变量 p_i 的均值 λ_i，λ_i 也是它的方差：

$$E\{\lambda_i/p_i\} = \lambda_i = \mathrm{var}\{\lambda_i, p_i\} \tag{8-7}$$

泊松噪声定义为

$$n_i = p_i - E\{\lambda_i/p_i\} \tag{8-8}$$

因此，噪声方差依赖于真实的信号强度，泊松噪声为信号独立分布。更特别的是，噪声的标准差等于 $\sqrt{p_i}$。基于此，当信号强度减小时，泊松噪声相对增加。

为了使噪声方差稳定化，需要应用噪声稳定变化理论，最广泛的应用方法是基于安斯科比变换方差稳定变换：

$$f(p_i) = 2\sqrt{p_i + \frac{3}{8}} \tag{8-9}$$

应用式(8-9)可以将泊松分布数据转变成噪声渐进为加性标准的正态分布，即方差稳定化。该变换为单值可逆变换，若观察值 p_i 是信号的充分统计量，则变换后值也是信号 p_i 的充分统计量，保证了变换过程没有信息的丢失。其方差和均值为

$$\mathrm{var}(f(p_i)) \sim \frac{1}{4}\left(1 + \frac{1}{16\lambda_i^2}\right) \tag{8-10}$$

$$E[f(p_i)] \sim \sqrt{\lambda + \frac{3}{8} - \frac{1}{8\lambda_i^{1/2}} + \frac{1}{64\lambda_i^{3/2}}} \tag{8-11}$$

8.3.2　GAT 基础理论与接收机

8.3.1 节中已经描述了 P+G 混合噪声的接收机信号的数学表达式。经过 P+G

混合噪声后，接收机表示为 $\hat{z}_i$，对其进行 GAT，即

$$f(\hat{z}_i) = \begin{cases} \dfrac{2}{\eta}\sqrt{\eta\hat{z}_i - \eta\mu + \dfrac{3}{8}\eta^2 + \hat{\sigma}^2}, & \hat{z}_i > \mu - \dfrac{3}{8}\eta^2 - \hat{\sigma}^2 \\ 0, & \hat{z}_i \leqslant \mu - \dfrac{3}{8}\eta^2 - \hat{\sigma}^2 \end{cases} \tag{8-12}$$

其方差接近于 1，$\mathrm{var}\{f(\hat{z}_i)\,|\,\lambda_i,\hat{\delta}\} \approx 1$。

式(8-12)中的参数可以进一步由简化的变量代替，即

$$z = \frac{\hat{z} - \mu}{\eta}, \quad \sigma = \frac{\hat{\sigma}}{\eta} \tag{8-13}$$

因此，经过简化后 $\hat{z}_i$ 重新记为

$$z_i = p_i + n_i \tag{8-14}$$

其中，n_i 服从高斯分布 $\mathcal{N}(0,\sigma^2)$，$i = 1,2,\cdots,K$。

经过对 P+G 混合分布后的信号进行 GAT，y_i 可以近似为一个高斯分布模型：

$$f(z_i){=}E\big[f(z_i)\big] \tag{8-15}$$

$$y_i = f(z_i) = \begin{cases} 2\sqrt{z_i + \dfrac{3}{8} + \sigma^2}, & z_i > -\dfrac{3}{8} - \sigma^2 \\ 0, & z_i < -\dfrac{3}{8}\eta^2 - \hat{\sigma}^2 \end{cases}$$

当信道已知时，检测准则如下：

$$f(z_i){=}E\big[f(z_i)|\lambda_i,\sigma\big] + n_i'$$

$E[\cdot]$ 表征期望运算，n_i' 是个 AWGN 且服从 $\mathcal{N}(0,1)$。因此，只需在 AWGN 信道下检测信号 $e_i = f(z_i){=}E\big[f(z_i)|\lambda_i,\sigma\big] + n_i'$，$i = 0,1,\cdots,N-1$。

为了获得检测器的判决门限，e_i 定义为

$$e_i = \int_{-\infty}^{+\infty} f(z_i)p(z_i\,|\,\lambda_i,\sigma)\mathrm{d}z_i$$

通过鞍点近似理论，上式可以进一步写为

$$e_i = \int_{-\infty}^{+\infty} f(z_i)\frac{1}{\sqrt{2\pi g''(\hat{s}_i)}}\exp\{g(\hat{s}_i)\}\mathrm{d}z_i$$

其中，$g(\hat{s}_i){=}z_i s_i + 0.5\sigma^2\hat{s}_i^2 + \lambda_i(\mathrm{e}^{-\hat{s}_i} - 1)$；$z_i = \lambda_i(\mathrm{e}^{-\hat{s}_i} - 1) - \sigma^2\hat{s}_i$，因此有

$$e_i = \int_{-\infty}^{\vartheta_i} 2\sqrt{\lambda_i\mathrm{e}^{-\hat{s}_i} - \sigma^2\hat{s}_i + 0.375 + \sigma^2} \times \exp\{\lambda_i(\mathrm{e}^{-\hat{s}_i}s + \mathrm{e}^{-\hat{s}_i} - 1)\}\sqrt{\frac{\lambda_i\mathrm{e}^{-\hat{s}_i} + \sigma^2}{2\pi}}\mathrm{d}\hat{s}_i \tag{8-16}$$

ϑ_i 是下面等式的解：

$$\Phi(\lambda_i, \vartheta_i) = \lambda_i \exp(-\vartheta_i) - \sigma^2 \vartheta_i + 0.375 + \sigma^2 = 0$$

定义 $T(c_i)$ 是和式(8-16)中相同的关于 c_i 的函数，即

$$T(c_i) = \int_{-\infty}^{\vartheta_i'} 2\sqrt{\lambda_i' \mathrm{e}^{-s} - \sigma^2 s + 0.375 + \sigma^2} \times \exp\{\lambda_i'(\mathrm{e}^{-s} s + \mathrm{e}^{-s} - 1)\}\sqrt{\frac{\lambda_i' \mathrm{e}^{-s} + \sigma^2}{2\pi}} \mathrm{d}s$$

其中，$\lambda_i' = \alpha c_i + \beta$；$\vartheta_i'$ 是 $\Phi(\lambda_i', \vartheta_i') = 0$ 的解。那么，OOK 调制下的逐符号检测门限为

$$D_i = \frac{T(c_0) + T(c_1)}{2}$$

上式即 P+G 混合噪声模型下已知信道状态信息条件下的基于 GAT 的门限值，即 GAT-based 检测器，其复杂度为线性量级[1]。

8.4　水下单光子可见光通信系统广义最大似然联合检测

8.4.1　纯泊松噪声下的广义最大似然联合检测

1. 单符号最大似然检测

首先分析接收端瞬时信道状态信息(channel state information，CSI)已知时，接收端逐符号的最大似然检测准则：

$$\rho = \frac{\Pr(p_i \mid h, s_i = 1)}{\Pr(p_i \mid h, s_i = 0)} = \left(\frac{n_s}{n_b} h + 1\right)^{p_i} \mathrm{e}^{-n_s h}$$

其判别准则为：如果 $\rho \geqslant 1$，$\hat{s}(k) = 1$；$\rho < 1$，$\hat{s}(k) = 0$。

当接收端信道状态信息未知时，最大似然检测准则为

$$\hat{s}_i = \arg\max_{\hat{s}_i} \Pr(y_i, s_i) = \arg\max_{\hat{s}_i} \int_0^{\infty} \Pr(y_i \mid h, s_i) h_c f(h_t) \mathrm{d}h_t$$

2. 最大似然联合检测

然而，水下信道在一定的短时间内，其信道信息可以认为是恒定的，因此在这个时间段内，可以对接收到的多个信号进行联合检测。因此，最大似然联合检测的核心为：利用湍流引入的信道中的瞬时相关性，对接收到的多个符号信息进行联合检测，则多个符号联合检测的联合概率密度分布为

$$\Pr(\boldsymbol{p}, \boldsymbol{s}) = \prod_{i=1}^{K} \Pr(p_i, s_i)$$

其中，$\boldsymbol{p} = [p_1, p_2, \cdots, p_K]^{\mathrm{T}}$ 为一个 $K \times 1$ 的 SPAD 输出的信号序列；$\boldsymbol{s} = [s_1, s_2, \cdots, s_K]^{\mathrm{T}}$

为一个 $K \times 1$ 的发送信号序列。

最大似然联合检测准则为

$$\hat{s} = \arg\max_{\hat{s}} \prod_{i=1}^{K} \mathrm{Pr}(p_i, s_i) = \arg\max_{\hat{s}} \int_0^\infty \prod_{i=1}^{K} \mathrm{Pr}(p_i \mid h, s_i) f(h) \mathrm{d}h \qquad (8\text{-}17)$$

$\hat{s}$ 是估计的信号向量。根据 SPAD 输出信号的泊松分布和已知信道状态信息时的检测准则，消除公式中的冗余量，式(8-17)重新写为

$$\hat{s} = \arg\max_{\hat{s}} \int_0^\infty \left(\frac{n_\mathrm{s}}{n_\mathrm{b}} h + 1 \right)^{P_\mathrm{on}} \mathrm{e}^{-n_\mathrm{s} N_\mathrm{on} h} f(h) \mathrm{d}h$$

$N_\mathrm{on} \in \{0, 1, 2, \cdots, K\}$ 是接收信号中 1 的数量，P_on 是接收信号中与符号 "1" 相匹配的接收到光子数的总和：

$$P_\mathrm{on} = \sum_{k_i \in S_\mathrm{on}} P(k_i)$$

其中，$S_\mathrm{on} \triangleq \{k_i \in 1, 2, \cdots, K : s(k_i) = 1\}$。

MLUD 算法的主要缺点是计算复杂度高。复杂度主要来自 MLUD 的积分运算，该运算需要暴力搜索方式，计算复杂度为指数级。由于信道衰落复杂的数学特性，MLUD 的判别准则运算中没有闭合的分析表述。此外，MLUD 运算需要明确的长距离水下信道状态信息，因此其性能和假设的信道湍流条件息息相关。

3. 广义最大似然联合检测

这里的设计目标是寻求低复杂度下的信号联合。如前面所述，复杂度主要来自湍流信道的复杂数学概率分布引起的积分运算。因此，通过对吸收、散射和湍流条件下的信道联合估计，降低运算复杂度。

GMLUD 基于如下的判别准则：

$$\hat{s} = \arg\max_{\hat{s}} l\{\boldsymbol{p} \mid \boldsymbol{s}, \hat{h}\}$$

$\hat{h}$ 是估计的信道衰落，由下式计算：

$$\hat{h} = \arg\max_h l\{\boldsymbol{p} \mid \boldsymbol{s}, h\}$$

信道 h 的最大似然条件概率分布为

$$l = \prod_{i=1}^{K} \mathrm{Pr}(p_i, s_i, h)$$

由 SPAD 输出泊松概率分布，上式为

$$l\{\boldsymbol{p} \mid \boldsymbol{s}, h\} = \prod_{i=1}^{K} \frac{(n_\mathrm{s} s_i h + n_\mathrm{b})^{p_i}}{p_i!} \exp\{-(n_\mathrm{s} s_i h + n_\mathrm{b})\}$$

消除不相关的常数项，最大似然条件概率函数重新写为

$$l\{\boldsymbol{p} \mid \boldsymbol{s}, h\} = \left(\frac{n_{\mathrm{s}}}{n_{\mathrm{b}}} h + 1\right)^{P_{\mathrm{on}}} \mathrm{e}^{-n_{\mathrm{s}} N_{\mathrm{on}} h}$$

通过对上式求信道 h 的微分，令其等于 0，则信道估计为

$$\hat{h} = \frac{1}{n_{\mathrm{s}}} \left(\frac{P_{\mathrm{on}} - N_{\mathrm{on}} n_{\mathrm{b}}}{N_{\mathrm{on}}}\right)$$

将上式代入 MLUD 计算式中，则 GMLUD 的判别准则为

$$\hat{\boldsymbol{s}} = \arg\max_{\hat{s}} \left(\frac{P_{\mathrm{on}}}{N_{\mathrm{on}} n_{\mathrm{b}}}\right)^{P_{\mathrm{on}}} \mathrm{e}^{-P_{\mathrm{on}} + N_{\mathrm{on}} n_{\mathrm{b}}}$$

在实际的可见光通信 IM/DD 中，发送信号和信道系数均为非负值，因此，估计的信道值 $\hat{h}$ 由 $P_{\mathrm{on}} - N_{\mathrm{on}} n_{\mathrm{b}}$ 决定是否正确。结合下面所提的快速搜索算法，我们将信道估计值 $\hat{h}$ 分为两类来讨论。

4. GMLUD 的快速排序检测算法

1) 当 $P_{\mathrm{on}} - N_{\mathrm{on}} n_{\mathrm{b}} \geqslant 0$ 时，估计的信道 $\hat{h}$ 符合 IM/DD 要求

提取出主项 $\Gamma = \left(\frac{P_{\mathrm{on}}}{N_{\mathrm{on}} n_{\mathrm{b}}}\right)^{P_{\mathrm{on}}} \exp^{-P_{\mathrm{on}} + N_{\mathrm{on}} n_{\mathrm{b}}}$，然后对 Γ 求解关于接收总光子数 P_{on} 的微分，得到

$$\Gamma' = \ln\left(\frac{P_{\mathrm{on}}}{N_{\mathrm{on}} n_{\mathrm{b}}}\right)\left(\frac{P_{\mathrm{on}}}{N_{\mathrm{on}} n_{\mathrm{b}}}\right)^{P_{\mathrm{on}}} \mathrm{e}^{-P_{\mathrm{on}} + n_{\mathrm{b}} N_{\mathrm{on}}} \tag{8-18}$$

若 $P_{\mathrm{on}} = 0$，那么 $N_{\mathrm{on}} = 0$ 以及 $\Gamma = 1$，Γ 是一个独立于信道 h 的常量，也意味着发送信号为 $\hat{\boldsymbol{s}} = \boldsymbol{0}$。当 $P_{\mathrm{on}} \neq 0$ 时，显然，对于任意的 P_{on}，$\Gamma' \geqslant 0$，那么 Γ 是一个单调递增函数。

受制于 N_{on}，当 P_{on} 越大时，$\hat{\boldsymbol{s}} = \arg\max_{\hat{s}}\{\cdot\}$ 也就越大。这个总和 P_{on} 由 N_{on} 中 "1" 的位置确定，也对应着最大的 p_i。由于信道 h 的非负性，对于任意给定的 N_{on}，$\arg\max_{\hat{s}}\{\cdot\}$ 操作中也是一个随着 P_{on} 递增而递增的函数。因此，排序搜索算法适合求解此类问题。

排序搜索算法聚焦于 2^K 个可能的接收信号类型子集。首先，将接收到的信号向量 $\boldsymbol{p}$ 按照一个递减的顺序排列，即

$$p_a(1) \geqslant p_a(2) \geqslant \cdots \geqslant p_a(K) \tag{8-19}$$

$p_a(i)$ 表示 $\boldsymbol{p}$ 中元素从大到小排列后的第 i 个元素，$\boldsymbol{p}_a = (p_a(1), p_a(2), \cdots, p_a(K))$，$\boldsymbol{p}_a$ 代表从大到小重新排列后的信号向量。例如，$\boldsymbol{p} = [3, 5, 12, 7, 82]$，$\boldsymbol{p}_a = [82, 12, 7,$

5,3]。最前面 N_{on} 个最大的值的和记为

$$p_{aon} = \sum_{k_j \in S_{on}} p_a(k_j) \tag{8-20}$$

k_j 是排序后的顺序。最后，当 N_{on} 从 0 到 K 变化时，可以计算 $\hat{s} = \arg\max_{\hat{s}}\{\}$ 最大的值，将相应的 N_{on} 最大的值记为 $\hat{N}_{on}$：

$$\hat{N}_{on} = \arg_{N_{on}} \max_{1 \leqslant N_{on} \leqslant K} \sum_{k=1}^{N_{on}} p_a(k) \tag{8-21}$$

最后，初始数据 $\hat{s}(j)=1$ 可以由排序规则后的反转映射得到，$\hat{s}$ 中剩余位置的元素都为 0，且个数为 $K - \hat{N}_{on}$。

当使用提出的排序搜索检测算法时，运算量显然低于 GMLUD 的暴力搜索方式。所提方案的复杂度为 $O(K \log_2 K)$，主要来自重新排列接收到的数据信号。

2）当 $P_{on} - N_{on}n_b < 0$ 时，估计的信道 $\hat{h}$ 不符合 IM/DD 准则的要求

这主要来自两方面的原因：首先是 SPAD 的泊松输出特性，其次是系统中背景光噪声和暗计数噪声 DCR。此时，信道的估计偏差可以表示为

$$|h-\hat{h}| = h - \hat{h} > h - 0, \quad \hat{h} < 0 \tag{8-22}$$

这个结果告诉我们 $\hat{h} = 0$ 比 $\hat{h} < 0$ 更加准确，因此，其硬判决门限为 $\overline{th}_i = \beta$，$i=1,2,\cdots,K$。

因此，考虑 IM/DD 特性后，信道估计值 $\hat{h}$ 重新写为

$$\hat{h} = \begin{cases} \dfrac{1}{n_s}\left(\dfrac{P_{on} - N_{on}n_b}{N_{on}}\right), & P_{on} - N_{on}n_b \geqslant 0 \\ 0, & P_{on} - N_{on}n_b < 0 \end{cases} \tag{8-23}$$

8.4.2　P+G 混合噪声下的广义最大似然联合检测

1. P+G 混合噪声下的 GMLUD 问题描述

在下面的分析中，假设发送端和接收端都不知道信道状态信息，则 $y_i = f(\hat{z}_i)$ 可以重新近似为

$$y_i \approx \hat{r}_i = 2\sqrt{\max\left(\alpha s_i + \beta + \dfrac{3}{8} + \sigma^2, 0\right)} + \epsilon = 2\sqrt{\alpha s_i + l} + \epsilon = r_i + \epsilon \tag{8-24}$$

其中，ϵ 是一个 AWGN 分量，服从 $\mathcal{N}(0,1)$；$l = \beta + \dfrac{3}{8} + \sigma^2$，由于光信号的 IM/DD 特性，$\alpha \geqslant 0$，$s_i \in [0,1]$，$l > 0$，因此 $\alpha s_i + l > 0$。

传输方案的优化设计可以记为

$$D(\hat{s}) = \min \sum_{i=1}^{K} (y_i - r_i)^2 = \min \| \boldsymbol{y} - \boldsymbol{r} \|^2 \tag{8-25}$$

其中，$\boldsymbol{y} = [y_1, y_2, \cdots, y_K]^T$；$\boldsymbol{r} = [r_1, r_2, \cdots, r_K]^T$。显然，$D(\hat{s})$ 是一个等效的最小欧氏距离判别准则问题，并且受 GAT-AWGN 信道制约。

因此，已知接收信号向量 $\boldsymbol{y}$，要研究一种同时估计 α 和 $\hat{s}$ 的解码算法。下面提出广义最大似然联合检测算法以估计 $\hat{s}$，$\hat{s} = \arg\min D(\hat{s})$。

2. P+G 混合噪声下的 GMLUD 及其快速搜索算法

$D(\hat{s})$ 可由以下的理论求解。

定理 8-1　$D(\hat{s})$ 的等效判别准则(equivalent decision criterion, EDC)可以表述为

$$\hat{s}_{N_{on}, Y_{on}} = \arg\max(Y_{on}^2 / N_{on}) \tag{8-26}$$

其中，$Y_{on} = \sum\limits_{j \in S_{on}} y_j$。

证明　首先，拓展开 $D(\hat{s})$ 的主项，即

$$\| \boldsymbol{y} - \boldsymbol{r} \|^2$$

$$= \sum_{i=1}^{K} y_i^2 - 2\sum_{i=1}^{K} y_i r_i + \sum_{i=1}^{K} r_i^2$$

$$= 4\sum_{i=1}^{K} \max\left(\sqrt{\left(z_i + \frac{3}{8} + \sigma^2, 0 \right)^2} \right) - 8\sum_{i=1}^{K} \sqrt{\max\left(z_i + \frac{3}{8} + \sigma^2, 0 \right)} \alpha s_i$$

$$- 8\sum_{i=1}^{K} \sqrt{\max\left(z_i + \frac{3}{8} + \sigma^2, 0 \right)} l + 4K\alpha s_i + 4Kl \tag{8-27}$$

可以看到 $4\sum\limits_{i=1}^{K} \max\left(\sqrt{\left(z_i + \frac{3}{8} + \sigma^2, 0 \right)^2} \right)$、$-8\sum\limits_{i=1}^{K} \sqrt{\max\left(z_i + \frac{3}{8} + \sigma^2, 0 \right)} l$ 和 $4Kl$ 都是独立于信道 α 和发送信号 s_i 的常数，因此，消除不相关的常数项后，式(8-27)的 EDC 可以重新记为

$$\| \boldsymbol{y} - \boldsymbol{r} \|_{EDC}^2$$

$$= -8\sum_{i=1}^{K} \sqrt{\max\left(z_i + \frac{3}{8} + \sigma^2, 0 \right)} \alpha s_i + 4K\alpha s_i$$

$$= -8\sum_{j=1}^{N_{on}} \sqrt{\max\left(z_j + \frac{3}{8} + \sigma^2, 0 \right)} \alpha + 4N_{on}\alpha$$

$$= -4Y_{on}\sqrt{\alpha} + 4N_{on}\alpha \tag{8-28}$$

对式(8-28)求关于 α 的微分，并将其设置为 0，得出总的信道衰减为

$$\hat{\alpha} = Y_{on}^2/(4N_{on}^2) \tag{8-29}$$

因此，将信道估计值 $\hat{\alpha}$ 代入 $\|\boldsymbol{y}-\boldsymbol{r}\|_{EDC}^2$，那么 $D(\hat{s})$ 的 EDC 将变为

$$\min\|\boldsymbol{y}-\boldsymbol{r}\|^2 = \min(-Y_{on}^2/N_{on}) = \max(Y_{on}^2/N_{on}) \tag{8-30}$$

考虑主项 Y_{on}^2/N_{on}，显然，对任意 N_{on} 和 α，这是一个随着 Y_{on} 的增加而增加的单调递增函数。因此，前面提出的快速搜索算法也适用于 P+G 混合信道的 GMLUD 求解问题。

8.5　性能仿真分析

在后面的仿真分析中，同时考虑水下的吸收、散射和弱湍流效应，分别分析基于 SPAD 的纯泊松噪声模型和 P+G 混合噪声模型下的 GMLUD 接收机的性能。信道系数来自实际的测量、器件和实验数据。吸收和散射的信道脉冲响应 h_c 为 10^{-8}，对应的通信距离分别为 L=100m(清澈海洋环境)、220m(纯净海水)。总的噪声包括暗计数 DCR 和背景光噪声及热噪声。通常，背景光噪声来自太阳光，假设在水下接近 150m 条件下，背景噪声功率为 P_b =−116dBm。其他详细的参数见表 8-1。

表 8-1　系统所用参数

参数	数值
光波长 λ	532nm
SPAD 检测 C_{PDE}	0.6
SPAD 暗计数 N_{DCR}	50
死时间	20ns
视场角	180°
接收端孔径	0.044m
半功率角	5°
光在水中的速率	2.25×10^8m/s
弱湍流对数正态方差 σ_t	0.1, 0.3

8.5.1　纯泊松噪声模型下的广义最大似然联合检测性能仿真分析

图 8-2 和图 8-3 为传输速率 R_b =1Mbit/s 下不同算法的系统性能，分别为清澈海洋环境和纯净海水水质。将已知信道状态信息的逐符号 ML 检测作为系统的性能下界(the low bound)。当帧长度即每个时隙内的联合检测符号数增加时，

GMLUD 的性能不断接近性能下界，在高 P_s 区域，曲线几近重合。这是因为当 P_s 增加时，系统信噪比更高，并且信道估计值随着符号数的增加而更加准确。在不同符号长度下，所提出的 GMLUD 算法的性能优于多符号最小距离(multiple symbol minimum distance，MSMD)的性能，但是两条曲线的差异随着符号数的增加而减小。当信道湍流强度增加时($\sigma_t = 0.1 \rightarrow \sigma_t = 0.3$)，两种算法的性能差异也减小。图 8-4 和图 8-5 为传输速率 $R_b = 10\,\mathrm{Mbit/s}$ 下不同算法的系统性能，可以得出与图 8-2 和图 8-3 相似的结论。

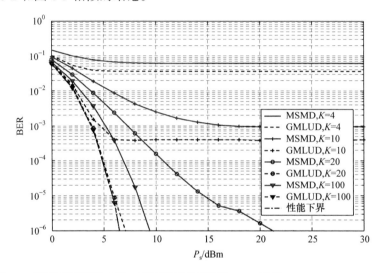

图 8-2　清澈海洋环境水质，不同符号长度下的 BER 性能 ($R_b = 1\mathrm{Mbit/s}, \sigma_t = 0.1$)

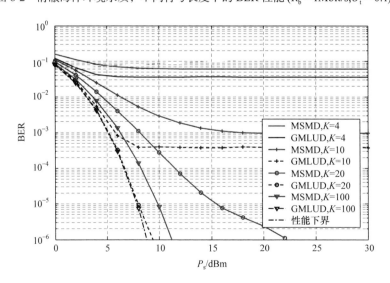

图 8-3　纯净海水水质，不同符号长度下的 BER 性能 ($R_b = 1\mathrm{Mbit/s}, \sigma_t = 0.3$)

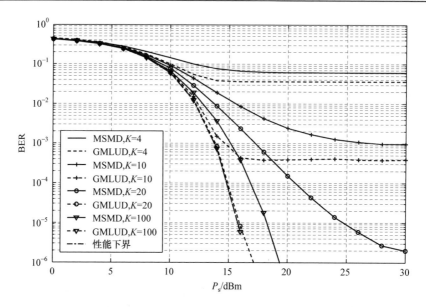

图 8-4　清澈海洋环境水质，不同符号长度下的 BER 性能 ($R_b = 10\mathrm{Mbit/s}, \sigma_t = 0.1$)

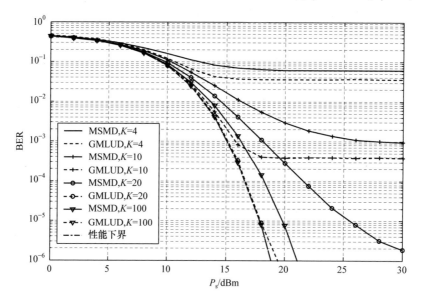

图 8-5　纯净海水水质，不同符号长度下的 BER 性能 ($R_b = 10\mathrm{Mbit/s}, \sigma_t = 0.3$)

　　为了验证系统在不同湍流强度下的性能，仿真对比了系统性能与不同湍流强度的关系。如图 8-6、图 8-7 所示，仿真的发送端光功率为 $P_s = 10\mathrm{dBm}$，传输速率 R_b 分别为 1Mbit/s、10Mbit/s。可以发现，提出的 GMLUD 算法和 MSMD 算法的性能差异随着湍流强度 σ_t 的增加而减小。

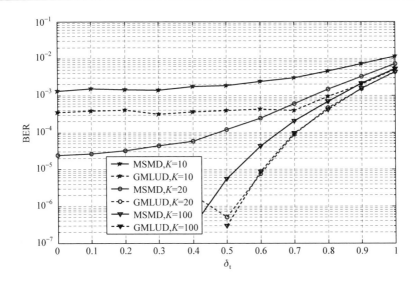

图 8-6　不同湍流强度下的 BER 性能 ($R_b = 1\mathrm{Mbit/s}$)

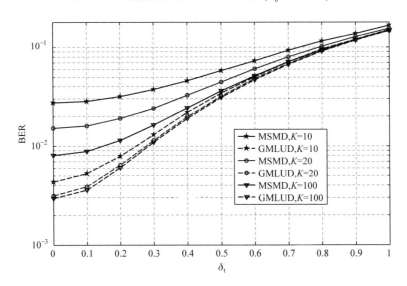

图 8-7　不同湍流强度下的 BER 性能 ($R_b = 10\mathrm{Mbit/s}$)

8.5.2　P+G 混合噪声模型下的广义最大似然联合检测性能仿真分析

基于已知信道状态信息的逐符号检测 GAT-based 检测器等效为系统的性能下界。图 8-8 和图 8-9 对比了 P+G 混合噪声条件下 GMLUD 算法仿真性能与理论性能下界的差异，速率分别为 1Mbit/s 和 15Mbit/s，平均光功率为 15dBm。P+G 混合噪声系统的 SNR 和纯高斯系统的 SNR 定义相同，即 SNR=$(\lambda^2 + \lambda)/\sigma^2$。在图 8-8 和图 8-9 中，"性能下界"表示所提 GAT-based 算法的性能极限，其他曲线为不同参数时 GMLUD 的性能。在低 SNR 区域，所提出 GMLUD 算法的 BER 曲线高于 GAT-based 检测器的曲线，这是因为将泊松输出分布近似为一个线性输出。当帧长度和 SNR 值增加时，GMLUD 算法的性能十分接近于 GAT-based 检测器。最后，信道方差 $\sigma_t = 0.1$ 和 $\sigma_t = 0.3$ 的差异接近 2dB。

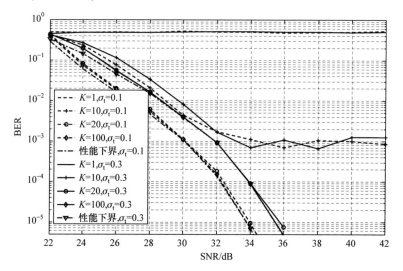

图 8-8　P+G 混合噪声模型下 BER 性能(R_b=1Mbit/s)

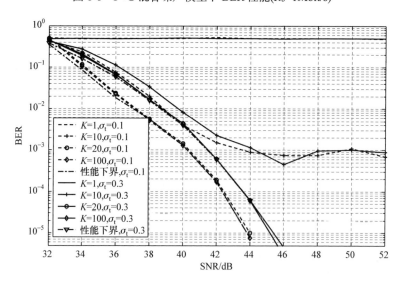

图 8-9　P+G 混合噪声模型下 BER 性能比较(R_b=15Mbit/s)

8.6　小　　结

本章首先研究了水下的湍流衰落信道模型，将弱湍流建模为对数正态模型。水下长距离总的信道为基于吸收和散射的双指数信道，以及弱湍流对数正态信道的总和，这也为后续章节的研究奠定了基础。由于水下信道在一定时隙内信道值恒定，即接收信号具有时域相关性，可以对接收到的多个符号进行联合检测，从而提升系统性能。

对于数字型 SPAD，提出了基于纯泊松模型的 MLUD、GMLUD 以及相应的快速搜索算法，仿真验证了当帧长度增加时，GMLUD 算法的性能不断接近于已知信道状态信息时的逐符号最大似然检测接收机的性能下界。对于模拟型 SPAD，由于受跨导放大器的影响，接收端引入了高斯噪声，因此接收端受泊松和高斯噪声的联合影响，导致条件概率密度函数极其复杂。为了得到 P+G 混合噪声模型下的最大似然联合检测准则，提出了基于广义安斯科比变换的接收机序列最大似然检测联合检测理论，给出了 P+G 混合信号的等效最小欧氏距离准则以及快速搜索算法。仿真表明，当帧长度增加时，P+G 混合噪声模型下 GMLUD 算法的性能接近于已知信道条件下的 GAT-based 接收机的性能。

参 考 文 献

[1] Mao T Q, Wang Z C, Wang Q. Receiver design for SPAD-based VLC systems under Poisson-Gaussian mixed noise model. Optics Express, 2017, 25(2): 799-809.

第9章　单光子可见光通信多灯芯叠加编码传输技术

9.1　概　　述

目前，大多数可见光通信的研究是基于商用照明 LED 器件的，而非兼顾通信和照明需求的 LED 器件，因此 LED 器件的伏-安特性、电-光功率转换特性、频率响应特性等都会影响可见光通信系统的性能。大多数可见光通信系统的驱动方式采用和光纤通信中类似的三端耦合方式(Bias-Tee)的直流负载方式，然而 LED 负载和前端放大器的不匹配造成调制深度较低，典型值为 5%～15%[1-5]，这也限制了通信速率[6-8]和通信距离[9-14]。因此，非归零 OOK 调制技术成为自然的选项，其调制深度可达到 60%。但是对于长距离水下的衰落信道，需要设计复杂的单载波、多载波技术来匹配信道特性，这也造成调制深度减少，影响系统的能量利用率。

灯具内通常都是由多个灯芯协作完成照明等需求的(图 9-1(a))，不同灯芯之间常采用串行连接驱动方式，因此目前大多数可见光通信系统的研究将多个灯芯等效成一个灯芯(图 9-1(b))。而事实上，如果将每一个灯芯等效为一个独立的信息发送源，然后每个灯芯发送多个不同数据，通过一定的信号处理方式实现频谱效率和信息传输速率的提升，这种方式需要将多个灯芯采用并行连接方式(图 9-1(c))，每个灯芯独立驱动。因此，对并行传输 LED 内多个灯芯的不同数据，通过相应的信号处理方法，形成等效的多输入系统，可以提升系统的传输速率。而每个灯芯

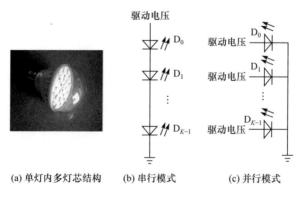

(a) 单灯内多灯芯结构　　(b) 串行模式　　(c) 并行模式

图 9-1　灯芯内部结构以及不同驱动方式

采用 OOK 调制，可以抑制 LED 电光转换的非线性因素。基于以上分析，在室内信道条件下，为了通过多个灯芯并行传输数据来提升传输速率，学者提出了叠加幅度调制和多相移叠加 OOK 调制技术，即使采用简单的 OOK 方式，都可以获得频谱效率和复用增益的提升。事实上，采用并行方式时，多个灯芯发送的信号可以等效为一个高阶调制信号星座[15-17]。

本章开展基于并行 LED 驱动的多灯芯发送、单个 SPAD 接收的长距离水下高速传输技术研究。为了区分叠加后 SPAD 输出的光子计数信号，发送端 LED 灯具不同灯芯采用交织分复用/交织分多址中的用户特定交织器(user-specific interleaver)技术，不同 LED 的数据经过用户特定交织器的处理，交织后的数据满足正交性约束，即增加了信号检测的自由度。在接收端，针对 SPAD 泊松输出的统计分布特性，提出基于理想泊松光子计数信道的串行连续干扰消除(serial successive interference cancellation，SIC)检测算法。和同等条件下的基于 SPAD 接收机的直流偏置光正交频分复用(direct current-biased optical orthogonal frequency division multiplexing，DCO-OFDM)相比，本方案的错误性能和抗非线性性能更优。

9.2　多灯芯结构的水下单光子可见光通信链路模型

基于单个 SPAD 接收机的水下长距离多灯并行高速传输(Multi-LED-PT)系统和多发单收(multiple-input-single-output，MISO)系统类似(图 9-2)。发送端的数据流经过串并(serial-to-parallel，S/P)转换后，通过多灯并行传输信号处理模块，驱动灯具内的多个 LED 灯芯同时发送数据；经过水下长距离吸收、散射和弱湍流信道及聚光镜和滤光片后，由单个 SPAD 接收机接收，再经后续的信号处理模块恢复初始数据。

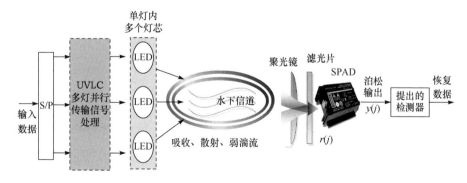

图 9-2　UVLC 多灯并行传输系统示意图

9.2.1 发送端多灯芯并行传输结构

如图 9-3 所示，串并转换后，二进制数据比特流 $\boldsymbol{u}$ 分成 K 个数据流，K 为单个灯具内的灯芯数目。数据流 $\boldsymbol{u}_k = \{u_k(1), u_k(2), \cdots, u_k(l_b)\}$ 由二进制编码器(encoder, Enc)产生编码序列 $\boldsymbol{c}_k = \{c_k(1), c_k(2), \cdots, c_k(J)\}$，$l_b$ 为每个灯芯数据的帧长度，J 是总的帧长度。在本系统中，信道编码为重复码。$\boldsymbol{v}_k = \{v_k(1), v_k(2), \cdots, v_k(J)\}$ 是由特定用户交织($k(\varPi_k)$)后重新排列的数据。s_k 是非归零 OOK 调制后的信号，用来驱动 LED 灯芯发送数据。最终，不同灯芯的信号在光束经过灯罩后混合，再经长距离水下信道，到达接收端。

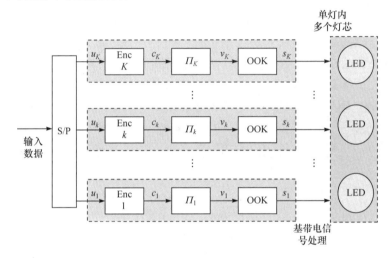

图 9-3　多灯芯并行传输发送端示意图

9.2.2 多灯芯并行传输信道

本章的水下信道和第 3 章中的长距离水下信道相同,为基于吸收、散射 MCNS 的双指数信道 h_c,以及基于弱湍流对数正态概率分布的信道 h_t 之积 $h = h_c h_t$,即同时考虑水下的吸收、散射和弱湍流因素。如前述分析,基于 SPAD 接收机的水下通信距离一般都大于 50m,而灯具内不同 LED 灯芯之间的距离一般为厘米级别。因此,认为不同灯芯到达接收机的信道脉冲响应值相等。不失一般性,信道增益 $\boldsymbol{h}$ 表示为

$$\boldsymbol{h} = [h(1), h(2), \cdots, h(K)] = h[1, 1, \cdots, 1]$$

同时,在一定的时隙内,认为信道 $\boldsymbol{h}$ 的值为恒定的。

9.2.3 多灯芯并行传输的 SPAD 接收机模型

每个比特周期内到达 SPAD 的光子计数值记为

$$r(j) = c_p n_s \boldsymbol{h} \boldsymbol{s}(j) + c_p n_b + N_d T_b = c_p n_s \boldsymbol{h} \boldsymbol{s}(j) + n(j)$$

其中，c_p 是光电检测灵敏度；每个 LED 灯芯发送的光子数为 $n_s = P_s T_b / E_p K$，P_s 是总的发送光功率，T_b 是比特周期，$E_p = h_p \nu / \lambda$ 是单个光子的能量；$\boldsymbol{s}(j) = [s_1(j),$ $s_2(j), \cdots, s_K(j)]^T$ 是一个 $K \times 1$ 的发送信号向量；$n_b = P_b T_b / E_p$ 是背景光噪声引起的光子数；N_d 是 SPAD 的暗计数率 DCR，理想的 SPAD 输出模型建模为一个泊松统计分布，其概率块函数(probability mass function，PMF)为

$$\Pr(y(j) \mid \boldsymbol{s}(j), \boldsymbol{h}) = \frac{r(j)^{y(j)}}{y(j)!} \exp^{-r(j)}$$

9.3 多灯芯并行高速传输检测技术

9.3.1 接收机信号处理模型

本节针对发送端的数据结构类型以及接收到的混合光子计数信号，提出基于泊松信道的串行连续干扰消除算法，具体原理如图 9-4 所示。每个灯芯的数据都经过编码器和交织器的处理，接收端信号处理部分对应包括一个解多灯芯混合信号的基本信号估计器(elementary signal estimator，ESE)和 K 个软输入软输出的译码器(decoders，Dec)。对于软信息的处理，一般采用迭代方式，充分挖掘每次数据处理的信息估计值。首先，ESE 估计出每个灯芯的软概率信息，然后将该信息送往 Dec 部分产生外信息。其次，该外信息送往 ESE 部分进行下一次迭代以提升信号处理的精度。当 ESE 处理第一个灯芯的软信息时，将非该灯芯的外信息全部认为是噪声分量；ESE 处理后的软信息经过解交织器处理后，作为等效的 Dec 部分的先验信息。Dec 处理该软信息后，经后验概率检测算法更新系统总的软信息，再经交织器处理返回到 ESE。按照预先设定的迭代次数，直到最后一个灯芯的最

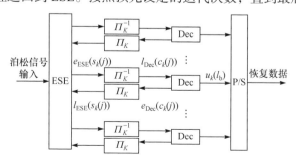

图 9-4 接收端信号处理示意图

后一次迭代信息数据处理完毕。最后，经过逐符号的硬判决以及并串转换(parallel-to-serial，P/S)后，恢复初始发送数据。

9.3.2 基于泊松模型的串行连续干扰消除检测算法

基于泊松分布模型的串行连续干扰消除检测算法的核心在于每次都检测混合信号中错误概率最小的部分，接着对这部分信号进行估计和判决处理，然后更新和修正接收机总的软信息值，并且总的软信息值包括所有 K 个灯芯的信息值，因此不会出现误差传播问题。

1. ESE 估计部分

对于本章采用的非归零 OOK 调制，首先定义 ESE 和 Dec 模块的先验对数似然比(log likelihood ratios，LLR)分别为

$$l_{\mathrm{ESE}}(s_k(j)) = \log_2 \frac{\Pr(s_k(j)=1)}{\Pr(s_k(j)=0)}$$

$$l_{\mathrm{Dec}}(c_k(j)) = \log_2 \frac{\Pr(c_k(j)=1)}{\Pr(c_k(j)=0)}$$

$l_{\mathrm{ESE}}(s_k(j))$ 是第 k 个灯芯输入 ESE 的软信息；$l_{\mathrm{Dec}}(c_k(j))$ 是 Dec 的输入软信息。为了计算第 k 个灯芯的软信息值，将其余灯芯的所有信息都等效为噪声 $\zeta_k(j)$，包括多灯芯的干扰、背景噪声和暗计数，即

$$\zeta_k(j) = c_{\mathrm{p}} n_{\mathrm{s}} h \sum_{\hat{k} \neq k}^{K} s_{\hat{k}}(j) + n_{\hat{k}}(j)$$

依据泊松概率分布，第 k 个灯芯的 PMF 为

$$\Pr(y(j)|s_k(j),\boldsymbol{h}) = \frac{(c_{\mathrm{p}} n_{\mathrm{s}} h s_k(j) + \zeta_k(j))^{y(j)}}{y(j)!} \exp^{-(c_{\mathrm{p}} n_{\mathrm{s}} h s_k(j) + \zeta_k(j))}$$

因此，对于泊松分布条件下，外信息值 $e_{\mathrm{ESE}}(s_k(j))$ 计算为

$$\begin{aligned}
e_{\mathrm{ESE}}(s_k(j)) &= \log_2 \frac{\Pr(y(j)|s_k(j)=1,\boldsymbol{h})}{\Pr(y(j)|s_k(j)=0,\boldsymbol{h})} \\
&= \log_2 \frac{\dfrac{(c_{\mathrm{p}} n_{\mathrm{s}} h + \zeta_k(j))^{y(j)}}{y(j)!} \exp^{-(c_{\mathrm{p}} n_{\mathrm{s}} h + \zeta_k(j))}}{\dfrac{\zeta_k(j)^{y(j)}}{y(j)!} \exp^{-\zeta_k(j)}} \\
&= y(j) \log_2 \left(1 + \frac{c_{\mathrm{p}} n_{\mathrm{s}} h}{\zeta_k(j)}\right) - c_{\mathrm{p}} n_{\mathrm{s}} h
\end{aligned}$$

2. 噪声估计部分

由于泊松统计分布的特性，其均值和方差都是 λ_{Poi}，那么噪声的均值 $\zeta_k(j)$ 为

$$E[\zeta_k(j)] = c_{\mathrm{p}} n_{\mathrm{s}} h \sum_{\hat{k} \neq k}^{K} E[s_{\hat{k}}(j)] + n_{\hat{k}}(j)$$

$s_k(j)$ 的均值为

$$
\begin{aligned}
E[s_k(j)] &= 1 \times \Pr(s_k(j)=1) + 0 \times \Pr(s_k(j)=0) \\
&= 0.5 \times [\Pr(s_k(j)=1) - \Pr(s_k(j)=0)] + 0.5 \times [\Pr(s_k(j)=1) + \Pr(s_k(j)=0)] \\
&= 0.5 \times \frac{\Pr(s_k(j)=1) - \Pr(x_k(j)=0)}{\Pr(s_k(j)=1) + \Pr(x_k(j)=0)} + 0.5 \\
&= 0.5 \times \frac{e^{\ln\left[\frac{\Pr(x_k(j)=1)}{\Pr(x_k(j)=0)}\right]} - 1}{e^{\ln\left[\frac{\Pr(x_k(j)=1)}{\Pr(x_k(j)=0)}\right]} + 1} + 0.5 \\
&= 0.5 \times \frac{e^{l_{\mathrm{ESE}}} - 1}{e^{l_{\mathrm{ESE}}} + 1} + 0.5 \\
&= 0.5 \times \tanh(l_{\mathrm{ESE}}(s_k(j))/2) + 0.5
\end{aligned}
$$

由于初始时 ESE 模块没有先验信息，所以初始值为 $E[s_k(j)] = 0.5 \times 1 + 0.5 \times 0 = 0.5$。

3. 匹配的重复码结构

受 LED 调制带宽的限制，信道编码中采用的重复码不再具有扩频特性，常采用的 "+1" "−1" 的映射也不再适用于可见光通信系统。由于可见光通信的 IM/DD 特性，发送信号和信道系数均为非负值。因此，重复码为 $c = \{1,1,\cdots,1\}_m$，m 是码长。也就是说，重复码的功能为将单一信息比特映射为码长为 m 的信号处理比特向量，即比特 "0" $\Rightarrow \{0,0,\cdots,0\}_m$，比特 "1" $\Rightarrow \{1,1,\cdots,1\}_m$。最终，译码的对数逻辑似然率 LLRs $l(u_k(l_b))$ 为

$$
\begin{aligned}
l(u_k(l_b)) &= \log_2 \frac{\Pr(u_k(l_b)=1)}{\Pr(u_k(l_b)=0)} = \log_2 \frac{\prod_{j=1}^{m} \Pr(c_k(j)=1)}{\prod_{j=1}^{m} \Pr(c_k(j)=0)} \\
&= \sum_{j=1}^{m} \log_2 \frac{\Pr(c_k(j)=1)}{\Pr(c_k(j)=0)} = \sum_{j=1}^{m} l_{\mathrm{Dec}}(c_k(j))
\end{aligned}
$$

因此，计算软信息 $e_{\mathrm{Dec}}(c_k(j))$ 为

$$e_{\text{Dec}}(c_k(j))$$
$$= \log_2 \frac{\Pr(c_k(j)=1 \mid l(u_k(l_b)))}{\Pr(c_k(j)=0 \mid l(u_k(l_b)))} - l_{\text{Dec}}(c_k(j))$$
$$= n_k(j)l(u_k(l_b)) - l_{\text{Dec}}(c_k(j))$$
$$= l(u_k(l_b)) - l_{\text{Dec}}(c_k(j))$$

4. Dec 部分

最后一次迭代后，由后验概率(a posteriori probability，APP)准则进行硬判决，判别接收信号 $\hat{u}_k(l_b)$ 为

$$\hat{u}_k(l_b) = \begin{cases} 1, & l(u_k(l_b)) \geqslant 0 \\ 0, & l(u_k(l_b)) < 0 \end{cases}$$

5. 复杂度分析

上述为接收机主要的信号处理步骤，一次迭代过程由若干次加法、乘法运算以及一次 tanh 运算组成。系统的主要运算复杂度来自交织和解交织过程。

整个算法总结如算法 9-1 所示。

算法 9-1　UVLC 下的 Multi-LED-PT 算法

步骤 1：基于泊松接收机的 SIC 检测。

(1) 初始化；对于 OOK 调制 $E[s_k(j)] = 0.5$ 和 $e_{\text{ESE}}(x_k(j)) = 0$；

(2) 执行噪声估计部分，计算 $E[\zeta_k(j)]$；

(3) 执行 ESE 部分，计算外信息 LLRs $e_{\text{ESE}}(x_k(j))$；

(4) 计算交织后的重复编码增益 $l(u_k(l_b))$，用来解码；

(5) 产生外信息 LLRs $e_{\text{Dec}}(c_k(j))$；

(6) 更新交织后的噪声估计部分；

(7) 对于新一次的迭代过程，执行(1)，开始新一次循环。

步骤 2：符号判别。

按照预先设定的迭代次数，最后一次迭代结束后，用 APP 硬判决进行符号判别。最后，通过 P/S 转换恢复初始数据。

9.4　性能仿真分析

本节将在水下吸收、散射和弱湍流因素的综合信道下验证所提出的算法。相

应的信道参数和第 8 章中相同, 吸收和散射的信道脉冲 $h_c = 10^{-8}$, 分别对应清澈海洋环境和纯净海水两种水质下 100m 和 220m 的通信距离, 背景光噪声功率为 $p_b = -116\mathrm{dBW}$。扩散距离 $\tau < 15\mathrm{m}$, 因此, 忽视了水下光散射造成的色散效应。

9.4.1 水下单光子可见光通信系统性能比较

在下面的分析中, 针对本章提出的多灯传输, 我们假设灯具内的多个 LED 灯芯并行工作; 当采用 DCO-OFDM 时, 灯具内多灯芯工作在串行模式。和基于 SPAD 的 DCO-OFDM 系统相比, 将会证明 Multi-LED-PT 系统的高速传输性能和抗非线性性能更优。基于 SPAD 接收机的 DCO-OFDM 系统如图 9-5 所示。

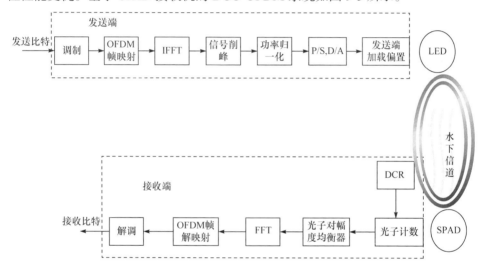

图 9-5 基于 SPAD 接收机的 DCO-OFDM 系统

可以看出, 发送部分和传统 PD 相同, 输入的数据比特流通过 QAM 转换为复信号, 然后, 调制符号被分到 N_F 个子载波。在 OFDM 中, N_F 表示快速傅里叶逆变换(inverse fast Fourier transform, IFFT)/快速傅里叶变换(fast Fourier transform, FFT)的具体数值。在 DCO-OFDM 系统中, 使用复信号中 $N_F/2 - 1$ 个子载波, 直流子载波(第一个子载波)为 0。其余帧的实数数据由 IFFT 模块通过埃尔米特(Hermitian)对称得到。因为 LED 发射机只能传输单极性信号, 实数 OFDM 符号需要削峰。在 DCO-OFDM 中, 增加一个直流偏置点以使信号保持单极性。直流偏置点和 OFDM 的平均功率相关, 定义为

$$B_{DC} = \alpha\sqrt{E\{\boldsymbol{x}^2(k)\}}$$

$\boldsymbol{x}(k)$ 是 OFDM 信号帧向量, 定义 $10\lg(\alpha^2 + 1)$ 为偏置计量水平, 单位为 dB。设置完直流偏置后, OFDM 帧信号经过削峰变为

· 184 · 可见光通信系统高效传输理论及关键技术

$$x_{\text{clipped}}(k) = \begin{cases} x_{\text{biased}}(k), & x_{\text{biased}}(k) \geqslant 0 \\ 0, & x_{\text{biased}}(k) < 0 \end{cases}$$

$x_{\text{biased}}(k)$ 是直流偏置符号，记为 $x_{\text{biased}}(k) = x(k) + B_{\text{DC}}$，$x_{\text{clipped}}(k)$ 是削峰后的单极性符号。在仿真中，转变为光强度信号后，削峰后的信号通过 LED 传输。

SPAD 的输出是光子计数信号，而 DCO-OFDM 系统的解调器需要电信号(光功率)的幅度，以此来解调接收到的信号为原始的数据比特。因此，需要使用光子-幅度均衡器将接收到的光子数转变为相应的电信号幅度，均衡器的系数由导频通过捕捉信道衰减和光电检测效率得到。

仿真采用的 LED 灯具为 Seoul Semiconductor F50360，其 V-I 特性曲线如图 9-6 所示。对于 Multi-LED-PT 系统，每个 LED 灯芯的直流偏置点为 $V_{\text{DC},i} = 2.2\,\text{V}$，线性工作范围为 $1.8 \sim 2.6\,\text{V}$。但是对于串行基于 SPAD 的 DCO-OFDM 系统而言，直流偏置点 $V_{\text{DC}} = (2.2 \times K)\,\text{V}$，总的线性工作范围是 $(1.8 \times K \sim 2.6 \times K)\,\text{V}$。因此，两种系统的直流偏置点和发光亮度都相同。

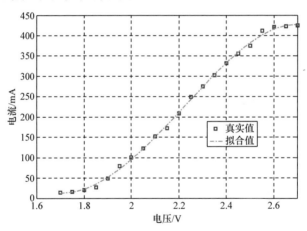

图 9-6 V-I 特性曲线

对于基于 SPAD 的 DCO-OFDM 系统而言，子载波数为 $N_F = 1024$，但是因为 IM/DD 特性的限制，仅仅可以使用 $N_F/2 - 1$ 个独立复数值。保护周期的子载波数目为 $N_g = 4$，子载波调制方式为 QAM，仿真的传输速率(单位：Mbit/s)为

$$R_{\text{b,DCO-OFDM}} \approx R_s \frac{N_F/2 - 1}{N_F + N_g} \log_2 D_{\text{QAM}} \approx \frac{1}{2} R_b \log_2 D_{\text{QAM}}$$

其中，D_{QAM} 是 QAM 的阶数。

对于基于 SPAD 的 Multi-LED-PT 系统，K 个 LED 灯芯是并行传输数据的，但是由于每个灯芯的信道重复编码 R_{ca} 都会引入编码冗余信息，为了确保两种系统的纯速率相等，Multi-LED-PT 系统仿真的传输速率(单位：Mbit/s)为

$$R_{\text{b,Multi-LED-PT}} \approx \frac{R_{\text{b}} \times K}{R_{\text{ca}}}$$

为了保证两种高速传输系统的比较尽可能公平，两种系统的平均光功率和纯速率相等，每个 LED 灯芯的光功率为 P_{s}/K，重复编码率为 $R_{\text{ca}}=1/8$。LED 灯芯数目分别为 $K= 2,3,4,5$，对应的 DCO-OFDM 系统的调制阶数 D_{QAM} 分别为 16,64,256,1024。

但是对于一个实际的 SPAD 检测器(检测器型号为 Excelitas Technologies, SPCM-AQRH-15-FC)而言，死时间效应限制了最大光子计数以及最大的速率。导致商用的 SPAD 最大计数率限制在数十 Mbit/s，因此，为了全面地比较，仿真采用的单个灯芯的速率分别为 R_{b} =1Mbit/s 和 R_{b} =10Mbit/s。

从图 9-7～图 9-10，可以得到以下结论。

(1) 在 LED 低功率 P_{s} 区域，基于 SPAD 的 DCO-OFDM 系统性能比所提出的 Multi-LED-PT 系统性能更优。

(2) 随着功率 P_{s} 增加，当 BER 相同时，Multi-LED-PT 系统所需要的功率低于 DCO-OFDM 系统。这是因为发送信号超过 LED 灯芯的线性动态范围，DCO-OFDM 系统的峰均比增加。因此，随着信号功率的增加，两种系统的 BER 差异越来越大。

(3) 随着传输速率 R_{b} 增加，即使发送光功率更高，高阶 QAM 星座 DCO-OFDM 系统的 BER 曲线将不会低于 10^{-3}，这意味着此时削峰噪声占据主要作用，因此，相比于 DCO-OFDM 系统，在抗 LED 非线性方面，所提出的 Multi-LED-PT 系统的性能更优。

上述关于基于 SPAD 的 Multi-LED-PT 系统的结论和先前基于 PD 的 Multi-LED-PT 的结论相似。

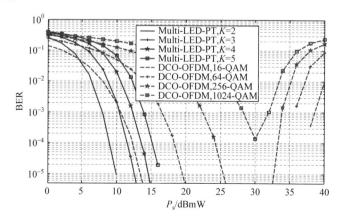

图 9-7　BER 性能比较 (R_{b} =1Mbit/s，σ = 0.1)

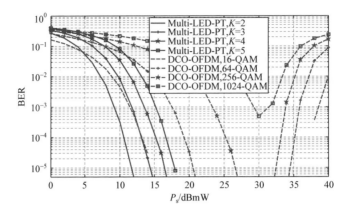

图 9-8   BER 性能比较 $(R_b = 1\text{Mbit/s}, \ \sigma = 0.3)$

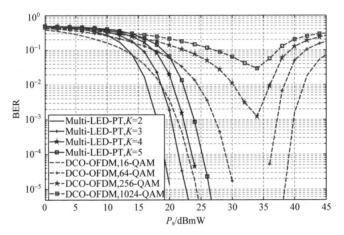

图 9-9   BER 性能比较 $(R_b = 10\text{Mbit/s}, \ \sigma = 0.1)$

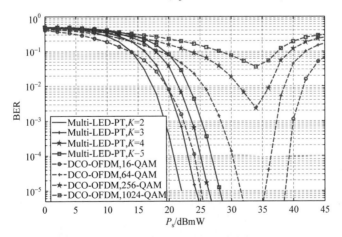

图 9-10   BER 性能比较 $(R_b = 10\text{Mbit/s}, \ \sigma = 0.3)$

9.4.2　接收机快速迭代收敛特性研究

SIC 算法的收敛问题可以通过估计 LLRs $l(u_k(l_b))$ 的均值得出，收敛条件为多次迭代后 $l(u_k(l_b))$ 趋向于一个常数。接着给出相应的计算机仿真以验证该方法，仿真中 LED 灯芯数目分别为 1，2，4，8。信道湍流为 $\sigma = 0.2$，编码率为 $R_{ca} = 1/8$。图 9-11 表明所提出的系统在水下吸收、散射和弱湍流条件下可快速收敛。LLRs $l(u_k(l_b))$ 的均值在迭代 5 次后趋向于一个固定的常数。

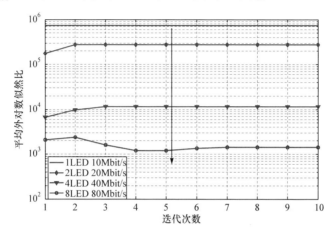

图 9-11　不同条件下的快速收敛特性

9.5　小　　结

本章提出了基于 SPAD 接收机的水下长距离多灯并行高速传输 Multi-LED-PT 系统，利用单个灯具内的多个 LED 灯芯同时发送不同数据，提高系统的频谱效率和传输速率。发送端采用基于主交织器基础循环嵌套的特定用户交织器组，该交织器不仅可以打乱相邻信号间数据的相关性，而且可以作为 LED 灯芯数据的唯一区分因素。

考虑实际 LED 器件的电光转换非线性约束，由于削峰效应，高阶调制常会带来较高的峰均比。对于多个灯芯的并行传输系统，每个灯芯采用调制深度达到 60% 的 OOK 调制，叠加后的信号等效为一个高阶调制星座。为了检测 SPAD 接收机的混合光子计数信号，提出基于泊松信道的串行连续干扰消除算法。最后，和相同条件下的基于 SPAD 接收机的 DCO-OFDM 系统相比，提出的 Multi-LED-PT 系统误码率性能和抗非线性性能更优。

参 考 文 献

[1] Komine T, Nakagawa M. Fundamental analysis for visible-light communication system using LED lights. IEEE Transactions on Consumer Electronics, 2004, 50(1): 100-107.

[2] Jovicic A, Li J, Richardson T. Visible light communication: Opportunities, challenges and the path to market. IEEE Communications Magazine, 2013, 51(12): 26-32.

[3] Lourenc N, Terra D, Kumar N, et al. Visible light communication system for outdoor applications // 2012 8th International Symposium on Communication Systems, Networks & Digital Signal Processing, Poznan, 2012:1-6.

[4] Wang Y G , Huang X X, Tao L, et al. 1.8-Gb/s WDM visible light communication over 50-meter outdoor free space transmission employing CAP modulation and receiver diversity technology// 2015 Optical Fiber Communications Conference and Exhibition, Los Angeles, 2015: 1-3.

[5] Zhang M L, Zhao P, Jia Y J. A 5.7km visible light communications experiment demonstration// 2015 Seventh International Conference on Ubiquitous and Future Networks, Sapporo, 2015: 58-60.

[6] Xu K, Yu H Y, Zhu Y J, et al. Channel-adaptive space-collaborative constellation design for MIMO VLC with fast maximum likelihood detection. IEEE Access, 2017, 5: 842-852.

[7] Zhu Y J, Sun Z G , Zhang J K, et al. Training receivers for repetition coded MISO outdoor visible light communications. IEEE Transactions on Vehicular Technology, 2017, 66(1): 529-540.

[8] Ghassemlooy Z, Arnon S, Uysal M, et al. Emerging optical wireless communications advances and challenges. IEEE Communications Surveys Tutorials, 2015, 33(9): 1738-1749.

[9] Zhu Y J, Sun Z G , Zhang J K, et al. A fast blind detection algorithm for outdoor visible light communications. IEEE Photonics Journal, 2015, 7(6): 7904808.

[10] Burchardt H, Serafimovski N, Tsonev D, et al. VLC: Beyond point-to-point communication. IEEE Communications Magazine, 2014, 52(7): 98-105.

[11] Routray S K. The changing trends of optical communication. IEEE Potentials, 2014, 33(1): 28-33.

[12] Hranilovic S, Kschischang F R. Optical intensity-modulated direct detection channels: Signal space and lattice codes. IEEE Transactions on Information Theory, 2003, 49(6): 1385-1399.

[13] Karout J, Agrell E, Szczerba K, et al. Optimizing constellations for single-subcarrier intensity-modulated optical systems. IEEE Transactions on Information Theory, 2012, 58(7): 4645-4659.

[14] Samimi H, Azmi P. Subcarrier intensity modulated free-space optical communications in K-distributed turbulence channels. IEEE/OSA Journal of Optical Communications and Networking, 2008, 2(8): 625-632.

[15] Xie G T, Yu H Y, Zhu Y J, et al. A linear receiver for visible light communication systems with phase modulated OFDM. Optics Communications, 2016, 371: 112-116.

[16] Ahn K I, Kwon J K. Capacity analysis of M-PAM inverse source coding in visible light communications. Journal of Lightwave Technology, 2012, 20(10): 1399-1404.

[17] Li J F, Huang Z T, Zhang R Q, et al. Superposed pulse amplitude modulation for visible light communication. Optics Express, 2013, 21(25): 31006-31011.

第10章 可见光通信高速实验系统

10.1 概　　述

当前 4G 移动通信、高清流媒体、高速无线网络计算、云计算处理、高速信息转接头以及高速短距离无线传输等推动了通信业务需求向高速发展。在移动网络中，不断增加的业务都是基于 IP 的，几乎所有的 IP 分组从信源发送到信宿的全过程都是封装在以太网帧内，因此网络迫切需求接口速率向高速率发展；巨大建筑物如体育场、高铁站、城市中心商业区等的高密度无线需求巨大，传统的无线方式的容量很难支撑大规模接入用户的需求，可见光高速率通信为满足这些需求提供了可能。

基于前序章节中关键技术研发和典型应用需求分析，本章主要介绍室内可见光通信与多用户高速接入实验系统、高速阵列可见光通信实验系统以及未来 500Gbit/s 阵列可见光传输系统。

10.2 室内可见光通信多用户高速接入实验系统

高速、高密度可见光通信多用户接入系统主要是针对当前公共场所大规模用户场景下的 Wi-Fi 网络覆盖困难、用户接入速率低、用户体验差而设计的。相比于当前的 Wi-Fi 网络，高速、高密度可见光通信系统能够在高密度用户场景下提供更高的接入容量。该系统具有以下优点。

(1) 在人流密集的公共场所，针对大量用户终端接入，高速、高密度可见光通信系统网络相比于 Wi-Fi 网络能够提供较大的容量密度。

(2) 利用 LED 的泛在性，借助餐厅、咖啡厅、图书馆等室内公共场所必备的照明 LED 灯，在照明的同时兼备高速通信的功能无疑是普通用户易于接受的一种网络接入方式。

10.2.1 系统构成

室内可见光通信与多用户高速接入实验系统由一台资源服务器、5 个 AP 和 15 个终端组成。网络分为两层：一层是由资源服务器与所有 AP 组成的星型网络架构，服务器与 AP 之间用网线相互连接组网；一层由 AP 与用户终端组成，使用 Wi-Fi 上行，光下行进行组网。终端与服务器之间的上行利用 Wi-Fi 传递信息，下行需经过 AP 传递信息。网络拓扑结构图如图 10-1 所示。

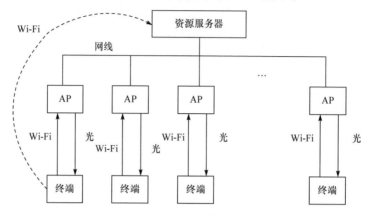

图 10-1　演示系统网络拓扑结构图

其中，资源服务器是一台服务器，存储了演示用的资源数据。AP 由一台 PC、一块可见光发射板和一盏 LED 灯组成(图 10-2)。终端部分由一块可见光接收板和一台用户终端设备(PC、PAD 等)组成(图 10-3)。

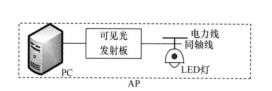

图 10-2　AP 部分的组成　　　　图 10-3　终端部分的组成

10.2.2　网络功能

按照上述网络结构搭建系统，可以完成网页浏览，高清流媒体点播，终端间实时消息、语音通信等业务功能。系统支持下述演示业务，以满足项目要求。

1. 系统支持的演示业务

(1) 上下行不对称业务。上下行不对称业务是指上下行业务量相差较大。典型的室内网络业务，包括网页浏览、高清流媒体点播，均属于上下行不对称业务。以网页浏览为例，一般上下行的数据量比例为 1∶5～1∶10(视主页中的文字和图片占有量不同而定)；高清流媒体点播，比例可达 1：20～1：100。其中，网页浏览、高清流媒体点播适合在星型网络下演示；高清流媒体点播适合在广播网络下演示。

(2) 上下行对称业务。上下行对称业务是指上下行业务量相差不多的业务，常见业务有终端间实时消息、语音通信等。该类业务可在星型网络下通过 AP 中继传输，适用于星型网络下演示；也可以通过点对点模式直接传输，适用于对等网络下演示。

2. 室内多用户支持

(1) 1 个 AP 内：多个用户可以在 1 个 AP 的有效通信覆盖范围内同时访问不同的业务，而保证各自的业务质量。

(2) 多个 AP 间：用户可以在多个 AP 间来回移动，而业务不中断。

10.2.3　测试结果

1. 单 AP 场景

3 个终端设备同时接入同一个可见光网络服务器(AP)，要求保证每个终端的网络服务质量，具体场景和业务功能如图 10-4 和表 10-1 所示。

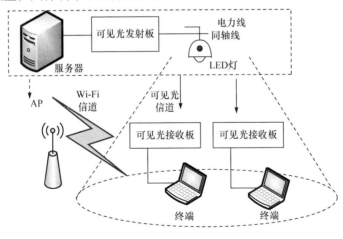

图 10-4　单 AP 场景

(1) 单 AP 下多用户接入。

(2) 3 个用户同时浏览网页。

(3) 3 个用户同时点播流媒体视频(每个用户的播放内容可以不同)。

(4) 两个用户进行实时通信(使用可见光双向通信设备)。

表 10-1　业务功能 1

业务	用户	功能实现(是/否)
浏览网页	用户 1	是
	用户 2	是
	用户 3	是
点播流媒体视频	用户 1	是
	用户 2	是
	用户 3	是
实时通信	用户 1	是
	用户 2	是

2. 多 AP 场景

3 个终端在 3 个可见光网络服务器覆盖的范围内，完成不同 AP 下不同用户接入，如图 10-5 所示；1 个终端在 3 个可见光网络服务器覆盖的范围内移动，要求保证移动过程中业务不中断。资源服务器作为控制台分别与 3 个可见光网络服务器(AP)相连，负责协调服务器间的业务资源。

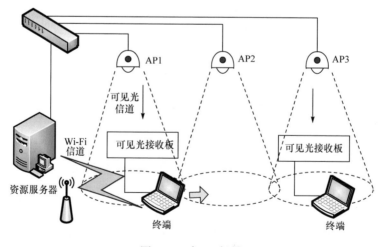

图 10-5　多 AP 场景

(1) 不同 AP 下不同用户接入：3 个用户同时浏览网页；3 个用户同时点播流媒体视频(每个用户的播放内容可以不同)，如表 10-2 所示。

表 10-2　业务功能 2

业务	用户	功能实现(是/否)
浏览网页	用户 1	是
	用户 2	是
	用户 3	是
点播流媒体视频	用户 1	是
	用户 2	是
	用户 3	是

(2) 移动性支持：用户在任一 AP 下点播流媒体视频；1 个用户依次穿过 3 个可见光小区，保证流媒体播放不中断，如表 10-3 所示。

表 10-3　业务功能 3

业务	用户所在 AP	功能实现(是/否)
点播流媒体视频	AP1	是
	AP2	是
	AP3	是
流媒体视频播放不中断	AP1 到 AP2	是
	AP2 到 AP3	是

10.3　高速高密度阵列可见光通信实验系统

10.3.1　系统描述

单向传输系统结构如图 10-6 所示，其中，发射端通过一个以太网卡连接到网络 1，接收端通过另外一个以太网卡连接到网络 2。

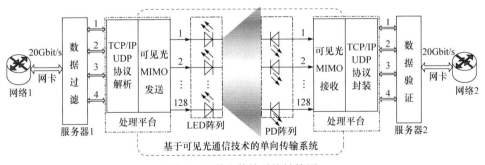

图 10-6　单向传输系统结构图

如图 10-7 所示，基于大规模 MIMO 阵列的高速可见光通信系统是单向传输系统最核心的部分，其中，发送端阵列由 M =128 个商用蓝色 LED 组成，接收端

阵列由 $M=128$ 个硅基 PD 组成。在发送端方面，其通过光纤从服务器和阵列传输四组高速数据流，然后，四组高速数据流被分成 128 个子数据流，且每个子数据流分别由发送端进行调制。每个子数据流传输信道的比特率为 400Mbit/s，因此系统的最大比特率为 51.2Gbit/s。在接收端方面，所有的子数据流相应地组合在一起，并被发送到服务器和阵列中。基于实现实时高速可见光通信的目标以及简化系统硬件的复杂性，系统采用了没有任何模数转换器和数模转换器的 OOK 调制。

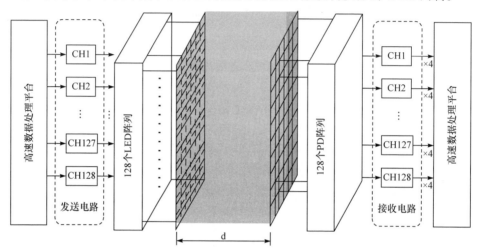

图 10-7　大规模 MIMO-VLC 系统原理图

如图 10-8 所示，LED 阵列与 PD 阵列的布局相同。LED 阵列、PD 阵列都

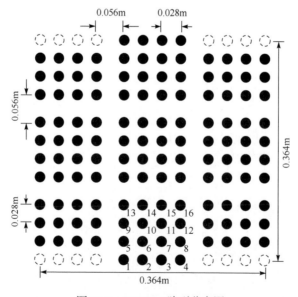

图 10-8　LED/PD 阵列分布图

是由九个相似的模块组成的。其中，每个内部模块有 4×4 个 LED(PD)，每个角落模块有 3×4 个 LED(PD)。相邻模块之间的间距为 5.6cm，每个模块中相邻 LED(PD)的间距为 2.8cm。相邻间距值的选择取决于两个因素：电路板尺寸以及 LED 辐射角。

实现这种非成像通信系统，关键技术在于减小空间光干扰。因此，10.3.2 节将讲解两种减小空间光干扰的方法。

10.3.2 大规模阵列信道模型和干扰抑制方案

针对 M 个发送 LED、N 个接收 PD 的阵列可见光通信系统，假设信道直流增益矩阵为 $\boldsymbol{H}$，发射信号矩阵为 $\boldsymbol{X}$，则接收信号矩阵 $\boldsymbol{Y}$ 可以表示为

$$\boldsymbol{Y} = \boldsymbol{HX} + \boldsymbol{X}_N$$

其中，$\boldsymbol{X}_N$ 是 N 维加性高斯白噪声，信道矩阵 $\boldsymbol{H}$ 的表达式为

$$\boldsymbol{H} = \begin{pmatrix} h_{11} & \cdots & h_{1j} & \cdots & h_{1M} \\ \vdots & & \vdots & & \vdots \\ h_{i1} & \cdots & h_{ij} & \cdots & h_{iM} \\ \vdots & & \vdots & & \vdots \\ h_{N1} & \cdots & h_{Mj} & \cdots & h_{NM} \end{pmatrix}_{N \times M}$$

其中，$1 \leqslant i \leqslant N$，$1 \leqslant j \leqslant M$，$h_{ij}$ 表示第 j 个 LED 到第 i 个 PD 的直流增益。

阵列可见光通信中，第 i 个信宿 PD 接收到的光功率可表示为

$$\begin{aligned} P_{ri} &= I_{ri} \cdot T(\phi_{ij}) \cdot g(\phi_{ij}) \cdot \Omega \\ &= I_{t0j} \cos^m \theta_{ij} \cos^k \phi_{ij} \cdot T(\phi_{ij}) \cdot g(\phi_{ij}) \cdot \frac{S}{d_{ij}^2} \\ &= P_{tj} \frac{(m+1)S}{2\pi d_{ij}^2} T(\phi_{ij}) g(\phi_{ij}) \cos^m \theta_{ij} \cos^k \phi_{ij} \end{aligned}$$

其中，Ω 表示立体角；S 表示 PD 的有效面积；d_{ij} 表示阵列中第 j 个 LED 到第 i 个 PD 的光线传输距离；P_{tj} 表示第 j 个 LED 的发射光功率；$T(\phi_{ij})$ 表示滤光器增益；$g(\phi_{ij})$ 表示透镜增益，透镜增益的大小取决于接收端视场角 ψ_c 和透镜折射率 n，即

$$g(\phi_{ij}) = \frac{n^2}{\sin^2 \psi_c} \text{rect}\left(\frac{\phi_{ij}}{\psi_c}\right)$$

其中，矩阵函数 $\text{rect}(x)$ 定义为

$$\text{rect}(x) = \begin{cases} 1, & |x| \leqslant 1 \\ 0, & |x| > 1 \end{cases}$$

所以，阵列中第 j 个 LED 到第 i 个 PD 的直流增益 h_{ij} 可表示为

$$h_{ij} = \frac{P_{ri}}{P_{tj}} = \begin{cases} \dfrac{(m+1)S}{2\pi d_{ij}^2} T(\phi_{ij})g(\phi_{ij})\cos^m \theta_{ij} \cos^k \phi_{ij}, & 0 \leqslant \phi_{ij} \leqslant \psi_c \\ 0, & \phi_{ij} > \psi_c \end{cases}$$

假设通信系统接收端已知信道系数，而发射端不知道信道系数，则 MIMO 系统的信道容量可表示为

$$C = \sum_{l=1}^{y} \log_2 \left(1 + \frac{\text{SNR}_e}{M}\lambda_l\right)$$

其中，SNR_e/M 表示每个链路发送端的信噪比。信道矩阵 $\boldsymbol{H}$ 的奇异值影响可见光 MIMO 的信道容量。当可见光 MIMO 信道相关性降到最低时，信道间相互独立，信道矩阵的条件数为 1，可见光 MIMO 的信道总容量达到最大。

可见光信道的相关性可看成空间信号间的干扰。为了更好地在接收端反映空间信号间的干扰，本章提出了一种用于衡量信号间干扰程度的参数指标——干信比(interference to signal ratio, ISR)。空间信号干扰是指 PD 接收到的干扰信号的强度。阵列可见光通信中，第 i 个 PD 接收到的信号可表示为

$$y_i = h_{ii}x_i + \sum_{j=1,i \neq j}^{M} h_{ij}x_j + n_i$$

其中，$h_{ii}x_i$ 表示 PD 接收到的有用信号；$\displaystyle\sum_{j=1,i \neq j}^{M} h_{ij}x_j$ 表示空间干扰信号之和；n_i 表示噪声(本章忽略不计)。本章提出的 ISR 就是指 $\displaystyle\sum_{j=1,i \neq j}^{M} h_{ij}x_j$ 与 $h_{ii}x_i$ 的信号功率比值。

当接收信号的 ISR 降低到一定程度时，第 i 个 PD 接收到的干扰信号 $\displaystyle\sum_{j=1,i \neq j}^{M} h_{ij}x_j$ 可以忽略不计，或者为零，此时可见光信道之间相互独立，信道矩阵近似看成对角阵，信道矩阵的相关性降到了最低。

ISR 可以直观地反映信号间的干扰，相比于信干噪比而言，ISR 更适用于衡量可见光通信的空间信号干扰程度。假设信道矩阵的行向量表示不同的 PD 阵元，列向量表示不同的 LED 阵元，本章提出的 ISR 就是指通信系统接收信号功率矩阵的行中非对角元素的平方和与对角线元素的平方和之比，即第 i 个 PD 接收到的干信比的表达式为

$$\eta_i = \frac{\displaystyle\sum_{j=1,i \neq j}^{M} (p_j h_{ij})^2}{(p_i h_{ii})^2}, \quad 1 \leqslant i \leqslant N$$

其中，h_{ij} 表示第 j 个 LED 到第 i 个 PD 的信号直流增益；p_j 表示第 j 个 LED 光源发送光信号的功率。

实际上，不同信道间的干扰是不同的，内部信道干扰更甚，如第 6、7、10、11 个信道。例如，第 7 个信道的干扰信号与期望信号功率比 γ_7=12.4096，即干扰信号功率是期望信号功率的 12 倍多。因此，系统采用透镜使 LED 的半功率角缩减为 4°。为了进一步降低空间光干扰，系统采用 LED、PD 倾斜放置模式，即不同的 LED、PD 在一个模块内采用不同的仰角和不同的方位角。

最佳倾斜角度如表 10-4 所示。因此，可计算出第 7 个信道矩阵的干扰信号与期望信号功率比为 0.2010，则模块的接收平面对应的分布光照如图 10-9 所示。对比图 10-9(a)和图 10-9(b)可以得知，通过缩小辐射角度和倾斜放置 LED，空间光干扰明显减少，并且这 16 个 LED 的光在接收端可以清晰地分辨出来。

表 10-4　同模块内不同 LED 最佳倾斜角和方位角

LED	倾斜角/(°)	方位角/(°)	LED	倾斜角/(°)	方位角/(°)
1	2.0275	225	9	1.437	180
2	1.4370	270	10	0	0
3	1.4370	270	11	0	0
4	2.0275	315	12	1.437	0
5	1.4370	180	13	2.0275	135
6	0	0	14	1.4370	90
7	0	0	15	1.4370	90
8	1.4370	0	16	2.0275	45

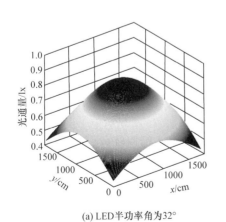

(a) LED 半功率角为 32°

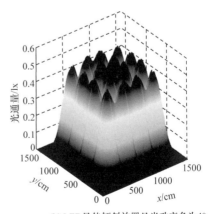

(b) LED 最佳倾斜放置且半功率角为 4°

图 10-9　接收端照明分布

10.3.3 51.2Gbit/s 高速可见光通信实验系统

1. 发送端和接收端电路

为了降低系统实现的复杂度，包括预均衡、基带成形滤波、LED 驱动、光电检测器、后均衡以及符号同步，几乎所有的收发端电路均由模拟电路完成，如图 10-10 所示。本节将详细描述收发端电路，其中，在发送端方面，一个高速非归零(non-return zero，NRZ)比特流(图 10-10 引脚 Data_O)通过一个实时数字处理平台传输给发送端电路。在接收端方面，两个差分时钟信号(引脚 CLKP_IN、CLKN_IN)和两个差分数据信号(引脚 DATP_IN、DATN_IN)相应地发送回另外一个实时数字处理平台。

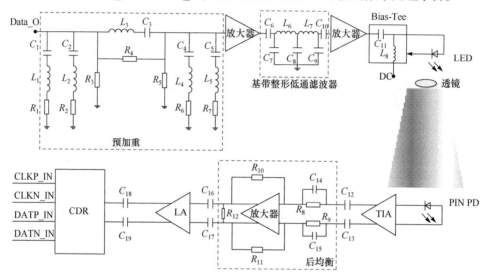

图 10-10 系统收发端电路结构示意图

1) 发送端电路

系统采用商用蓝色 LED 作为发射机，其功率为 0.45W(3V, 150mA)。这种蓝色 LED 的可用带宽为几十兆赫兹。然而，仅仅使用 OOK 调制，这种有限的带宽无法支持高达每秒几百兆比特的数据速率。因此，系统采用预加重技术来扩展带宽。更确切地说，有效均衡器包含三个部分。其中，仅仅由一个水平电感电容(LC)串联共振回路组成的电路部分扮演着高通滤波作用，以便对带宽提供主要的调整。然而，由于其在低频区衰减过大，本章提出了一种 π 型并联阻抗网络提供直流增益。此外，由另外四个垂直电阻电感电容(RLC)串联共振回路组成的电路部分扮演着带阻滤波作用，以便微调其最终特征。预加重电路设计了一种模拟基带整形低通滤波器，旨在消除符号间干扰。整形滤波器的阶数为 6，其参数值必须反复优化才能得到最佳的性能。更重要的是，两个放大器(RF2317)进一步增大 LED 的调制深度。最后，通过一个简单的 Bias-Tee 电路，将信号叠加到 LED 偏置电流并直接供给蓝色 LED，且通过在 LED 前面安装一个光学凸镜实现控制光的辐射角度。

2) 接收端电路

系统采用商用光电二极管 Hamamastu S10784 来接收光信号，并将其转换为每个单元中相应的电流。采用跨阻放大器 MAX3665 用于实现电流-电压转换，采用差分放大器(ADA4937-1)用于获得足够的增益。更特别的是，系统采用基于后均衡技术的放大器，将其设计成有源后均衡器，并以此提高接收机的高频响应。此外，系统使用宽带限幅放大器(LA, MAX3768)作为标准信号输出接口。最后，系统采用时钟数据恢复(CDR, ADN2815)电路，对采样信号进行精确恢复，以便用于下阶段信号处理。

3) EOE 频域响应

EOE 频域响应的大小是通过信号发生器(安捷伦 N9310A)提供的小正弦波(−18dBm)的频率的大小实现的，并且在数字示波器(Agilent DSO9064A)上直接监测接收到的振幅。定义 3dB 带宽作为 3dB 的频率点，与频率参考点 1MHz 相比，其频率响应的功率降低了 3dB。首先，如图 10-11 所示，图中十字曲线为无预加重电路的蓝色 LED 的频率响应测量曲线，其中将 1MHz 响应幅度归一化为 0dB。由图 10-11 可知，在无预加重部分的情况下，收发单元可用 3dB 带宽只有 41MHz，远远不能满足系统的要求。其次，通过改变小正弦波的频率(−13dBm)，采用预加重电路和后均衡电路，其 3dB 带宽测量曲线如图 10-11 圆形曲线所示。由图 10-11 可知，其均衡后的可用 3dB 带宽有效地扩展到 393MHz，且相较于 1MHz，其通

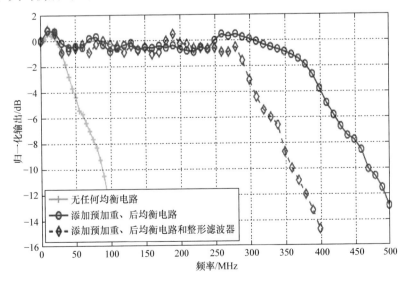

图 10-11　收发端 EOE 响应特性

带纹波小于 2dB。通过测量数据速率，每个收发单元传输速率最高可以达到
825Mbit/s，并且其 BER 为 6.8×10^{-4}。基于处理平台实时处理能力的限制，将每个
收发单元的速率设置为 400Mbit/s。假设滚降系数为 0.5，系统使用 300MHz 整形
低通滤波器，则相应的频率响应如图 10-11 菱形曲线所示。

2. 高速数字处理平台

实验系统采用了两个相同的定制高速数字处理平台。每一个处理平台由四个
现场可编程门阵列(field-programmable gate array, FPGA)芯片 Xinlix XC7V485T 组
成，如图 10-12 所示。

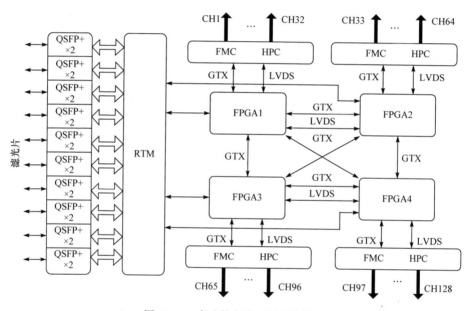

图 10-12　高速数字处理平台结构图

这四个 FPGA 通过低压差分信号(low voltage differential signaling, LVDS)总线和
串联 GTX 收发器相互交换。基于 1 个 RTM 卡和 10 个小的方形可插拔模块(QSPF+)，
服务器与处理平台之间的传输速率最高可达 800Gbit/s。为了连接发送端或接收端电
路，每个 FPGA 使用一个 FPGA 夹层卡(FPGA mezzanine card，FMC)，FMC 支持
32 个发送端或接收端信道。在发送端，每个信道只使用一个引脚(引脚 Data_O)。在
接收端，每个信道使用四个引脚(两个差分时钟引脚和两个差分数据引脚)。

如图 10-13 所示，通过程序设计，数字处理平台可以实现同步、前向纠错
(forward error correction, FEC)、线路编码、MIMO 检测、多路分解复用、传输控
制协议/Internet 协议(TCP/IP)、用户数据报协议(user datagram protocol, UDP)、视

频流传输、网络接口控制。为了降低系统的复杂度，将信道矩阵 $\boldsymbol{H}_{16\times16}$ 近似为对角矩阵，系统 MIMO 检测方法并不是对所有接收信号进行联合最大似然解调，而是对每个接收信道进行独立解调。

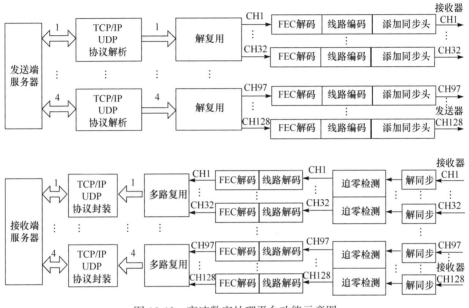

图 10-13　高速数字处理平台功能示意图

3. 实验结果

如图 10-14 所示，实验所采用的通信系统，即基于大规模 MIMO-VLC 系统的单向传输系统。下面将对系统比特误码性能和文件传输性能进行测试。

1) 误差性能测量

由于现有误码率分析仪无法支持超高速数据流误码率测试分析，需要逐个测量每个收发信道的误差性能。在误码率测量中，使用随机数作为数据源，完全不使用 FEC。发送端采用伪随机二进制序列(pseudo-random binary sequence，PRBS)-9(长度 2^9-1)OOK NRZ 数据流进行调制，通过数字示波器(Agilent DSO9064A)观察相应接收机的视图。通过软件在处理平台上计算误码率。对于每个收发信道，在以下三种场景下观察眼图并测量相应的 BER。

(1) 场景 1：除测量的收发信道外，所有收发信道的电源均被关闭。在这个场景中，不同通道之间没有干扰，所以它相当于一个单输入单输出系统。

(2) 场景 2：所有收发信道的功率都被打开，所有可见光通信信道数据同步调制，相当于一个完整的 MIMO 系统，其相邻信道间存在空间光干扰。所有 LED 的方向都垂直于发射阵列。

图 10-14　基于大规模 MIMO-VLC 单向传输系统实物图

(3) 场景 3：所有收发信道的功率都被打开，所有可见光通信信道数据同步调制，相当于一个完整的 MIMO 系统，其相邻信道间存在空间光干扰。此外，为了减少空间光干扰，所有 LED 都按照规定以不同的倾斜角定向放置。

该系统由 128 个收发信道组成，不同信道的性能各不相同。实际上，由于强空间光干扰，内部信道的性能最差。这里选择一个内部信道，即第 7 个信道作为例子。对于第 7 个收发信道，三种场景的眼图如图 10-15 所示，其传输距离固定为 30cm。实验所使用示波器的水平分辨率为 250ps，因此每个信道的比特率为 400Mbit/s。可以看到，因为没有空间光的干涉，场景 1 的眼图是最好的。由于相邻信道间的强光干扰，场景 2 的视图最差。通过方向角的倾斜，场景 3 实现了较好的眼图。

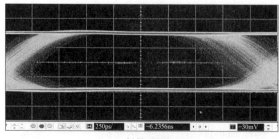

(a) 场景1眼图

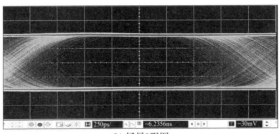

(b) 场景2眼图

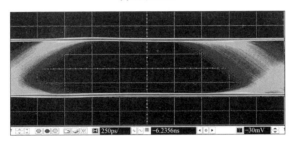

(c) 场景3眼图

图 10-15 传输距离为 30cm 时内部收发信道下三种场景下的眼图

另外，对于每一个收发信道，都测量了它的 BER，得到了三种场景下 128 个收发信道的相应平均 BER。三种场景不同距离的平均 BER 如表 10-5 所示，对于场景 3，可以发现当大规模 MIMO 系统的传输距离为 30cm 时，对应的误码率为 3.3×10^{-12}；当传输距离为 50cm 时，对应的 BER 为 1.5×10^{-3}。从上述误差性能测量中，可以得出如下讨论。

表 10-5 三种场景不同距离的平均 BER

距离	30cm	40cm	50cm
场景 1	1.6×10^{-13}	7.6×10^{-8}	5.5×10^{-4}
场景 2	6.4×10^{-13}	3.6×10^{-8}	1.9×10^{-4}
场景 3	3.3×10^{-12}	2.5×10^{-7}	1.5×10^{-3}

(1) 当场景 3 传输距离为 50cm 时，对应的误码率为 1.5×10^{-3}，非常接近于 FEC 3.8×10^{-3} 的极限。有一些 FEC 码可以提供可靠的通信，开销约为 7%。且可以得出，当传输距离为 50cm 时，其物理层数据速率为 51.2Gbit/s。

(2) 通过对比场景 1 和场景 3 的性能，可以发现相邻信道间的干扰严重影响了传输性能。如果能有效地减少空间光的干扰，就能进一步延长传输距离。

为了简化处理平台的硬件和计算复杂度，将信道矩阵近似为对角矩阵。如果使用实信道矩阵和迫零算法或最大似然算法在接收端进行检测，则可以获得更好的性能。

2) 大文件单向传输性能

实验系统可以将大数据文件从发送服务器单向传输到接收服务器。大数据文件存储在发送端的硬盘中，高速处理平台通过 TCP/IP 进行读取。然后 TCP/IP 数据被发送端阵列解压、解复用、编码和调制。在接收端，所有数据文件都被恢复并打包在 TCP/IP 中发送回接收服务器。在传输过程中，当传输距离为 30cm 时，打开所有收发信道的电源，同时对所有可见光通信信道进行数据调制。此外，所有 LED 都以不同的倾斜角定向放置，以减少空间光干扰(如场景 3 所述)。

由于实验系统是单向的，如果通过循环冗余校验(cyclical redundancy check, CRC)，则假设接收端对应的文件是正确的；否则，假定接收文件是错误的，然后丢弃处理。经过测量，可以得到整个系统在应用层的传输速率约为 24.7Gbit/s，接收端服务器的截屏画面如图 10-16 所示。因此，可以得出结论，该系统可以在物理隔离网络上以 20Gbit/s 的速度进行单向传输。

(a) 发送端界面   (b) 接收端界面

图 10-16　收发端服务器文件传输界面

10.3.4　500Gbit/s 高速可见光通信实验系统

本节以高效宽带发射阵列、光学系统和室内高速高密度可见光通信传输模型作为基础，通过大规模高速多域并行传输的信号设计、编码方法和快速检测方法，设计并实现高速可见光无线阵列传输实验验证系统。本系统可实现单通道传输速率≥5Gbit/s，通过阵列方式实现传输速率≥500Gbit/s，传输距离≥30cm，可为未来的可见光通信大规模应用奠定基础。本系统先期首先验证 8×8 MIMO 阵列时的传输速率等指标，后期将进行 128 组阵列的 500Gbit/s 高速实验系统。

1. 系统结构

在单通道 5Gbit/s 可见光实时通信系统的研究基础上，采用 8×8 MIMO 阵列，使用 DINGWAVE 公司最新产品 U7 作为核心处理平台，实现速率高达 40Gbit/s 的实时通信，无线传输距离≥30cm。

U7 采用 4 片 Xilinx 公司的 Virtex-7 系列 FPGA 作为信号处理中心，该系列 FPGA 具有市场上强大的 DSP 处理能力，提供大量通用 I/O 及高带宽的数据通道。U7 具有 8 个对称高针脚数 FPGA 中间层板卡(high pin count FPGA mezzanine card)，可用于扩展 AD/DA、光口、射频等板卡；支持 80 个 GTH；同时 U7 提供时钟解决方案，支持单板卡时钟同相，也支持多板卡时钟同相。系统框图如图 10-17 所示。

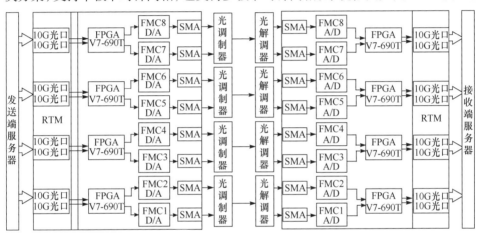

图 10-17　基于 8×8MIMO 的 40Gbit/s 可见光实时通信系统框图

2. 系统单通道传输性能测试

通过本次测试，验证邻道串扰条件下，本系统单通道传输速率达到 5Gbit/s 时的误比特率满足 $P_e \leqslant 10^{-12}$，并进一步推算该系统的实时传输速率，系统实物图如图 10-18 所示。

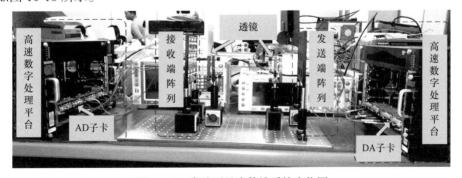

图 10-18　高速可见光传输系统实物图

1) 测试步骤

(1) 测量传输速率：所有通道全部接通，随机选择一个发送通道，发送随机序列(序列多项式 1001_0101_0101_0101_0110_0101_0110_0101_0110_1001)，对应的接收通道接收数据，使用数字示波器(Agilent DSO9064A)观测波形，得出编码方式，再使用频谱分析仪(R&S FSV13)观测频谱曲线，得出调制带宽，根据编码方式与调制带宽计算出该通道的最高传输速率。

(2) 最高传输速率下的误比特率测量：保持收发通道不变，统计接收通道错误比特数，将错误比特数除以传输总比特数得出误比特率。

(3) 重新选择一个发送通道重复步骤。

2) 相关标准

相关参数参照无线通信设备性能测试的相关标准。

3) 测试响应

同时开启本系统全部 8 个通道进行独立的信号传输，从中随机抽取 1 个通道进行误比特率性能测试，并给出测试记录表格，详见表 10-6。

表 10-6　测试记录

序号	通道编号	编码方式	调制带宽	传输速率	传输总比特数	错误比特数	误比特率
1	2	16-QAM	1.5GHz	5Gbit/s	1.12×10^{14}	0	$<10^{-12}$
2	5	16-QAM	1.5GHz	5Gbit/s	1.18×10^{14}	0	$<10^{-12}$
3	8	16-QAM	1.5GHz	5Gbit/s	1.15×10^{14}	0	$<10^{-12}$

4) 测试结果

经工业和信息化部电信传输研究所第三方测试，被测高速可见光传输系统满足下列指标。

(1) 物理层媒介相关(physical medium dependent，PMD)子层单通道基带信号速率为5Gbit/s。

(2) 物理层通道传输误码率小于 10^{-12}。

(3) 该系统包含 8 个通道，系统 PMD 子层基带信号总速率为 40Gbit/s。

下一步，将进行 100 组阵列的 500Gbit/s 高速实验系统的研制工作。

10.4　小　　结

本章为前序章节高效传输理论与关键技术的典型应用和实验验证，主要介绍了室内可见光通信多用户接入实验系统和高速高密度阵列可见光通信实验系统等。针对两种典型系统，本章主要给出了系统构成、关键技术和实测结果，实验结果展示了高效传输理论和关键技术的有效性和可靠性，为后续的大规模部署奠定了坚实的技术基础。

索　引